催眠术圣经

The New Encyclopedia of Stage Hypnotism

[美] 奥蒙德·麦吉尔 著
严冬冬 译

中华工商联合出版社

图书在版编目（CIP）数据

催眠术圣经 / (美) 奥蒙德・麦吉尔著 ; 严冬冬译. -- 北京 : 中华工商联合出版社, 2018.3
书名原文: The New Encyclopedia of Stage Hypnotism
ISBN 978-7-5158-2220-4

Ⅰ. ①催… Ⅱ. ①奥… ②严… Ⅲ. ①催眠术 Ⅳ. ①B841.4

中国版本图书馆CIP数据核字(2018)第033618号

催眠术圣经
The New Encyclopedia of Stage Hypnotism

作　　者：[美]奥蒙德・麦吉尔
译　　者：严冬冬
责任编辑：于建廷　臧赞杰
封面设计：后声设计
内文设计：季　群　涂依一
责任印制：迈致红
出版发行：中华工商联合出版社有限责任公司
印　　刷：北京中科印刷有限公司
版　　次：2019年4月第1版
印　　次：2019年4月第1次印刷
开　　本：710mm×1000mm 1/16
字　　数：435千字
印　　张：24.75
书　　号：ISBN 978-7-5158-2220-4
定　　价：52.00元

服务热线：010—58301130
销售热线：010—58302813
地址邮编：北京市西城区西环广场A座
19—20层，100044
http：//www.chgslcbs.cn
E-mail：cicap1202@sina.com (营销中心)
E-mail：gslzbs@sina.com（总编室）

前言

令人着迷——这就是催眠术的特色。自古以来，人类尽管曾经给催眠术冠以不同的名称，却一直为它而着迷。催眠术充满了魔法般的神秘色彩，因为它本来就是思想的魔法——世上最令人惊讶的魔法。这魔法能够影响每一个人。舞台催眠术是最精彩的娱乐项目之一，因为每个人都能从中获得属于自己的体验。这本书将告诉你，如何才能变成舞台表演的行家里手。

任何旅行都需要迈出第一步，舞台催眠术也不例外。这本书为你提供了一张详尽的路线图，可以在学习之旅中为你指明方向，帮助你成为一名专业的舞台催眠师。前面的内容以基本知识为主，包括催眠术与暗示的背景知识，培养催眠能力的方法，以及具体的催眠手段。要想把这些知识变成你自己的能力，必须要通过实践积累经验，因为经验的作用是不可替代的。后面的内容则会告诉你，如何把这些知识应用到实际的舞台表演中去。

要想熟练掌握催眠术，必须要经过大量的练习。练习的作用十分重要，无论如何强调都不为过。即使你在捧起这本书之前从未接触过催眠术，只要能按书上的指示去做，就可以成为一名合格的舞台催眠师。

这本书既包括抽象的科学理论，也包括具体的实用技巧。它会引导你从清醒催眠练习开始，逐渐过渡到深度催眠的境界。这种循序渐进的练习方式非常有效，因为清醒催眠比深度催眠更容易操作。练习过程一方面可以让你掌握催眠技巧，另一方面也可以让你的催眠对象掌握接受催眠的技巧。

通过循序渐进的练习，你将学会如何同时对多人进行催眠，因为练习可以增加你的自信，同时也可以增加催眠对象对你的信心。

入门过程可分为五个阶段：

1. 充分的了解

在开始尝试催眠术之前，一定要对你打算尝试的内容有充分的了解，只有这样才能建立起足够的自信，同时也让催眠对象觉得你很有把握。

2. 坚持不懈

成功的催眠需要经验。作为一名新手，不要期待着每次催眠都能取得成功。或许你第一次尝试就能成功，但也有可能失败。如果你没有立即成功的话，一定要坚持下去，因为你迟早会遇到适合接受催眠的目标对象，从而取得成功。不必担心失败，因为只要坚持下去，成功是迟早的事，而只要你进行过一两次成功的催眠练习，就会发现大多数人都能接受你的催眠。

3. 最初的成功

第一次的成功催眠是你在初学阶段所要追求的核心目标。记住，即使是一名非常出色的催眠师，在尝试同时对 10 个人进行催眠时，可能在所有人身上都会失败，因为实际情况千变万化，可能会有许多原因导致催眠失败。如果换一种情况，目标对象还是同样的 10 个人，催眠师可能一次就会取得成功。你必须认识到，不同人对催眠暗示的接受程度并不相同，并且客观情况的影响也很大。总有一天，你会学会把失败的概率降至最低。

练习过程中，一定要熟练掌握每一项催眠方法的具体步骤，然后就可以在不同人身上进行练习了。只要你经常练习，迟早能取得成功。取得最初几次成功之后，你就会建立起足够的自信，这份自信可以让你获得更多的成功。

4. 暗示的力量

对暗示的娴熟应用是催眠成功的关键，因为暗示是诱导目标对象进入催眠状态的主要手段，同时也是维持催眠状态的关键因素。事实上，催眠状态本身就是一种特别容易接受暗示的精神状态。所以，在对目标对象说话时，内容一定要清晰明确，并且遣词造句要恰当，只有这样才能保证暗示的影响力。

5. 你不可能失败

只要练习过程正确，你就不可能失败。认真学习，经常练习，你一定能成为一名优秀的催眠师。

奥蒙德·麦吉尔

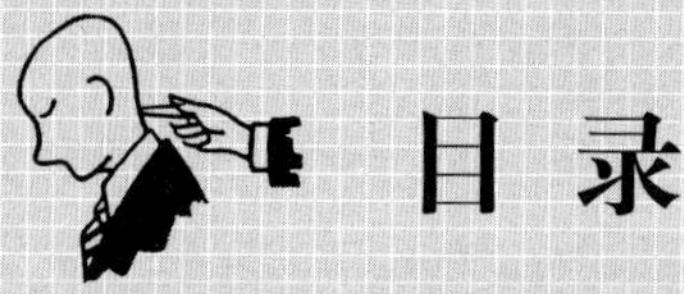

目 录

第一部分 催眠术入门

第二部分 学会利用暗示的力量

第三部分 深度催眠术

第四部分　催眠方法集锦

第五部分　丰富你的催眠知识

第六部分 催眠术表演的前期准备

第七部分 舞台催眠术表演

第八部分 催眠术表演的常规项目

第九部分　表演实用技巧

第十部分　杂项内容

第一部分

催眠术入门

第1章　催眠术基本知识

学习任何一件事情之前，都必须要对其背景知识有所了解。

什么是催眠术?

催眠术就像“电”一样，没人能说清楚它究竟是什么，但这并不影响我们对它进行应用。它毫无疑问具有很大的力量。一般来说，“催眠状态”可以定义为人的一种精神状态，特点是潜意识占据主导地位，而不是像平时那样，意识占据主导地位。催眠术则是人为触发这种精神状态的过程。这样看来，催眠术就可以理解为改变被催眠者的思想，使之通过自主神经系统而非交感神经系统发挥作用的过程。

对催眠术理论的了解和认识不仅可以让你成为一名更优秀的催眠师，也可以给你提供向观众进行讲解的素材。你的表演越具备知识性，就越能提升娱乐价值。

催眠状态的特点

注意力的绝对集中

按照《美国心理学月刊》发布的实验结果，人在进入催眠状态的过程中，注意力的分布范围会逐渐缩小，直至集中到一个非常狭窄的范围之内。人在清醒状态下的注意力分布可以用图 A 来表示，注意力的集中方向就是曲线的峰值部位，同时也会注意到周边其他一些刺激内容。而图 B 描述的则是催眠状态下的情况，注意力集中于单一的刺激类型，对其他刺激则毫无知觉。进入催眠状态的过程就是注意力分布范围收缩的过程，而收缩的焦点则是催眠师的暗示内容。

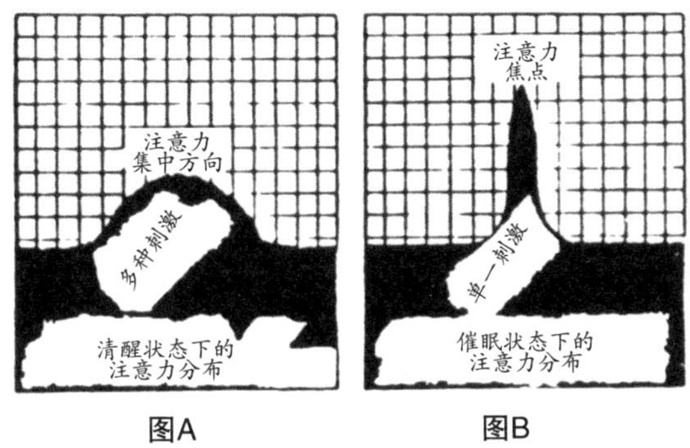

图A　　图B

注意力集中方向上的感官超敏现象

处于催眠状态下的人在注意力集中的方向上，视觉、听觉、触觉等感官直觉都会比平时灵敏得多，这一现象称为“感官超敏”。与此同时，思想的逻辑性也会得到大大增强，可以进行极为准确的推理分析。人的思想在清醒状态与催眠状态之间的差异，就如同霰弹枪和狙击步枪在威力上的差异一般。

对潜意识神经活动和生理状态的人为控制

暗示可以改变被催眠者的脉搏、月经周期和产期，甚至可以使部分肢体进入僵直状态。

意识控制力的削弱和自主性的丧失

处于催眠状态下的人放弃了大部分自主性，行为不再受自己的意识控制，而是受催眠师的暗示控制，前提是暗示内容不能与他们的思想和道德倾向发生强烈的抵触。如果发生这样的情况，被催眠者通常会抗拒暗示内容，或是直接从催眠状态下“惊醒”。

延迟暗示反应

对处于催眠状态下的人发出的暗示，可以在他们脱离催眠状态之后再发挥作用，前提是暗示内容不能与被催眠者的思想和道德倾向发生强烈抵触。

从以上几点可以看出，无论采用什么样的催眠方法，都需要提升被催眠者

的感官知觉，控制他们的潜意识神经活动，从而让他们自动对暗示内容做出反应，包括脱离催眠状态之后的延迟反应。

一些与催眠术相关的理论

在过去，催眠术曾被神化，人们相信催眠师具有强大的力量，能够彻底控制催眠对象。后来，人们的认识又偏向另一个极端，认为催眠作用完全是被催眠者自己引发的，催眠师起到的只不过是“工具”的作用而已。

今天，大多数人对催眠术的认识介于两者之间：要达到催眠效果，催眠师与催眠对象的作用都十分重要。只有两者彼此配合，才能使催眠成功。

换句话说，催眠过程就是催眠师与目标对象彼此配合、彼此信任的过程，只有两者分别扮演好自己的角色，才能让催眠现象得以发生。

从舞台催眠术的角度看来，催眠状态可分为两类：清醒催眠和深度催眠。两者都需要目标对象的思想由潜意识所主导，但在清醒催眠状态下，目标对象的意识尚存，而在深度催眠状态下，目标对象的意识完全被潜意识所取代。两种状态之间并没有明确的界限，因为潜意识的浮现是一个连续的过程。通常情况下，舞台催眠师先会引导目标对象进入清醒催眠状态，然后再对他们进行深度催眠，这样可以让目标对象逐渐学会对暗示做出反应，所以更容易成功。

前面已经说过，催眠过程就是意识层次转移的过程，是精神活动的中心从交感神经系统过渡到自主神经系统的过程。深度催眠状态则是潜意识代替意识主导行为的状态。

自发的深度催眠状态通常被称为“梦游”或“说梦话”。这两种状态和人为诱导的深度催眠状态非常相似，有经验的催眠师很容易通过简单的几句暗示吸引梦游者的注意力，从而操控他们的行为。

在这一意义上，催眠过程可以视为人为触发梦游状态的过程，或者说是人为引导目标对象进入梦游状态的过程。

催眠师与目标对象之间的配合与协调十分关键，因为只有两者能够彼此信任、彼此协调，才能让目标对象的意识层次发生转移，使潜意识代替意识。而自我催眠的过程，则是自己诱导自己的意识层次发生转移的过程。

尽管催眠术是一门十分独特的艺术，却并不是孤立的。事实上，从古至今，人类社会的许多活动中都有催眠作用的踪迹。人类对催眠原理的原始应用包括土著人的“出神舞蹈”、巫毒教和妖术等，宗教上的应用包括神迹、信仰疗法和修行过程中的出神状态等，心理学上的应用则包括身心关联疗法、催眠疗法等。这些应用方式尽管形式上大不相同，但根源都是一样的：用各种方式人为诱发梦游状态，也就是非常容易受到特定方式暗示影响的精神状态。

对催眠术的研究可以为一些病态心理现象提供解释，例如幻觉、幻象、肌肉僵硬、双重人格等。两者之间的区别在于，病态心理是精神活动失调的产物，而催眠状态则是人为引导和控制的结果，不会影响到目标对象的人格。对催眠术的研究，是人类认识自身精神世界的必经之路。

第2章　暗示的力量

在催眠术中，暗示是指潜意识把某种想法或念头变为现实的过程。要想成为一名成功的舞台催眠师，必须学会有效利用暗示的机制，因为暗示是诱发和维持催眠状态的基础。

暗示是操控目标对象潜意识的方式，所以你对潜意识的了解越深，就越能有效利用暗示的机制。这一章的内容将帮助你娴熟掌握暗示技巧，成为一名成功的舞台催眠师。

人的潜意识是记忆的“储藏室”，功能跟电脑的硬盘相似，可以把我们从生到死的全部经历都储存起来。近年来的催眠术研究甚至表明，催眠术有可能揭示“前生”的记忆。这些记忆并不是一潭死水，而是随时处于活跃状态，随时影响着我们的思想。全部记忆的集合，决定了我们的性格。

潜意识也是人体的“发电机”。潜意识由情感主导，而情感正是生命力的来源。潜意识不仅为意识和意识控制下的行为提供能量，而且也负责调控身体的各项关键生理机能。消化吸收、血液循环、呼吸、心跳、肾脏和其他内脏器官的运作，都受到潜意识的主导。潜意识永远不会入睡，反而会在意识入睡的时候变得更加活跃，代替意识保护我们的身体。

人的意识和潜意识处于永不止息的相互作用之中。如果我们在意识中不断重复某种念头或想法，让它为潜意识所接受，就可以直接通过潜意识把它转化为行动。如果这样的念头和想法是积极的，就会对我们产生非常大的帮助，而如果是消极的，就会对我们造成相当大的损害。潜意识与意识不同，并不具备分辨是非的能力，只要它接受了某种念头或想法，就会自动将之转化为行动。我们可以利用潜意识的这种特性，通过自我暗示改变我们自己的生活。在许多日常经历中，我们都能捕捉到潜意识发挥作用的痕迹。

记住，任何想法或念头只要能透过意识为潜意识所接受，就会自动转化为行动，成为生活的一部分。这一规律在舞台催眠术中经常能够得到体现。

我们的想法和念头不仅能影响我们的精神状态、知觉和情感，而且还能影响我们身体的生理活动。颤抖、出汗、口吃、脸红等生理状态，都是由肌肉收张、血液循环和关键内脏器官机能的改变而引发的，而这些改变则是由潜意识受到的影响引起的。

如果我们能让潜意识接受某种观念，就会自动将这种观念转化成行动。要想让这种观念被潜意识所接受，必须首先让它带上一定程度的感情色彩。换句话说，真正对潜意识造成影响的并不是观念的内容，而是与之相伴的感情色彩。

由于这个原因，那些直接涉及我们个人利益的观念总是最容易对我们造成暗示影响。与健康、成功、金钱及我们人生目标相关的想法和念头，通常能够带来更强烈的情感冲击，所以更容易作为暗示内容为我们所接受。

潜意识究竟会对某种想法或念头表现出接受还是排斥，主要取决于与这种想法或念头相关联的情感。如果某种想法与潜意识中已经存在的想法具有相同的感情色彩，就特别容易被潜意识所接受。如果某种想法与潜意识中已经存在的想法在情感上彼此相悖，就会受到潜意识的排斥。

暗示内容必然是具有感情色彩的念头或想法。这里又可以引出另一条重要规律：要想让暗示内容容易为目标对象所接受，就不能跟之前的暗示内容发生情感上的冲突。

但如果这一定律成立的话，为什么许多人可以利用暗示的力量改变潜意识中根深蒂固的想法，例如顽固的坏习惯?

要回答这个问题，我们就需要把潜意识想象成大海，会发生周期性的潮涨潮落。我们睡眠时，潜意识处于高潮期，会把意识彻底淹没，而我们处于非常清醒的状态时，潜意识则处于低潮期，完全掩藏在意识之下。在这两个极端之间存在着各种各样的中间状态。当我们处于困倦、走神等状态时，潜意识就会开始涨潮；而当我们清醒过来时，潜意识就会进入落潮阶段。当意识涣散时，潜意识的主导地位就会凸显出来。而催眠术就是人为地引发这种状态的过程。

“潜意识的凸显”是利用暗示影响思想，改变人格的绝好机会。在这种状态下，不同暗示内容之间的矛盾会被弱化，即使是原本根深蒂固的想法和念头，也有可能为新的暗示内容所替代。这样，当我们的意识恢复主导地位时，就会发现自己的性格已经发生了改变，新的观念代替了原有的旧的观念。

说到这里，就不能不提暗示过程中的另一条重要规律：当意志力与念头发

生冲突时，念头每次都会获胜。

这一点很容易通过实验证明。

找一块长约 4 米，宽约 15 厘米的木板，放在平坦的地面上。试试从木板的一头走到另一头，你会发现这很容易。现在，把木板架在两座高楼之间的空隙上方，再试试从一头走到另一头。你可能会胆战心惊地迈出一两步，但如果不及时撤回脚步的话，就有坠落下去的危险。为什么两次的反应如此不同？

这是因为，当木板架在高楼之间时，就会对你产生“坠落”这一念头的暗示，而这一念头是与危险和恐惧的情感相关联的。你的潜意识会立刻做出反应，接受你发生坠落的可能性。尽管你试图用逻辑说服自己，架在高楼之间的木板和刚才放在地板上的完全是同一块，你可以像刚才一样轻易走过去，但却无法成功，因为逻辑思维是意识层面的事情。你越是重复“不会坠落”的想法，潜意识就越接受“坠落”的念头。如果你非要坚持踏上木板的话，后果很可能是坠落丧生。

法国著名催眠师、自我暗示的专家爱弥尔·库艾曾说：“我们已经认识到，意志不仅无法消灭念头，而且还会适得其反。”

这一原理又称为“反向定律”：当想象力与意志力发生冲突时，想象力总能取得胜利，因为意志力所做出的一切努力都会起到适得其反的效果。所以说，意志并不像许多人认为的那样，是我们生活的主宰，而是经常会屈从于想象力和潜意识的力量。

催眠术是一种改变潜意识的良好手段，因为它可以避免让念头与意志之间发生冲突。它不会试图消除错误的观念，而是直接用正确的观念取而代之。

意志受到意识的驱使，但要想发挥效力，就必须与潜意识和谐一致。单靠意志力本身是不可能改变潜意识的，因为它并不具备这样的能力。不过，意志力可以帮我们辨别哪些想法和念头是错误的、不合适的，让我们通过恰当的方式，用正确的、合适的想法和念头取代它们。

记住，意识只有在跟潜意识和谐一致时才能发挥作用。催眠术则可以直接对潜意识产生影响，让我们的生活变得更加美好。

> 注意：本章内容不仅可以让你对潜意识和暗示的作用机制有所了解，而且还为你提供了绝好的讲解素材。在表演的开始阶段，你可以利用这些素材，向观众解释催眠术的本质和原理。

第3章　提高暗示的影响力

暗示具有非常强大的影响力。下面是一个真实的例子：在一所大学里的兄弟会入会仪式上，一名年轻人被蒙住了眼睛，在通常的情感调动步骤之后，被告知他的头将会被砍掉。他的头被按在案板上，脖颈被锋利的刀刃划过。事实上，这“刀刃”只不过是一条湿毛巾，但当人们查看年轻人的情况时，却发现他已经死于心力衰竭。他的潜意识里接受了“刀刃是真实的”这一念头，于是结束了他的生命。

要证明暗示对我们产生的生理影响，其实非常简单，只要在脑海里想象酸柠檬的味道，我们就会流口水。如果我们想象自己身体某些部位正在发痒，就会不由自主地伸手去挠。在催眠术表演中，你可以通过这些简单的实验向观众解释暗示的作用。

然而，并不是所有参加兄弟会入会仪式的年轻人都会因为毛巾划过脖颈而死。这就引出了一条非常重要的基本定律：只有当某种想法或念头为潜意识所接受时，才会转化为行动。

换句话说，要想让暗示发挥力量，就必须让它为潜意识所接受。在恰当的时机以恰当的方式提出暗示，可以大大增加暗示内容的影响力。

时机选择

对催眠师来说，暗示的时机选择非常重要。通常情况下，最好不要在某件事情真正发生之前，就告诉目标对象这件事情将会发生。只有当目标对象开始表现出与某种反应相关联的迹象时，才暗示这种反应正在发生。如果目标对象完全没有表现出任何相关迹象，可以暗示这种反应将在未来不确定的时间发生，然后再逐渐促成它的发生。

重复

重复是增加暗示影响力的基本方式。暗示内容被重复的次数越多，影响力也就越大。除此之外，对暗示内容的重复还可以让催眠师把握好节奏，避免操之过急。如果暗示内容非常简短，只有几个音节，则不断重复的过程本身就具有让人昏昏欲睡的催眠效果。

说话方式

进行暗示时，说话的具体方式非常重要。音调、音量和措辞都会对暗示效果产生相当程度的影响。在不同情况下，需要通过不同的方式让目标对象把注意力集中在暗示内容上。有时你需要快速地发出一连串的暗示，有时则需要放慢节奏，不断重复每一条暗示内容；有时可以对目标对象发出挑战，让他们尝试抗拒暗示内容，有时则需要尽力避免目标对象对暗示内容质疑。

那么，在不同的情况下，究竟该选择什么样的方式发出暗示呢？这就需要通过实际经验来判断了。这正是舞台催眠术的艺术性之所在。

提高暗示影响力的方法

1. 暗示内容的彼此关联

让不同的暗示内容彼此关联、环环相扣，可以收到很好的暗示效果。例如，你可以暗示目标对象，他的手臂会进入僵直状态，无论如何都无法弯曲，但当你在他耳边打响指时，他的手臂就会立刻松弛下来，垂落到腿上，而这会使他陷入更深一层的催眠状态。像这样环环相扣的暗示，往往比单一内容的暗示更加有效。

2. 训练目标对象提高对暗示的反应能力

每个人对暗示做出反应的能力都不尽相同，之前的暗示可以提高或降低这种能力。如果之前的暗示取得成功，目标对象对暗示做出反应的能力就会得到增强，反之则会受到削弱。因此，在进行较复杂的催眠表演项目之前，最好先用比较简单、容易成功的项目作为铺垫。

3. 让目标对象主动做出反应

如果能让目标对象主动按你说的内容去做，就可以提升他对暗示做出反应的能力。这一技巧在催眠过程中十分实用。例如，你可以先告诉目标对象坐在椅子上，双脚平放在地板上，双手放在腿上等，如果他照做，就会更容易接受你接下来的暗示内容。

4. 深呼吸

深呼吸可以提高人对暗示的接受能力。引导目标对象进行有规律的深呼吸，可以让催眠过程变得更加容易。除此之外，深呼吸还可以导致大脑轻度供氧过度，产生轻微的眩晕感，这也有助于催眠过程。

5. 数数法

数若干个数字，告诉目标对象当你数完时，某种事情就会发生，可以起到很好的暗示效果。很多人都习惯“数到 3 时，事情就会发生”的节奏。数数法通常可以增强暗示的影响力，提高成功率。

6. 非语言暗示

尽管语言是提出暗示的主要方法，但身体姿势、呼吸节奏等非语言因素也可以起到暗示作用。例如，你可以把双手推向目标对象，收回之后再继续，这是一种常用的催眠手势。对舞台催眠师来说，非语言的暗示手段在某些情况下能发挥十分重要的作用，并且可以作为语言暗示的辅助，所以值得掌握。

7. 群体暗示

群体暗示的影响力通常比对单一目标对象的暗示更大，因为人在群体中比较不容易害羞，并且当部分群体成员出现暗示中的反应时，其他人会不自觉地模仿。

> 注意：暗示措辞的选择十分关键。语言是暗示内容的核心，而措辞是语言的基本结构。许多人都会对特定的词汇做出下意识的习惯反应。作为一名舞台催眠师，你越懂得如何提升自己的暗示影响力，就越容易取得成功。

第4章　强力催眠术

催眠的基本方法有两种：第一种是利用人体的生理机制（生理催眠术），第二种则是利用人类的心理机制（暗示催眠术）。要想得到最强大的催眠效果，需要把两种方法结合起来使用，这也是本书推荐的“强力催眠术”。如果能娴熟运用这样的方式，你就可以成为真正的舞台催眠大师。

每个人天生都具有影响别人的能力，你也一样。只要你学会控制和运用这种能力，就可以成为一名催眠师。舞台催眠师就是那些通过这种能力达到表演效果的人。

强力催眠术的本质就是用思想去影响别人的思想，所以，要想理解它的机制，你必须首先了解人类思想的本质。思想不是物质性的，但却是的的确确存在的，对所有人都是一样。然而，你知道你的思想究竟是什么吗？

所谓“思想”，其实是人脑中产生想法的过程，而想法则是客观存在的事物，是能量的某些特殊存在模式，所以又被称为“思维模式”。如果你学会有效运用你的思想，就可以产生强力的“思维模式”，再用这些“思维模式”对别人产生影响。

人脑可以类比为思想的“变压器”，能够产生思维的电波，而神经系统则是“电缆”，负责把这些电波传输到人体各个部位。由思想产生的想法和念头，在大脑中会得到增强，这种增强作用越强大，这些想法和念头对别人的直接影响力就越大。

这一过程很像自然界中的电磁感应现象。把两根电缆彼此靠近，但却并不接触，当脉冲电流通过其中一根电缆时，就会在另一根电缆中产生感应电流，这就是电磁感应现象的例子。如果把人脑比作电缆，那么想法和念头就是其中的电流。

也有人把思想比做一潭静水，当催眠师在自己的潭水里激起涟漪的时候，被催眠者的潭水里也会激起相应的涟漪。这种现象又被称为“投影”。投影现象涉及的精神能量包括两类：原始的电磁能量和思想产生的心灵感应能量。原始能量是基本的动力，心灵感应能量则是导向机制。这两种能量的结合，就是催眠术研究的先驱、奥地利医师梅斯迈尔所说的“动物磁性”。梅斯迈尔的部分理论或许经不起推敲，但他毫无疑问是一代催眠术宗师。

“思维模式”就是具有目的性的精神能量。在舞台催眠术中，这样的能量可以在观众面前达到强力催眠的效果。要想让某种“思维模式”具备催眠的力量，必须首先在其中注入你自己的精神能量。这种能量是客观存在的，所以必须借由你的身体而产生。由于这本书的主题是舞台催眠术的实际应用，所以我就在这里提供一种练习产生精神能量的方法。

首先要把你自己的身体看作一座储存能量的仓库，如同汇聚电能的电容器一般，并且这种能量可以在你思想的控制下，为了你所要达到的目的而释放出来。作为一名舞台催眠师，你的目的就是要对你的目标对象进行强力催眠。

闭上眼睛，想象整个宇宙就是一片能量的汪洋大海，而你则是与大海连通的一片港湾。宇宙的能量可以任你支配。能量就是振荡，振荡就是运动。

坐在椅子上，双臂向前平伸，用力摇晃双手，无论朝哪个方向、以什么样的频率摇晃都可以。一开始，你可能需要花点力气，但是双手的摇动很快就会变成一种接近自发的行为。让你的思想逐渐宁静下来，体验此时的感觉。很快你就会觉得，摇晃的并不是你的双手，而是你的整个身体和内心世界。

当你并不仅仅是摇晃双手，而是整个人都与这种摇晃的节拍合为一体时，你就会感觉到体内逐渐充盈着能量，这能量既是精神上的，也是物质上的。等你觉得过了足够久的时间，就可以逐渐停止摇晃，把双手放回腿上休息一下，准备下一步的练习。

站起来，闭上眼睛，让整个身体都开始震颤。你会发现这并不难，因为你体内已经积攒了相当多的能量。让这股能量与你的身体合为一体，成为你的一部分。放松下来，因为你并不需要做任何事情，只要等待着该发生的事情发生就够了。不要强迫自己，也不要操之过急。你会发现，你身体的震颤也会逐渐变成一种接近自发的行为，不需要你自己做出任何努力。至于具体的震颤方式则取决于你自己，不同的人会体验到不同的过程。你的头可能会前后或是左右晃动，身躯则会向各个方向摇摆不定。给身体以足够的自由，让它自己决定震颤的方式。

你的身体可能会摆出像跳舞一样的微妙姿势，双手和双腿都会开始移动，

全身各处也都会做出不自觉的动作。你只需要允许这些动作发生就够了。你体内的能量运行非常微妙，所以不要试图阻挡它。身体的震颤就是能量流入你体内的过程。

像刚才一样，如果你觉得过了足够久的时间，就可以随时停下来休息。仍然闭着眼睛，保持站姿，不要动弹，深呼吸，让体内积聚的能量进入大脑。想象你的大脑通体闪耀着能量的光芒，这光芒随着神经系统渗入你身体的每一个细胞。

练习过程中一定要发挥想象力，创建能量流动的视觉意象。不要害怕，想象力是创造力的源泉。一切创造性的活动都是从想象开始的。现在，你是什么感觉？有没有觉得自己浑身充满了生命的能量？不妨自己测试一下。

伸展双臂，让能量流入双手，你会感到手指传来微微的麻刺感，仿佛触电一般。双手十指相对，保持 2.5 厘米左右的距离，你会感觉到能量跨越空间在手指之间流动。用一块黑布作为背景，十指轻抵，然后再分开，前后移动，你会看见能量流动在指间形成的轨迹。

这就是催眠师所利用的“原始能量”。用心灵感应能量（思维模式）来引导这种原始能量，就是强力催眠的机制。

心灵感应能量是思想的产物。你的每一个想法都会让大脑中产生类似电流的能量释放，形成一道能量波。思想的能量波与无线电波很相似，可以从一个人传播到另一个人身上，对后者造成影响。当这道无线电波携带了催眠师的身体所释放的原始能量时，就可以达到强力催眠的效果。

心灵感应能量的产生非常容易，因为这一过程是自发的，只要你的思想处于活动状态，就会产生这种能量。注意力与意志力都可以让这种能量得以增强。

在强力催眠术中，注意力是指将思想的活跃范围聚焦在某一个具体的想法或念头上，意志力则是指用意志去控制这个想法或念头，让它产生你所需要的效果。催眠师如果懂得利用这两种机制，就可以用自己的思想去影响目标对象的思想。你已经学会了让体内产生原始能量的练习方法，接下来的内容则可以教你把自己的“思维模式”投射到目标对象的思想中去。

进行催眠术表演或练习时要记住，你进行思想投影的过程越自然，产生的影响力就越强大。因此，过度的主观努力和意愿反而会适得其反。想法和念头不会像有形的物体那样，被你“推”向目标对象那里。

意志力的作用并不是推动你的想法进入目标对象的脑海，而是让这种想法能够在你自己脑海里更清晰、更具体地呈现出来。换句话说，你需要构建出“你的想法在目标对象脑海里变成现实”这样的视觉意象。如果你愿意，可以想象每个人脑海里都有一片平静的水面，当你的水面上泛起涟漪时，目标对象的水面上也会激起相似的涟漪。在这一过程中一定要充分发挥想象力，你构建的视觉意象越清晰，就越能产生强大的影响力。这就是所谓的“心灵感应”。下面介绍的摇手暗示术并不是群体催眠所必需的，但我的经验证明它十分有效。

让观众们和你一起用力摇晃双手，同时你可以让他们在脑海中构建出自己的身体吸收能量的意象，而你（催眠师）则同时在自己脑海中构建出自己的身体释放能量的意象。当你们一起摇晃双手时，就会在彼此间产生友谊与信任的联系，令催眠过程变得更加轻松。

> 注意：这一章所介绍的两种实践方式都需要经常练习才能熟练掌握。它们可以帮助你成为一名真正优秀的舞台催眠师。

总之，强力催眠术是视觉意象、信念树立和思想投影这三种机制的有机结合。

1. 对于你希望发生的事情，在你自己脑海中构建出准确具体的视觉意象。
2. 从语言和精神两方面对目标对象进行暗示，让他们相信你视觉意象中的事情确实正在发生。
3. 想象你视觉意象中的内容的同时，也正在目标对象的脑海中上演，从而实现投影。

这就是强力催眠术的思维模式。它可以在生理和心理两方面为你提供帮助，让你的催眠术表演达到最佳效果。

第5章　催眠作用的表现

催眠术效应

催眠术可以让目标对象变得高兴或者悲伤，愤怒或者欣喜，宽容或者尖刻，骄傲或者卑下，积极或者消极，胆大或者胆小，充满希望或者满怀沮丧，傲慢无礼或者恭恭敬敬。你可以让他们唱歌，大喊大叫，开怀大笑，哭泣，表演，跳舞，开枪，钓鱼，布道，祈祷，背诵诗词，或者阐述学术理论。

目标对象对暗示内容的表情反应非常重要，因为他们的表情反映出来的都是真实的情绪，即使是最好的演员也不可能把同样的姿态表演得如此真实。

被催眠的人并不是在进行一般意义上的“表演”，因为他们自己完全相信，他们就是你所暗示的那种人。他们可以把任何他们所熟悉的人物形象模仿得惟妙惟肖，无论是他们身边的人还是他们通过电影、电视等媒体接触到的人。

被催眠者的记忆力也有可能得到相当程度的提高，这是催眠术最重要的功能之一。无论催眠程度深浅，这种现象都有可能发生。被催眠者有可能回忆起很久以前发生的事件细节，而这些事件往往是他们在正常状态下绝对不可能想起来的。我们一生中的所有经历都会在记忆中留下痕迹，其中许多痕迹都非常轻微，在正常状态下无法追溯，但在催眠状态下则可以还原成回忆，这是被催眠者注意力高度集中的结果。

在催眠状态下，只要有合适的引导，任何人一生中的任何经历都有可能被回忆起来。那些支持“转世重生论”的人甚至还认为，催眠状态下的人可以回忆起“前生”的经历。

某些记忆也可能被抹除，例如催眠师可以让目标对象忘记自己的名字和生活境况，甚至完全忘记相当长一段时间内的全部经历。

催眠师可以通过暗示让目标对象产生妄想、错觉或幻觉，例如将椅子当成狗，将扫帚当成美女，将街上的噪音当成交响乐，将铅笔当成香烟等。

不妨尝试这样的实验：给你的目标对象一个空杯子，告诉他里面装有威士忌，喝下去的时候必须要小心，以免灼伤喉咙。如果他相信了你的话，在做出“干杯”动作之后就会开始咳嗽或是喘息不止，仿佛杯子里真的有威士忌一样。

所谓幻觉，是指感知到并不存在的物体，例如你可以对目标对象发出“在这把椅子上坐下来”的暗示，而其实根本就没有椅子。他会在想象中椅子的位置坐下来（其实支撑体重的只有自己的双腿），仿佛椅子真的存在一样。如果你问他“这把椅子舒不舒服”，回答很有可能是“不舒服，我宁愿要把更舒服的椅子”。如此富有“真实感”的幻觉经常会令人难以置信，但的确可以通过催眠术来达到的。

处于深度催眠状态下的人，很容易借由催眠师的暗示而产生各种各样的幻觉或错觉。实验表明，幻觉中的物体甚至可以通过三棱镜产生双重影像，被放大镜放大，在一切方面表现出跟真实物体完全相同的光学属性。

在通过暗示让目标对象产生幻觉的过程中，假设幻觉中的物体是一只鸟，那么如果你暗示这只鸟正在飞近或者飞远，目标对象的瞳孔就会发生相应的缩小或是扩大，同时眼轴长度也有变化，仿佛在观察真实物体的移动一般。

被催眠的人可以把土豆当成桃子吃下去，或是把醋当成香槟一口喝干。如果你暗示一杯白水其实是伏特加，那么他在喝下这杯白水之后就会出现醉酒反应，而如果你暗示一杯烈酒其实是醒酒药剂，那么他喝下这杯酒之后反而会复原。这些全都是实验证实过的结论，并且受试者在实验中的表情姿态都无比真实，即使给他们的是真正的桃子、香槟、烈酒或是醒酒药，他们的表现也不可能更加真实了。

催眠师可以通过暗示让目标对象产生各种各样的生理反应。处于催眠状态下的人，可能半边脸正在痛哭流涕，另半边脸却喜笑颜开。脉搏、呼吸和出汗的速度可以在控制之下变快或是变慢，体温也可以升高或是降低。如果被催眠者被告知自己正在发烧，他的脉搏就会加速，脸颊泛红，体温也会上升。如果被告知自己正站在寒冷的冰面上，他就会开始发抖，打冷战，有时还会起“鸡皮疙瘩”。饥饿、口渴等其他生理反应和感觉也都可以通过暗示创造出来。

这一效应既可以使人产生原本并不存在的疾病，也可以让疾病不治而愈。例如，如果在被催眠者的皮肤上贴一枚邮票，告诉他这其实是一抹芥子膏，就可以让原本健康的皮肤产生水泡。如果把一枚硬币或一把钥匙放在被催眠者身

上，让他相信在一觉醒来之后这里就会肿起水泡，那么即使马上把硬币或钥匙拿开，并且他在入睡前已经脱离了催眠状态，一觉醒来之后还是会起水泡，并且水泡的形状完全与硬币或钥匙的形状吻合。

另一方面，原本存在的水泡和烫伤痕迹也可以通过暗示来消除。局部皮肤泛红是一种非常容易通过暗示来引发 / 缓解的症状，只消几分钟就能显现出效果。

暗示可以同时影响好几种感官。如果你对被催眠者暗示，他手里正拿着一枝玫瑰，那么他就会同时看到玫瑰的形状，嗅到它的芬芳，触摸到它的手感。积极幻觉可以让被催眠者从一切方面感知到原本并不存在的物体，而消极幻觉则可以让他们根本感知不到实际存在的物体。

消极幻觉也可以单独针对某一种感官而发生，也就是让这种感官暂时选择性失去作用。只要给出相反的暗示，就可以恢复这一感官的作用。暗示可以使被催眠者致盲或致聋，并且这一作用完全是精神上的，因为实验表明，被催眠者的眼睛和耳朵仍然正常，只不过视觉（听觉）信号无法进入其意识。用同样的方法，你也可以让目标对象的一只眼睛暂时失明，另一只却仍然照常视物。

催眠师只消用手指或某些物体碰触被催眠者的皮肤，就可以使之在没有破损的情况下发红或流血，这一点早已有大量的例证。

催眠术的延迟影响

对时间的感知似乎是人们天生精神能力的一部分。催眠师之所以可以在催眠状态结束之后仍能影响目标对象，是因为催眠过程能够改变目标对象的时间感。

你可以借由暗示让目标对象在 24 小时之后，1000 或 2000 分钟之后，或者一个月甚至更久之后，做出某些特定的行为或反应。潜意识的“时间记忆”相当准确。曾经有过这样的实例：催眠师告诉被催眠者，再过 43334 分钟之后用手划一个十字。被催眠者在准确的时间做出了这一动作，尽管此时他已经不记得当初催眠实验的内容，甚至不记得实验曾经发生过。

在延迟暗示中，被催眠者的思想首先接受指令，要在某个特定时间做某一件特定的事情，然后就不再考虑这一指令的内容，但如果他的潜意识已经接纳了暗示内容，就会在指令要求的时间（或是十分接近的时间）做出相应的行动。从接受指令之后到付诸行动之前，暗示内容都不会进入意识，而是蛰伏在潜意识中，直至时间到了为止。在舞台催眠术表演中，延迟暗示最容易产生魔术般的效果。

你也可以暗示目标对象，当他将来接到某种信号（提示）时，某件特定的事情就会发生在他身上。当目标对象恢复正常状态之后，只要接到信号，就会按照暗示内容产生相应的反应。例如，你可以这样告诉被催眠者："当你醒来以后，会感觉自己在所有方面都恢复了正常，但当我像现在这样摸自己的耳垂时，你就会感觉到一种无法阻挡的冲动，使你离开椅子，走到房间中央，在那里伸个懒腰。在这件事情发生之前，你不会回忆起我刚才所说的任何内容，但只要我摸摸耳垂，你就会严格按我说的去做。"唤醒他之后，你可以先花些时间做别的事情，然后再像之前一样摸摸耳垂，这时他就会按照你说的那样走到房间中央去伸懒腰，并且在大多数情况下，他会很惊讶自己为什么要这样做。这就是延迟暗示的表现形式。

用同样的方法，你也可以让目标对象在接到某种信号（提示）时重新陷入催眠状态。舞台催眠术表演中所谓的"瞬间催眠"，其实应用的就是这一机制。你可以在表演之前先对目标对象进行催眠，告诉他在你伸出手指指向他的时候就陷入催眠状态，这样当你在表演时伸手去指他时，观众就会以为是你的这一简单动作发挥了催眠的威力。延迟暗示也同样适用于群体催眠，可以让一群人产生相同的反应。

第6章　催眠术问答

学习催眠的具体方法之前，你需要知道一些关于催眠术的常见问题，以及这些问题的答案。这样的知识不仅对你自己来说是必要的，而且也可以让你更容易回答观众提出的某些问题，或是作为讲解内容的一部分。

问：哪些人可以被催眠？

答：所有精神正常的人都可以受到催眠术的影响，但不同人接受催眠的难易程度并不相同。有些人会表现出深度催眠反应，包括延迟反应，而另一些人则只会表现出最基本的肌肉僵硬等反应，例如“锁手术”等。

平均而言，大约有 20% 的人特别容易在第一次接受催眠时就进入深度催眠状态。由于这样的人通常会更愿意观看催眠术表演，所以在观众中占的比例还要更高一些。

问：决定一个人是否容易被催眠的因素是什么？

答：首先必须要明白，一个人是否容易被催眠，跟他的智力、性格、性别和情绪稳定程度并没有必然联系。在某种意义上，催眠和被催眠的能力都是个人天赋，因人而异。一个人是否容易催眠别人或者被催眠，从根本上取决于他由意识层面进入潜意识层面的难易程度。

问：催眠术会削弱目标对象的意志力吗？

答：这个问题是从认为“催眠师无所不能”的时代遗留到今天的。在过去，绝大多数人们对催眠术尚心怀迷信，而催眠师在舞台表演中则会利用这种迷信，让旁观者以为他们能够自由控制目标对象的一举一动，令后者表现得仿佛完全没有自主意志的傀儡。实际上，这只是催眠师的表演技巧和舞台气氛的渲染而已。

意志力跟催眠术之间几乎完全没有任何联系。事实上，催眠术不仅不会削弱意志力，而且还可以提高目标对象的决心、注意力、人格力量和自信，从而在某些意义上使其意志力得到增强。

问：意志薄弱的人更容易被催眠吗?

答：事实上并不是这样。那些让人表现得“意志坚定”的特质，例如决心、自信心和感染力，同时也正是让人更容易被催眠的特质。通常情况下，意志力薄弱的人没有能力用足够严肃的态度去对待自己的念头和想法，所以也更加难以被催眠。

问：我们可以违背某人的意志而将他催眠吗?

答：刚才已经说过，意志力跟催眠术之间几乎没有任何联系。催眠作用主要发生在情感层面，而不是主观意志层面。期待、信仰、信念、想象力和恐惧等因素都能够促使人进入催眠状态。历史上不乏催眠师通过恐吓目标对象达到催眠目的的例子。一些情况下，目标对象越是不愿意被催眠，反而越容易进入催眠状态。

19~20 世纪之交的催眠大师西德尼·弗劳尔曾举过一个类似的例子。他在 1900 年写道：“事实上，恐惧会使人不知所措，催眠师可以利用这一机会对其进行暗示，只要影响力足够强，就可以达到瞬间催眠的效果。”

“假设某个人是因为别人质疑他‘究竟敢不敢试一试’才来到舞台上的。他心中充满了紧张和不安。有经验的催眠师很容易从他的表情和姿态中分辨出这些情绪。催眠师知道，如果能突然出乎这个人的意料，用强力的暗示去影响他的潜意识，就可以立刻让他陷入催眠状态。”

“所以，催眠师会走到舞台边缘，就在那人一只脚踏上台的时候，忽然伸出一只手托住他的后颈部位。在观众看来，催眠师只不过是扶了那人一把而已，但这个动作的真实意义在于让他更加迷惑。在他有时间反应过来之前，催眠师就会用另一只手的手掌拍在他下巴上，让他的头发生突然的震颤。这会让他的感官在一瞬间变得无比敏感。他会觉得耳朵里充满了各种各样的声响，其他感觉也都变得无比敏锐。催眠师在此时用强硬的语气发令：‘睡！你现在就要入睡！’在大多数情况下，那人都会立刻睡着。”

这段话是在一个多世纪以前写下的。尽管这样的催眠手段在某些情境下可能很有效，但却不适合今天的舞台表演。今天的人们更喜欢自由选择，不愿意做任何身不由己的事情。为了不让人们误解催眠术这一行业，催眠师应在表演前征得目标对象的同意。

问：催眠师能让目标对象做出不道德的行为吗？

答：绝大多数专家认为，催眠作用并不会改变人的道德操守。如果一个人在正常状态下觉得某些行为是不道德的，那么他在催眠状态下也会拒绝做出这些行为。

问：女性比男性更容易被催眠吗？

答：并不一定。平均而言，女性更加偏重于感性而不是理性，所以更容易为催眠术所影响，但她们的感性思维模式也更容易触发忸怩不安的情绪，这种情绪对暗示有抵抗作用。男性则相对不容易受催眠术影响，但一旦接受了暗示内容就更倾向于完全照着去做。

问：高智商的人更容易被催眠吗？

答：高智商的大学生确实是最容易被催眠的人群之一，然而，导致他们容易被催眠的并不是智力本身，而是他们对未知事物的探索欲望。著名物理学家斯坦梅茨曾说：“人类下一个伟大的探索前沿将会是自己的思想深处。”而催眠术就是此种探索的产物。

事实上，最容易被催眠的是那些富有创造力的人，比如艺术家、音乐家、演员和善于构建视觉意象的人。当观众以这些人为主时，舞台催眠术表演会是一件很轻松的事。不过，催眠师必须注意的是，表演内容要与观众的智力水平相符。

第二部分

学会利用暗示的力量

第7章　催眠术入门练习

读完第一部分的内容以后，你应该已经做好了准备，可以开始学习成为一名催眠师了。要进行催眠术练习，首先必须要有合适的目标对象，也就是愿意被你催眠的人。你进行的催眠术练习越多，就会变得越熟练。

要找到对催眠术很有兴趣、愿意配合你进行练习的人，并不是一件很难的事。练习过程中要表现得尽可能专业，千万不要告诉人家你只是刚刚开始的新手。你一方面要训练你自己学会催眠术，另一方面也要训练你的目标对象学会被催眠。下面列出了三种常用的入门练习，可以依次采用。

练习 1：肌肉放松

开始阶段最好能把催眠与放松联系起来。告诉目标对象，催眠作用可以让人身心充分放松，这是有益于健康的。许多人尽管以为自己知道该怎么放松，实际上却并不了解放松的方法。你将要进行的展示则可以让他们学会该如何放松。

让目标对象坐下来，左臂平端在胸前，右手食指抵在左掌心处（见图 7.1）。告诉他（她）集中注意力，让左手和左臂彻底放松下来，只靠右手食指支撑。

> 注意：要保持这种姿势，目标对象必须同时处于精神集中和放松的状态，催眠作用需要的正是这样的状态。

图7.1

当目标对象相信自己的左手和左臂已经处于放松状态时，告诉他："等我数到 3 时，就把右手食指拿开。"然后数"1，2，3"，看看会发生什么。

图7.2

如果目标对象正确接受了你的指示，那么在拿开食指时，左臂就会立刻垂落下来（见图 7.2）。这表明他的左臂处于放松状态。而如果拿开食指时左臂没有立刻垂落下来，而是还留在胸前，就说明他没有按你的指示放松下来。如果发生后一种情况，就重复进行同样的练习，直至达到理想的放松效果。

> 注意：这一练习十分重要，因为这样不仅可以训练目标对象学会放松，也可以训练他学会按你的指示行事。练习过程中，目标对象会进入注意力高度集中、其他方面保持放松的状态，这正是催眠所需要的状态。进行舞台催眠术表演时，也可以用这一练习开场。

练习 2：向后倒

这一练习属于“身体摇摆示例”。在成功完成第一项练习之后，这一练习可以让目标对象提高对催眠术的反应程度。告诉他，人的思想具有这样的特性：当注意力集中在某种想象中的动作或反应上时，身体就会下意识地做出这样的动作或反应。心理学家威廉·詹姆斯把这样的动作或反应称为“念动效应”。

> 注意：钟摆是最容易触发念动的道具之一。把一定重量的物体系在绳上，让它可以自由摆动，就成了一个钟摆。单手把静止的钟摆举在你面前，脑海中想象钟摆正在发生左右或锥形摆动的样子，过不了多久你就会发现，钟摆会按照你想象的方式摆动起来，这就是你的手不自觉做出念动效应的结果。这一实例也可以运用到舞台表演中。

具体的练习方法如下——

让目标对象双脚并拢直立，告诉他，这一实验会让他不自觉地向后倒，从而验证思想引发不自觉动作的机制。你会站在他身后，防止他摔倒受伤。整个实验过程非常安全。

让目标对象不要故意向后倒，但是也不要刻意压抑向后倒的冲动，而是放松下来，在脑海里反复思考你刚刚对他说的话，直至形成自己向后倒的清晰意象。告诉他，这样的意象会产生非常大的推力，让他不由自主地向后倒去。

现在让目标对象闭上眼睛放松下来。你可以把手搭在他肩上，略微往后拉，如果感觉到他明显的抗拒，就说明他的放松程度还不够。如果他一拉就倒，那练习就可以开始了。站在目标对象身后，右手放在他的后颈部位，左手放在头部左侧。让他的头略微向后仰，靠在你的右手上（见图 7.3）。

用有说服力的语气轻声说："过不了多久，你就会感觉到一股向后倒的冲动……这冲动非常强烈。不要抗拒这种冲动，当你倒下来时，我会扶住你的。你已经开始倒过来，倒过来，朝我的方向倒过来了。当我把手从你颈后拿开的时候，你就会慢慢向后朝我倒过来。"（见图 7.4）

图7.3

图7.4

在你说这些话的同时，左手慢慢从目标对象的前额滑到后脑，右手则慢慢从他的后颈部位移开，这样可以强化暗示效果。

注意：在催眠过程中，你对目标对象所说的话之所以称为"暗示"，是因为其内容影响的是他们的潜意识而非意识。要想达到暗示的效果，需要采取平静而明确的语气，声音要温和，同时也要带有让人毋庸置疑的绝对权威感。进行暗示的同时，在你自己脑海中构建出目标对象做出恰当反应的意象。

继续暗示："现在你感到冲动变得更强烈了……推着你往后倒。你正在往后倒……往后倒。"随着你的不断重复，目标对象的身体很快就会开始往后倒，此时一定要及时扶住他，帮助他恢复平衡。

练习3：向前倒

这一练习要在"向后倒"的练习结束之后立即进行，之前的练习如果成功，这一练习也同样会成功。用简短的语句向目标对象解释，思想能够影响平衡感，从而让身体朝某一个方向倾倒。让目标对象面向你，双脚并拢直立，凝视你的眼睛，而你的双手则放在他的太阳穴部位（见图7.5）。告诉他，这一次他将会向前倒。

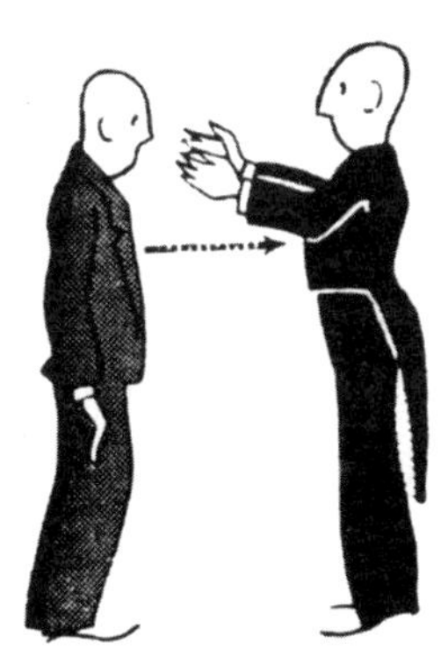

图7.5

> 注意：当目标对象凝视你的眼睛时，你也要盯住他的眼睛，准确地说是他双眼瞳孔之间的中点。这种做法称为"催眠凝视"，你会发现，把注意力集中在一点上，比同时凝视目标对象的双眼要容易得多。无论是目标对象还是旁观者，都会觉得你正在盯着目标对象的眼睛。在催眠术表演中，你会经常用到这一基本技巧。

告诉目标对象，他很快就会向前倒过来，也就是倒向你的方向。双手仍然放在他的太阳穴部位，盯着他的眼睛，左脚后退一步，双手轻轻沿他的头部侧面滑向前额，同时身体稍微后仰，最终让双手在他前额部位相触。然后再缓缓分开双手，放回他前额处，重复这一过程。

做动作的同时，用有说服力的语气轻声说："现在你感觉到一股向前倒的冲动，这冲动非常强烈。向前倒……向前倒，我会扶住你的。"目标对象马上朝你倾倒过来（见图7.6）。及时扶住他，帮助他恢复平衡。

> 注意：在任何需要你跟目标对象对视的练习中，如果对方的眼睛一眨不眨地盯着你，那么你基本可以肯定练习会成功。如果对方的视线游离不定，立即停止练习，告诉他只有盯着你的眼睛才能继续下去。

以上这些两种“身体摇摆示例”练习都是念动效应的实例。许多类似这样的例子都证明，如果将所有注意力集中在某个动作的意象上，身体就会不自觉地做出这个动作。这样的过程也可以用于催眠感应（参见17章）。

图7.6

目标对象自己对这些练习的反应通常很有意思。他知道自己并没有刻意去向前（后）倒，所以会为结果而惊讶不已。在他看来，真的是某种外来的推力迫使他向前（后）倒。事实上，这推力是他自己的肌肉在暗示对思想的影响之下产生的。这就是暗示的力量。

注意：你正在学习如何有效运用暗示的机制，对目标对象的潜意识造成影响。熟练掌握这一章介绍的三种练习方法。只有当一项练习成功之后，再开始下一项练习，因为练习的成功或失败都有积累效应。

第8章　影响力的里程碑

锁手术

这一练习非常重要，值得用一整章的篇幅来描述。如果能成功掌握这一练习的要领，就意味着你在催眠术的学习过程中跨越了一座里程碑。练习内容同样也可以作为舞台表演内容。

“锁手术”最初是因法国著名药剂师兼催眠师爱弥尔·库艾的应用而为世人所知的。库艾因他最经典的一句暗示语“每天，在每个方面，我都在不断做得更好”而扬名，被奉为自我暗示的鼻祖。自我暗示是清醒暗示和清醒催眠的一种形式。库艾在自己的诊所里用这一练习方法为所有患者催眠，如果催眠不成功就暂停治疗，直至成功。

清醒暗示与清醒催眠其实是同一回事，都是指在目标对象处于清醒状态下时通过暗示进行的催眠。或许“清醒催眠”这一说法更为准确，因为在催眠过程中，目标对象会逐渐由清醒状态过渡到催眠状态。在学习催眠术的过程中，你只要掌握了上一章介绍的三种基本练习，就可以开始这一练习了。

练习方法

让目标对象面朝你站立，双手十指交叉相锁，如图所示。告诉他双手紧紧握在一起，双臂保持一动不动的姿势，心中想“我的两只手无法分开”。

注意：目标对象必须用最严肃的态度看待这一练习，下定决心让自己相信，他的双手确实无法分开。这一练习又是一个例子，可以证明暗示的影响能够从意识层面过渡到潜意识层面。

现在把你的双手放在目标对象的双手外侧，要求他凝视你的双眼，并且强调他绝不能移开视线。与此同时，按照上一章介绍的方法紧盯他双眼瞳孔之间的中点位置，让他把全部注意力集中在你身上。发出这样的暗示：

“让你的双手彼此握紧，越来越紧。心中想，两只手已经紧紧锁在一起了……如此之紧，以至于你根本就不可能让它们分开！”

一边这样说，一边在他的手背上施加压力，以进一步增强暗示效果。重复这一过程，直到你准备好发出“你根本就不可能让它们分开”的暗示为止。

现在你可以一边重复暗示内容，一边把双手从目标对象的手上移开。继续告诉目标对象，他的双手已经锁在了一起，无论他如何努力，都不可能把双手分开。暗示的力量会通过重复而增强。继续暗示：“现在你会发现，你的双手已经紧紧锁在了一起，锁得如此之紧，你无论如何努力也不可能把它们分开！不信就试一试，用力！用力！它们已经锁在一起了……无论你怎么用力都没有用！”

一定要采取毋庸置疑的强硬口吻，在每一句话中倾注越来越多的能量，直到你准备好让目标对象“不信就试一试”。

仔细观察目标对象的眼神。假如他出现“放弃”的神色，就说明你的暗示已经发挥了效力。他会试图用力把双手分开，但是越努力越会适得其反。现在，既然表演目的已经达到，你接下来要做的就是通过反向暗示把他的双手分开。

在目标对象表示无论如何都无法把双手分开之后，用力拍一下手，用肯定的语气说："好了，现在催眠术的影响就要结束了。放松下来。现在你可以随便把双手分开了！"目标对象原本集中的注意力立即分散开来，于是他的双手也就能够分开了。

偶尔也会出现这样的情况，之前的暗示效果实在太好，在你给出反向暗示之后，目标对象仍然无法分开双手。在这种情况下，只要把他的双手握在你手里，继续轻声暗示"没问题，放松，放松下来，我数到3时，你的双手自然就分开了。"然后数"1，2，3"，在数到"3"的时候突然用力拍一下手，他的双手就会自然分开。

掌握了锁手术的要领之后，你就可以开始学习第十一章中介绍的各种练习了。不过，最好还是先仔细读完接下来的两章，对清醒催眠术有一个更好的了解。

注意：毕竟，你还处于练习期，不可能第一次尝试就成功。要成为一名专业的催眠师，需要长时间的练习。你的练习次数越多，就越能驾轻就熟，轻松自如地对更多的人施加影响。如果你能用这一章和上一章中的练习影响别人，自然也就可以用更复杂的方式达到同样的效果。尽管其他一些催眠技巧显得更为"神奇"，但基本原理都是一样的。基本功一定要扎实，无论怎么努力都不为过。

记住，对催眠术的研习可以增强你影响别人的能力。那些让千万听众对之言听计从的演说家，在本质上跟催眠师没什么区别，因为两者利用的都是同样的暗示机制。研究催眠术可以让你具备起强大的个人影响力，这也是成功的舞台催眠师必须具备的特质。

第9章　清醒催眠的艺术

催眠状态并不是无意识的睡眠状态，而是一种能够让外来的暗示越过意识，直接通过潜意识引发行动的精神状态。

只要条件合适，无须正式的催眠过程，就可以在目标对象保持清醒的状态下达到催眠效果。让我们详细分析一下这样的现象。

催眠暗示可以让特定的念头与想法通过目标对象的潜意识得到实现。换句话说，暗示的作用对象是潜意识，而不是意识。

从字面意义上看，“意识”与“潜意识”这两个概念，有点人为的对立意味。当代心理学已经不再把人的思想划分为“意识”与“潜意识”两个截然不同的部分，而是把思想视为一种连贯的、时刻处于变化的机制，意识与潜意识都有可能浮现于表层。催眠术就是通过人为手段让目标对象的潜意识浮现于表层的过程。

例如，假设在拥挤的房间里，有人忽然打了个哈欠。这一行为就是一种暗示，很快房间里的人都会接连打起哈欠。这并不是他们故意的举动，而是暗示的结果。这种机制也可以运用到催眠术中。

清醒催眠不仅可以作为舞台表演的内容，也可以在许多人的日常生活中找到例子。在交通繁忙时段，如果你在一辆拥挤的公交车上对司机说“出了点怪事，你没法告诉我下一条街究竟叫什么名字”，那么司机就会努力回想下一条街的名字，但却怎么都想不起来。这是因为你说话的特殊方式起到了暗示作用，在司机身上达到了“暂时遗忘”的催眠效果。

许多在深度催眠中能够实现的效果都可以在清醒催眠中实现。事实上，如果你能够学会有效利用清醒催眠的机制，就可以在暗示催眠对象时更加自如，成为一名更娴熟的催眠师。

不妨看一看下面的例子。在几个人面前打破一个新鲜鸡蛋，同时做出“这东西很难闻”的表情，大叫：“呸，这鸡蛋已经臭了。就算给我 100 美元，我也不会吃它的。”现在把鸡蛋给周围的人们闻闻，许多人都会告诉你鸡蛋确实臭了，甚至会说它看上去已经不行了，尽管鸡蛋是新鲜的。

学习催眠术的过程中，你会逐渐认识到，处于催眠状态下的人，最重要的特点就是特别容易接受暗示。人的潜意识只能进行推理，不能进行反溯和归纳。换句话说，人们会不假思索地接受暗示内容，再基于这些内容快速得出 100% 符合逻辑的结论。

在“臭鸡蛋”的例子中，你把“鸡蛋已经臭了”这个论断作为暗示内容，让周围人们的潜意识接受这一内容。你让他们产生了“鸡蛋闻起来是臭的”的感觉，甚至还让其中一些人觉得“鸡蛋看起来已经不行了”。在后一种人身上，你事实上在两种感觉层面上制造了幻觉——视觉和听觉。而这一切都是在所有人处于清醒状态的时候发生的。

尽管你并没有让任何人进入正式的催眠状态，却制造了真实的催眠现象，这正说明催眠状态与清醒状态之间并没有明确的界限。舞台催眠师需要明白和利用这一点，因为许多催眠实验都可以在目标对象处于清醒状态时进行。

清醒催眠术在舞台表演中的应用非常广泛，同时也可以用于许多其他场合，后文中会详细提及。以下是这一机制在日常生活中发挥作用的又一个例子。

假设你是一间办公室里的上司。当你走过秘书身边时，忽然在毫无先兆的情况下开口对她说：“× × × 小姐，可以转过身吗？你裙子的样子让我感到很奇怪。”只要你能让她猝不及防，就为清醒催眠效应打下了一个很好的铺垫。

秘书会按你说的那样转过身。你假装打量她的裙子，然后说：“嗯，我之前还不知道你的裙子究竟怎么回事，现在我知道了。”然后一言不发地离开。

尽管办公室里的其他人都会说她的裙子其实并没有问题，但她会认为它一定有不合适的地方——太长、太短、太宽、太窄或是某些地方不对劲儿。她穿这条裙子的时间越长，就越会觉得它确实有问题，因为在潜意识中，她已经用（她认为是）你的判断代替了她自己的判断。你的暗示内容已经根植在她的潜意识里，只有换掉裙子，她才会觉得满意。

换掉裙子以后，她会试图用理性来解释她的做法，例如告诉自己“反正我从来也没喜欢过那条裙子”。这样的解释当然是没有任何事实基础的。之所以她会这样想、这样做，完全是因为你的暗示。这就是清醒催眠的力量。

再考虑几个例子。小孩子不小心跌倒摔伤的时候，如果母亲轻轻吻一吻伤口处，孩子就会顿时觉得不疼了。

夏天，你正在享受宜人的天气，忽然有人大喊：“天哪，太热了！”你马上就会意识到自己正热得出汗，一点都不舒服，尽管天气并没有发生任何变化。

你自己不抽烟，正在跟一个抽烟的人长谈，注意力集中在谈话内容上。这时忽然有人对你说：“你肺里肯定已经吸满了烟气。我不明白你为什么不挪开。你在烟雾缭绕的环境中已经坐得够久了。”你马上会意识到，你的肺很不舒服，嘴里鼻子里也都是烟味。然而，直到这一瞬间，你都并没有觉得有什么问题。这同样是清醒催眠的结果——你的注意力集中在别的方面，完全忽视了身体的不适感，而那人的话（反向暗示）则把催眠效果打破了。

下面列出了清醒催眠术的基本原则，无论是在舞台表演还是日常生活中都同样适用。

1. 目标对象的注意力必须集中在某个想法或念头上。在刚才举的几个例子中，摔倒的孩子完全相信母亲的吻能让疼痛消失，“天气太热了”的想法让你忽然觉得很热，而“你肺里肯定已经吸满了烟气”的想法则让你忽然意识到身体的不适。在秘书裙子的例子中，她认为你的判断一定是正确的，所以才会在潜意识中用你的判断换掉她自己的判断。在鸡蛋的例子中，周围的人们都认为你对鸡蛋状况的判断是正确的。在所有这些例子中，目标对象的注意力都集中到了作为暗示内容的想法上。

2. 要想让目标对象的注意力集中到你所提出的想法或念头上，在提出暗示的时候就必须表现出绝对的自信，让目标对象没有机会去怀疑。如果他们开始怀疑，暗示通常就会失败。所以，提出暗示的方式十分重要，必须让目标对象觉得你所说的事情的确发生了，或者的确将会发生，毋庸置疑。

3. 提出暗示的方式还必须让目标对象在接受暗示内容的同时，无须动用意识去进行理性思考。对催眠师来说，遣词造句的能力非常重要，因为只有用合适的词句提出暗示，才能达到理想的效果。

语言是催眠师最主要的暗示工具。恰当的词句能够让目标对象自动做出你想要的反应。据说，只要在恰当的时间与场合说出恰当的话，就可以改变整个世界。催眠师必须具备自如调遣词句的能力，这是清醒催眠术成功的基础。

4. 暗示内容必须是目标对象所希望的，或者是能够接受的，至少也要是他们所不反对的。如果暗示内容与目标对象原本的思维模式相抵触，就会触发他们的理性思考，导致暗示失败。所以，提出暗示的方式一定要符合目标对象的

期待。例如：所有处于疼痛中的人都希望疼痛能够缓解。如果你暗示他们的疼痛马上就会缓解，那么他们就会接受暗示内容，而如果暗示他们还会继续疼痛下去，他们就会抗拒暗示内容，从而导致暗示失败。要这样说："现在你既然已经放松下来了，就会发现刚才的疼痛已经消失得无影无踪。对吧！一点都不疼了！我让你睁开眼睛的时候，继续保持放松状态，一切都不会有问题的。现在睁开眼睛吧，看，你的感觉多好！"

其实，这样的暗示已经属于心理治疗的范畴。之所以能够成功，是因为目标对象会把注意力集中到他们所期望发生的暗示内容上。同样的规律也适用于其他所有暗示的情况，无论是舞台表演还是日常生活中。充满自信，善于用词，让目标对象把注意力完全集中在暗示内容上，你一定会取得成功的。

> 注意：这一章中的所有例子都可以直接用于舞台表演。它们可以让观众对催眠术有一个最基本的认识，这样表演内容就会更有意义。

第10章　清醒催眠术

前几章介绍的清醒催眠术练习，例如“向后倒”和“向前倒”以及“锁手术”，全都可以用于舞台表演。下面将介绍另外一些相似的练习。

双臂高低练习

这一练习可以对全场观众进行，那些反应最明显的观众通常最适合接受催眠，可以邀请他们到舞台上来，参与接下来的表演项目。练习方法如下：

“这一练习所有人都可以同时参与，测试一下自己对暗示的反应。我会通过你们自己的双臂向你们证明暗示的力量。因为练习需要双臂向前平展，所以大家都要站起来，这样可以给双臂更多的活动空间。现在，所有人站起来。”观众全体起立。你继续说：

“现在双臂向前平展，右掌心向下，左掌心向上。双臂保持在同一高度。闭上眼睛，集中注意力考虑我下面要说的内容。”

等到所有人都按你说的做了之后，再继续说：“现在想象，你的右手腕上绑着一枚砝码，非常重，拉得你的右手臂越来越向下沉。感受一下砝码的重量，你的右手臂被它压得渐渐沉了下去。”

“你的左手腕上则绑着一个氢气球，给你一个向上的浮力。感受一下气球的拉力，你的左手臂被它渐渐拉了起来。”

一边说，一边注意每个人的反应，你会很快发现，许多人的双臂都不会再保持在同一高度，一些人的反应比其他人更强烈。等到你找出反应最强烈的那些人，实验就可以结束了。“让你的双臂保持在目前的位置，睁开眼睛。看看周围的人们，大家的反应有什么不同？”

你会发现，所有观众都惊讶不已。有些人的双臂高差非常大，有些人只有

些许高差，可能还会有人的双臂仍然完全保持水平，不过所有人都会觉得这个练习很有意思。等到观众席安静下来，你可以说：“双臂高差比较大的那些人，如果愿意的话，可以现在上台来，跟我一起体验一下，你的潜意识究竟能在多大程度上控制你的身体。”

许多人都会迫不及待地走上台来。让他们在预先准备好的座位上就座，然后就可以继续进行接下来的项目了。让没有上台的观众坐下。

手指练习

“双臂高低练习”不仅可以向观众展示暗示的力量，也可以让你选出那些最容易为暗示所影响的人，参与下一步的项目。类似的练习还包括让观众站起来，双臂向前平展，双掌相对，闭上眼睛，告诉他们，他们的双掌之间有一种强大的磁力，正在吸引他们的掌心逐渐彼此靠近。“你的双掌越靠越近，越靠越近，越靠越近，直到彻底黏合起来为止。”许多人都会发现，他们的掌心确实不知不觉黏合了起来。

如果让观众站起来不太方便，也可以用食指达到类似的效果。让目标对象双手并拢，食指向前平伸，间距约 2.5 厘米，其余手指彼此相锁。让他看着自己的食指，同时告诉他，你要用双手把他的食指往中间压，使之并拢。把手放在他的食指外侧，做“双手往中间压”的动作，但是不要真的碰到他的食指。尽管如此，他的食指还是会逐渐合拢，就像你真的在用双手压迫他的食指一样。

这一练习通常会收到良好的效果，因为目标对象食指的姿势会造成肌肉的自然紧张，所以“双手往中间压”的暗示很容易奏效。舞台催眠师经常需要像这样利用人体的生理特点来达到表演效果。

奥地利催眠师弗兰金在进行舞台催眠术表演时，通常用身体摇摆示例练习开场。他让有兴趣参与表演的观众在台上站成一横排，依次对每名观众进行“向后倒”的练习，邀请那些反应比较强烈的人参加接下来的项目，而让反应不够强烈的人回到座位上去。这是一种很好的方法，在选出容易受到暗示影响的观众的同时，还可以让其他观众觉得有意思。

美国催眠师丹·拉罗萨也习惯采用类似的方式开场，不过他进行的是“向前倒”的练习。

还有一种类似的方法：让有兴趣参与表演的观众站成一横排，每人身后放一把椅子。让他们闭上眼睛，暗示他们将会向后坐到椅子上。那些坐下去的人可以参加接下来的项目，没有坐下去的人则回到观众席上。对所有参与者都要保持礼貌。

对于舞台催眠师来说，清醒催眠术的实践经验是非常宝贵的，而被催眠者也可以在练习过程中学习对暗示做出反应，这样当他们参与接下来的深度催眠表演时，就更容易进入催眠状态。

注意：学习催眠术的过程中，大部分清醒催眠练习都是对着单独一个人进行的，但在实际表演中，则往往需要对多个目标对象同时进行清醒催眠。上面介绍的练习方法都适用于这样的场合。

德·瓦多萨的清醒催眠术表演

丹麦催眠师德·瓦多萨在进行舞台催眠术表演时，从始至终都只采用清醒催眠术，并且绝不会提到“深度催眠”或是“睡眠”这样的字眼。他的表演通常是这样进行的。首先告诉观众，表演会分为两部分，第一部分是所谓的“读心术”，第二部分则是心理暗示，两者之间没有明显的过渡。然后他会邀请一名观众上台来蒙住他的眼睛，让其他观众把某件特定的东西藏在会场某处，然后握住蒙住他眼睛那名观众的手腕，牵着他径直走向那东西所在的地点。这一练习会重复几次，每次都邀请一名不同的观众，而德·瓦多萨总能在被蒙住眼睛的状态下找到东西，因为他能够通过触觉分辨那名观众手腕肌肉的紧张程度，这种技巧在魔术表演中十分常见。著名催眠师弗朗兹·波尔加、克雷斯金等人都是掌握了这一技巧的大师。

之后，德·瓦多萨会邀请数名观众上台来，告诉他们，他可以当场教会他们同样的“读心术”。他会发给每名观众一个钟摆，让他们把钟摆拿在面前，心中想象钟摆左右摆动的样子。在这一暗示作用下，他们的手会发生不自觉的移动，于是钟摆就会开始按他们想象的方式摆动起来。之后他又让他们在心中想象钟摆进行锥形摆动的样子，于是很快，钟摆又会开始锥形摆动。这其实就是第七章中所提到的钟摆练习，其原理即为念动效应。

下一步，德·瓦多萨会让反应比较明显的几位观众留在台上，对他们进行“向后倒”和“向前倒”的练习，向他们证明念动效应也可以表现为整个身体的移动。他会在其中选出一名反应最明显的观众，问他刚才有没有感受到一股强大的推力。当他回答“确实如此”时，德·瓦多萨就会说，只要顺从这股推力的方向迈动步子，就可以像他刚才一样找到被藏起来的东西。他会蒙住那名观众的眼睛，让其他观众把东西藏在会场某处，然后拉住他的手腕，让他感受推力的方向。那名观众会慢慢朝某一个方向倾斜身体，然后再改变方向，最终则会朝东西所在的方向开始迈步，“牵着”德・瓦多萨一起走，直到到达东西所在的位置。这会让所有在场观众都感到非常惊奇。之后德・瓦多萨会另邀一名志愿者上台，重复刚才的练习。

然后他会让所有观众回到座位上，简单解释暗示的机制和作用，告诉观众表演的第二部分即将开始。他让愿意试一试的观众坐在椅子上，双手高举，手指相锁，然后进行锁手术练习。大部分观众都会发现双手无法分开，这时德・瓦多萨就让他们走到台前，通过反向暗示分开他们的双手，再邀请其中反应最为明显的几个人到台上来。

从这里开始，德・瓦多萨就会继续进行下一章将要介绍的几种清醒催眠术练习以及其他一些类似的练习。

德・瓦多萨的表演不仅总是非常成功，而且也证明了清醒催眠术在舞台催眠术表演中的娱乐价值。可以说，舞台催眠师即使完全不借助深度催眠，也可以达到令人震惊的表演效果。绝大多数催眠师都熟悉那些与肌肉有关的练习方式，但是清醒催眠术同样也可以影响其他感官机能。催眠专家维曾霍夫总结了下面的典型效果列表：

1. 味觉效果
   a. 感觉到咸味
   b. 在一杯白开水中尝到甜味
   c. 感到一块糖索然无味（味觉丧失）
2. 嗅觉效果
   a. 嗅到玫瑰的香味
   b. 在一张白纸上嗅到紫罗兰的香味
   c. 嗅到刺鼻的味道，流涕或打喷嚏
   d. 嗅不到任何味道（嗅觉丧失）
3. 视觉效果
   a. 看到红色
   b. 看到房间里所有东西都是红色
   c. 想象出一幅图景（视觉意象）

4. 触觉和皮肤感觉效果

   a. 感到手里的东西冰冷无比

   b. 感到全身发热或发冷

   c. 感到发痒

通过暗示让目标对象产生幻觉时，你不必拘泥于上述列表，并且可以同时让两种或更多种感官出现彼此联系的幻觉效果。事实上，彼此联系的效果之间可以互相增强，例如当你向目标对象暗示说一杯水其实是啤酒时，如果能同时暗示这杯水正在散发啤酒的气味，就可以加强暗示效果。同样，如果暗示一个土豆尝起来跟苹果一样，可以同时暗示它看起来和闻起来也跟苹果一样。

> 注意：进行任何催眠表演或练习时，都要首先"撤销"目标对象之前受到过的任何暗示。换句话说，前一项练习结束时，一定要妥善收场，把暗示内容从目标对象的潜意识中清除出去，然后再开始后一项练习。无论目标对象是否对暗示内容有所反应，都要做到这一点。

第11章　清醒催眠术进阶练习

当你在一定程度上掌握了清醒催眠术的要领，能够成功进行锁手术时，就可以开始尝试下面这些进阶练习了。这些练习都可以用于舞台表演。

锁腿术

让目标对象把体重放在一条腿上，你握住他的一只手，让他凝视你的眼睛，心中想“我无法弯曲这条腿”。开始练习时，你要采取蹲姿，如下图所示。起身时，让他继续凝视你的眼睛。

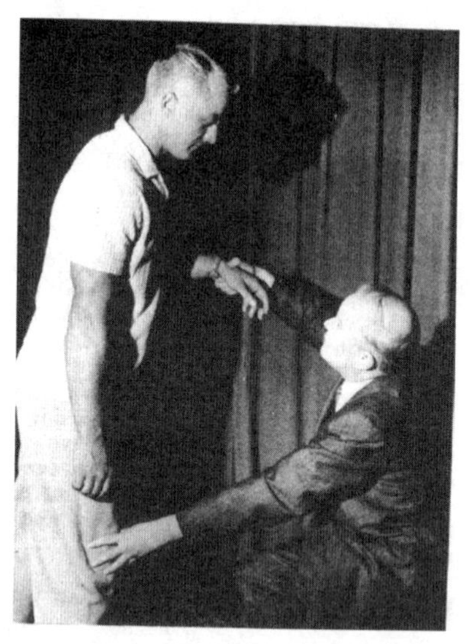

用另一只手沿他承受体重的那条腿自上而下移动，从膝上约 15 厘米处开始，到膝下约 15 厘米处结束。一边重复这样的动作，一边用肯定的口吻说：“现在你发现腿越来越僵硬……越来越僵硬……僵硬到你根本无法弯曲。就算你迈开步子开始走路，这条腿也仍然会保持僵硬！”

说到最后一句的时候起身，眼睛要一直紧盯目标对象的双眼之间。拉动他的手腕，让他向你走来，这时他的那条腿会保持僵硬状态，无法弯曲。

当目标对象走过一段距离之后，就可以结束练习，方法是这样的：击掌，同时说“好了，现在一切都结束了，你的腿可以自由弯曲了。现在你又可以正常走路了！”

锁臂术

练习方法与锁腿术类似。让目标对象伸出一条手臂，握拳，让前臂肌肉保持紧张。抓住他的拳头，朝你自己的方向拉，如图所示。

一边施加拉力，一边用肯定的语气说：“你的胳膊越来越僵硬……越来越僵硬……越来越僵硬……僵硬到你根本无法弯曲，无论怎么努力也不行，并且你越努力，胳膊就会越僵硬。你无论如何都不可能弯曲这条胳膊！”当他尝试了几次，发现真的无法弯曲胳膊之后，用跟锁腿术相似的方法结束练习。

> 注意：练习过程中要确保目标对象一直凝视着你的眼睛。你会发现，当你连续对同一个人进行各项练习时，需要的时间会越来越短。到最后，可能只需要用毋庸置疑的肯定语气说几句话就足以达到催眠效果。

锁嘴术

让目标对象张开嘴，你则暗示："把嘴张大……再大……再大……再大……现在你的嘴已经锁住了，你无论如何都没法合上，不管怎么努力都没有用！"等到他尝试了几次，发现真的无法合上嘴之后，暗示："现在你的下巴已经放松下来，你可以合上嘴了。"

忘名术

站在目标对象面前，盯着他的眼睛，同时要求他凝视你的眼睛。当目标对象的目光变得足够专注时，一边从上到下抚摸他的侧脸，一边发出暗示："你的嘴唇已经黏在了一起，无法张开嘴巴，也无法说话。试试看，你会发现根本就不可能张开嘴，无论怎么努力都没用！你甚至说不出你自己的名字！"

目标对象会试图说话，却无法张开嘴。这时你用手指在他的嘴巴周围轻轻划一个圈，同时暗示："现在你的嘴部肌肉已经放松下来了，你可以说话了，但仍然说不出你自己的名字。看，你现在可以说话了。对我说'你好'。（目标对象跟着说'你好'。）你还是说不出自己的名字，因为你根本记不起来！"

这时目标对象的脸上会出现茫然的表情，因为他正在努力回忆，却总是想不起自己的名字，直到你说："好了，现在你可以记起自己的名字，也可以说出来了。"他会说出自己的名字，同时脸上出现放松的表情。

忘名与口吃

"忘名术"的练习还可以稍微复杂化。

选择一名对催眠暗示反应较为明显的观众作为目标对象，让他坐在椅子上，你则站在椅子左侧，面朝他倾斜身子。让他凝视你的眼睛，你则盯着他的眼睛，等到他出现专注的表情，就让他跟你说某个多音节的词，例如"密西西比"。他说完以后，暗示："现在你发现，你再也无法正常说出这个词，说的时候一定会口吃。无论你怎么努力，也无法消除口吃的效果。无论你怎么努力，也无法正常说出'密西西比'这个词，而是一定会口吃。密—西—西—西—西—比。你不可能顺畅地说出这个词。试试看吧！努力试试！”

> 注意：进行此类暗示的时候口气一定要强硬，节奏要快，强调对方的表现，并且自己也要模仿口吃的表现。模仿本身就具有强力的暗示作用。

当目标对象开口尝试时，就会发现他根本无法正常说出这个词，并且口吃会越来越严重。然后你再轻声说“好了，现在你可以正常说出这个词了。开口说：‘密西西比’……其实很容易。”目标对象会小心地重复一遍，发现自己又可以正常说话了。

然后突然大叫：“闭上嘴！闭紧！再紧！再紧！”一边抚摸目标对象闭紧的下巴，一边快速暗示：“你的下巴已经彻底锁紧了，你根本无法张开嘴！无论怎么努力都没有用！你张不开嘴！”

目标对象会试图张开嘴，发现确实无法张开。你接着暗示：“事实上，你现在连自己的名字也记不得了。你已经彻底忘了自己的名字。现在你可以开口说话了，但仍然说不出自己的名字。说‘你好’。”目标对象会开口说“你好”，然后你接着暗示：“你现在可以说话了，但还是说不出自己的名字，因为你已经忘了！”

用右手食指直指目标对象的额头，继续暗示：“你无论如何都记不起自己的名字，但你现在可以说话了。你的名字是什么？努力想，但你怎么都想不起来。努力！努力想！你已经把自己的名字彻底忘了！”

目标对象脸上会出现迷茫的表情，因为他确实想不起来自己的名字。你可以收回食指，用考试的语气发问：“你究竟叫什么名字？”没有回答。你继续说：“没问题，我会告诉你你究竟叫什么。”随便编一个发音很古怪的“名字”，例如“澳斯瓦特·肥罗帕”。反复告诉他：“你的名字是澳斯瓦特·肥罗帕。你叫什么名字？你叫澳斯瓦特·肥罗帕！告诉我你叫什么名字！告诉我！你的名字是澳斯瓦特·肥罗帕！”

目标对象会突然说，自己的名字正是“澳斯瓦特·肥罗帕”。立即在他耳边大声击掌，同时说：“好了，现在一切都结束了。你可以回忆起你的真名了。你的名字究竟叫什么？放松下来，告诉我你的名字究竟是什么。”目标对象会说出自己真正的名字。

练习结束。

注意：这一练习应用了让目标对象感到困惑的技巧。当目标对象处于困惑状态时，每一个成功的暗示都会让接下来的暗示变得更加容易，这就是暗示的积累效应。进行练习时节奏一定要快，从暗示到暗示之间要连贯。你要处于绝对的主动地位，让目标对象感到持续的压力。

摇手术

这一练习可以在舞台表演中同时针对许多人进行。选择对暗示反应较强烈的人上台，要求他们举起双臂，让双手自由垂落。让他们快速摇晃双手，同时你自己也一边摇晃双手，一边暗示："这就对了。摇晃你的双手。越摇越快。想怎么摇就怎么摇，想朝哪个方向就朝哪个方向！现在忘了你的手吧，因为摇晃的动作已经变成自动的了，你想停也停不下来！你的双手正在自己摇晃！你无论怎么努力，都无法让手停止摇晃！"

当所有人都在台上用力摇晃双手，无法停下来的时候，你可以依次摇晃每个人的双腿，同时对他暗示："你的双腿也在跟双手一起摇晃。摇晃！摇晃！摇晃！你无法阻止这种摇晃！"让所有人的双手和双腿都一起摇晃。

迅速从所有人面前经过，在每个人耳边击掌，同时暗示："好了，现在你可以停止摇晃了。停下来，放松下来，保持安静。"

注意：像这样从一条暗示快速过渡到另一条暗示，是一种非常有效的技巧，而且练习中的暗示内容彼此本来就有联系，这样就可以获得更好的积累效应。对于同一批目标对象，成功进行的练习数量越多，接下来的练习就越容易，成功的可能性也就越高，所以要把握好表演节奏。

木棍黏手术

让目标对象站在你面前，双手掌心朝上，紧紧横握住一根木棍（或其他长杆状物体），如下图所示。告诉他，棍子已经黏在了他手上，无论怎么努力都没法扔掉。

暗示："棍子已经黏在你手上了。无论你怎么努力，都不可能把它扔掉。试试看就知道了，努力把它扔掉……你是不可能成功的！"

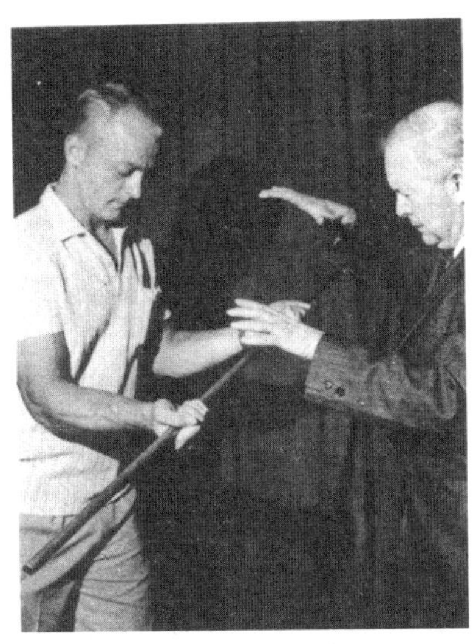

目标对象会努力想把棍子扔掉，但越是努力反而会抓得越紧，直到你重新暗示："现在好了……你的手已经放松下来，现在你可以把棍子扔掉了！"棍子会应声落地。

锁膝术（无法坐下）

让目标对象从椅子上站起来，凝视你的眼睛，同时你也盯住他的两眼中间。让他保持膝部处于伸直状态，然后暗示："我会从 1 数到 3，等我数到 3 时，你

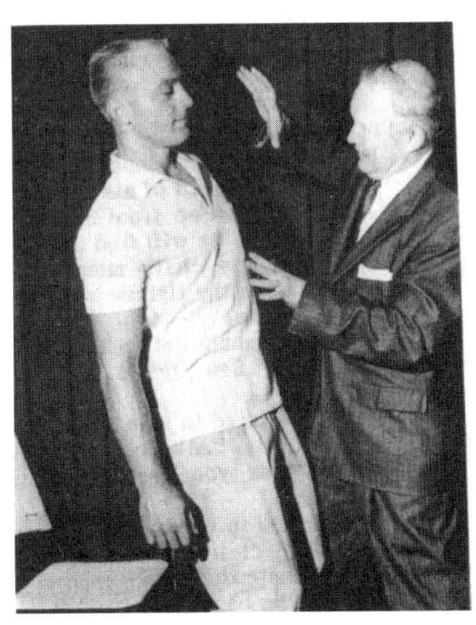

的膝盖就会彻底锁住，无论你怎么努力都无法坐下。”

开始数：“1，2，3！”目标对象会努力想坐下，但却发现他的膝盖根本无法弯曲，并且越是努力越是坐不下去。

达到表演效果之后，击掌，同时大声说：“好了……一切都结束了……现在你可以坐下了！坐着的感觉多舒服啊！”

锁膝术（无法起立）

这一练习内容与上一练习恰好相反。让目标对象坐在椅子上，凝视你的眼睛，同时你也盯住他的两眼中间。告诉他，当你数到“3”时，他就无法从椅子上站起来，无论多么努力都没有用。数到3，他会发现确实是这样。

要结束练习时，击掌，同时大声说：“好了，站起来吧，你已经可以站起来了。站起来吧！”目标对象会站起来，发现之前暗示的影响已经消失了。

练习内容的变化与增强

在舞台催眠术表演中，随机应变是催眠师需要具备的重要能力之一。例如，进行“向后倒”或“向前倒”的练习时，你可以让目标对象站在舞台一侧，你则站在另一侧，跟他隔开很远的距离。跟他对视，同时朝前伸出双臂，暗示：

“你现在感觉到一种强大的吸引力，让你不由自主朝我这边走过来。这是我发出的吸引力。迈出一步。朝我走来。朝我走来。走过来。”目标对象会不自觉地一步步朝你走来。这样的表演可以收到很好的效果。

另一个例子是锁手术练习的变化。让数名目标对象手牵着手，告诉他们所有人的手都被锁在了一起，无论怎么努力都无法分开。这样制造出来的视觉效果会让全场观众都感到非常惊奇。要结束练习，只需要忽然击掌，同时说：“好了……现在你们可以把手分开了，用力拉一下就可以分开！”所有人都会因为突然的动作而失去平衡、东倒西歪，这样更可以增强表演效果。

注意：清醒催眠术的练习可以让你很好地掌握催眠的基本技巧，等到你足够熟练时，就可以开始尝试深度催眠了。在任何清醒催眠术练习或表演中，都应该遵循以下两条原则：

1. 确保目标对象的注意力集中在你身上，只有这样你才能通过暗示影响他们。
2. 在你自己脑海中构建出目标对象在你的暗示下做出反应的视觉意象，这样可以让你的暗示更有影响力。

如果你能够成功完成上述各种练习，就可以自己创造类似的练习，例如把目标对象的手“黏在”墙上，或是把他们的双脚“黏在”地板上，等等。这样的创造不仅可以让你的表演更加富有变化，而且也可以增加你的经验。

第三部分

深度催眠术

第12章　深度催眠术的背景

现在你已经掌握了清醒催眠的基本技巧，可以开始练习深度催眠了。深度催眠会让被催眠者进入梦游状态，从而让你可以更彻底地通过暗示操控他们的一举一动。

开始练习之前，你需要首先对深度催眠的机制和分类方法有所了解，包括暗示的催眠作用、遗忘的机制、请不合适参与的观众下台的礼节、结束表演的方法等。这些都是你必须掌握的背景知识。

催眠深度的分类

催眠效果可以按深度的不同分成几大类，这是舞台催眠师应该了解的，这样有助于在表演过程中应对不同的情况。

一个人可以达到的催眠深度取决于以下三个方面：对催眠师的配合程度；对催眠效果的天生接受程度以及后天接受的催眠练习；被催眠的动机。

1. 对催眠师的配合程度

对于那些不配合的对象，催眠师最简单的应对方式就是不把他们作为目标对象。要想催眠一个故意抗拒的人，基本没有任何意义。在舞台催眠表演中，只要不邀请这样的人上台，或是有礼貌地请他们下台就可以了。

催眠术的本质是催眠师与被催眠者之间的合作，所以，如果被催眠者愿意接受催眠，就可以达到事半功倍的效果。

被催眠者潜意识中对催眠作用的抗拒则完全是另一回事。这样的抗拒可能有许多原因，例如对催眠状态的恐惧，对丧失意识的恐惧，对暗示的抵触等。

少数情况下，你可以通过理性的说服工作来缓解这些人潜意识中的抗拒，但是舞台表演中基本不可能有时间进行这样的说服工作。毕竟，舞台催眠师并不是专业心理学家，而且观众中总有愿意适合接受催眠的人。

2. 对催眠效果的天生接受程度以及后天接受的催眠练习

人们对催眠效果的接受程度并不一致，有些人比其他人更容易进入深度催眠（梦游）状态。那些经常说梦话或是梦游的人，通常也是绝佳的催眠对象。从定义上来说，梦游是指人在睡眠状态下做出与清醒状态相似的行为。天生的梦游者最适合进入人为诱发的梦游状态，也就是深度催眠状态。

约有 20% 的人天生就容易梦游，即使是天生没那么容易梦游的人，也可以通过练习来提高对催眠效果的接受程度。换句话说，被催眠与催眠别人一样，都是可以后天学习的。

3. 被催眠的动机

如果一个人具有愿意被催眠的动机，那么即使他并不属于“天生容易被催眠”的那 20% 的人，也可以很容易地进入催眠状态。舞台催眠表演的环境可以刺激观众的参与欲望，所以舞台催眠师经常能达到催眠治疗师和催眠研究专家无法达到的深度催眠效果。毕竟，我们只有在做自己最愿意做的事情时，才能发挥到最佳程度。

舞台催眠师能否达到很好的深度催眠效果，很大程度上是由舞台环境的特殊性决定的，例如明亮的灯光、背景音乐、观众、催眠师的声誉、目标对象对结果的期待、群体心理等。这些因素都有助于目标对象进入深度催眠的状态。换句话说，舞台环境具有强烈的情感色彩，更容易让目标对象进入容易被催眠的情感状态。最重要的是，来观看表演的人都知道这只不过是一场表演而已，所以更容易放下戒心，让自己成为表演的一部分。著名舞台催眠师帕特·柯林斯曾说：“要是你不愿意逗别人发笑，那就别上台来。”要想进入深度催眠状态，就要抛开一切牵挂。

催眠师越是能在观众心中营造出一种安全感，让他们认识到抛开牵挂是安全的，表演就越容易成功。

深度催眠的分类有许多种不同的方法，其中最著名的是戴维斯—哈斯班分类法，如下表所示：

催眠深度	评分级别	表现
轻微催眠	0	
	1	放松
	2	眼皮颤动
	3	合眼
	4	身体完全放松
低级深度催眠	5	眼球僵硬
	6	肢体僵硬
	7	全身僵硬
	8，9，10	手套式麻痹
中级深度催眠	11，12	部分催眠性健忘
	13，14	催眠性健忘
	15，16	性格改变
	17，18，19	肌肉运动错乱
高级深度催眠	20	暗示可导致完全失忆
	21，22	睁眼不会打断催眠状态，可受到暗示的延迟影响
	23，24	完全的梦游状态
	25，26	积极视觉幻觉（幻象）
	27	积极听觉幻觉（幻听），有系统的催眠性健忘
	28	消极听觉幻觉（选择性失聪）
	29	消极视觉幻觉（选择性失明）
	30	超敏

通过这一列表中的评分方法，催眠师可以很方便地判断目标对象受到的催眠深度。

催眠专家哈利·亚伦斯将此表简化为六级状态：

1. 浅层睡眠
2. 轻度睡眠
3. 睡眠
4. 深度睡眠
5. 梦游
6. 深度梦游

在这六级状态中，处于前三级状态的人会保留记忆，而处于后三级状态的人则会失忆。

我则进一步把这六级状态简化为两种不同的状态，这样最便于舞台催眠师进行区分：

1. 清醒催眠（轻度催眠）：潜意识的浮现；
2. 深度催眠：人为引导下的梦游。

这样算来，在戴维斯—哈斯班分类法中评分低于 13 的情况，还有在亚伦斯分类法中评分低于 3 的情况，都可以算作清醒催眠。只有当被催眠者的意识彻底为潜意识所取代，进入梦游状态时，才可以算作深度催眠。

催眠术与睡眠暗示

“睡”或许是催眠师在引导目标对象进入深度催眠状态的过程中最常用到的字眼。将睡眠作为深度催眠的先决条件，已经有很长时间的应用历史了。这是因为所有人都要睡觉，所以思想对睡眠的机制已经十分习惯了，而睡眠会导致意识为潜意识所取代，从而引发各种深度催眠现象。舞台催眠师比一般的催眠术研究者更经常用到睡眠暗示，但这并不是深度催眠所必需的，因为正常的睡眠跟深度催眠并不是同一种精神状态，尽管两者之间确实有相当密切的联系。深度催眠可以称为“进入梦乡”，却不能称为“入睡”。

在心理学上，睡眠与深度催眠所需要的精神状态其实是截然相反的：人在睡眠中的注意力极度分散，而在深度催眠状态下的注意力则高度集中。然而，这两种状态之间的联系是如此紧密（“催眠术”一词的字面意思就是“让人入睡的技艺”），以至于催眠师在需要让目标对象进入深度催眠状态时，几乎总是会采用睡眠暗示的手段。所以，对于舞台催眠师来说，掌握睡眠暗示的原理和方式是非常重要的。

> 注意：尽管“睡吧”是一句非常强力的暗示，却不是深度催眠所必需的。即使从头到尾不提“睡”字，也可以成功地让目标对象进入深度催眠状态。要想做到这一点，只需要利用别的催眠机制就可以了。例如，催眠师可以借用瑜伽的理论和方法，利用冥想术让目标对象进入深度催眠状态。我自己在20世纪40年代进行舞台表演时，曾使用过“僵尸博士”的艺名，借助巫毒教中的“意念控制”来达到同样的效果。这样的变化可以增加表演的新奇性，让观众更感兴趣。

我1955年用“僵尸博士”的艺名在奥地利进行催眠术表演时的宣传海报，采用了神秘主义的绘制风格

催眠师保罗・戈尔丁宣称，他的表演完全没有利用催眠术，而是直接运用“心灵感应”的超能力。催眠师兼心理学家克雷斯金也曾说，根本就不存在所谓的催眠术，真正发挥作用的只有心理暗示，“催眠术”一词不过是用来吸引人注意的伎俩。

催眠师迪安博士在进行舞台表演时，经常在一开始就采用强力的睡眠暗示，具体步骤如下：

对催眠术进行了简短的介绍之后，博士会告诉观众，被催眠同样是一种能力，只有 20% 的人先天具有这种能力，其他人则必须要通过后天学习。之后他会邀请一部分观众上台来，告诉他们他将进行一项简单的测试，找出哪些人属于那 20%。

受试者们坐在博士面前，后者让他们把注意力集中在“入睡”的意象上，这样他们就会睡着。之后他会逐一对每位受试者发出睡眠暗示，同时采用彼此盯视等辅助手段加强暗示效果。暗示的内容很简单：“睡觉！”

目标对象闭上眼睛时，博士会让他垂下头，同时继续重复“睡觉”这句暗示。如果目标对象有反应，他就继续对下一个目标对象重复同样的过程。如果目标对象没有反应，或是表现出抗拒，例如不肯闭上眼睛，他就让他下台去，再继续下一个目标对象。这样，留在台上的都是适合接受深度催眠的人。

接下来就是整个过程的关键了。像刚才这样快速的暗示，只能达到浅层催眠的效果，但在其他观众看来，那些留在台上的人们确实已经睡着了，博士也会故意做出“他们已经睡着了”的样子。他会说：“现在我会唤醒你们，每次唤醒一个人，马上就开始……然后你们会继续凝视我的眼睛。你们的眼皮会忽然变得无比沉重，于是你们会闭上眼睛，重新陷入很深很深的睡眠之中。”

之后他依次对每个人暗示：“好了，醒过来吧，看着我的眼睛。”当目标对象睁开眼睛时，他就继续暗示：“你的眼皮现在又一次变得越来越沉重，你正在闭上眼睛，这一次你会睡得非常熟。熟睡吧！现在就陷入熟睡吧！”

留在台上的每个人都会被唤醒，然后重新接受睡眠暗示。如果有人没有马上重新睡着，博士会让这样的人下台。

之后他再次同时对所有人发出暗示：“等我数到 3 时，你们就会全部醒过来，睁开眼睛看着我的眼睛。当你们看着我时，眼皮会再次变得沉重，你们会再次合上眼睛陷入沉睡，这一次比刚才更深。”

“好了，1，2，3，睁开眼睛看着我。集中注意力看着我的眼睛。你们的眼皮已经开始发沉了，你们已经陷入了梦乡，陷得比之前任何时候都要深。”

如果有人没有马上重新睡着，博士会再次让他们下台。这样的过程还会重复两次，之后博士再对最终剩下的人进行新一轮暗示，让他们进行重复性的剧烈活动。

他会让一些人迅速站起来，坐下，再站起来；一些人弯腰去摸脚趾头，直起腰，再弯腰；一些人朝想象中的篮筐投篮；一些人跟想象中的对手打拳击；一些人像风车一样抡动胳膊，等等。如果有人对暗示内容没有反应，或是中途停下，他就会让他们下台。

最终，博士让留在台上的人停止活动，再度进入催眠状态。这一次，他们受到的催眠程度已经足够深，无论接下来的项目是什么，都可以做出恰当的反应。

这样的深度催眠技巧很适合舞台表演，特别是观众较多的情况下，因为它的节奏足够快，内容足够丰富，可以自始至终为在场的其他观众提供丰富的娱乐素材。参与者在一轮又一轮的醒来与重新入睡过程中，会由一开始的浅层催眠状态一步步过渡到深度催眠状态，在剧烈活动练习结束之后，基本上任何新的练习项目都不会打断他们的催眠状态。

请参与者下台的礼节

对催眠暗示没有反应或反应不够强烈的观众，通常会被请下舞台，但在这方面，不同的舞台催眠师有不同的看法。一些催眠师认为，那些最初表现出不适合被催眠的观众应该继续留在台上，跟其他观众一起接受接下来的催眠暗示，而催眠师则把注意力放在那些更适合被催眠的观众身上。由于模仿与群体思维的作用，这些人很可能会变得越来越容易接受暗示内容，并做出相应的反应。此外，让一部分受邀观众下台的举动，也可能会影响对台上剩余观众的催眠效果。

我个人的看法是，究竟是否该让不适合被催眠的受邀观众离开舞台，是由具体情况决定的。例如，如果自愿上台的观众本来就寥寥无几，那要让其中一部分人下台就明显不太合适。而如果台下人都跃跃欲试，那就没有什么关系了。观众对催眠师的认同度也是决定因素之一。如果催眠师的声誉很高，观众对他非常尊敬，那么让不适合的观众下台就是正确的做法；而如果催眠师自己是没什么名气的新手，或者观众对他的催眠能力心存怀疑，那在请任何受邀观众下台之前就一定要三思，因为这样的做法很可能会削弱他对台上剩余观众的影响力。

无论在哪一种情况下，请参与观众下台的具体过程都需要技巧。我自己通常会在表演一开始就向观众讲明，我要对自愿参与者进行一系列的测试，看他们究竟是否适合接受催眠，只有适合的人才能参与接下来的项目，这绝不是轻视那些不适合的人，而是因为我相信他们从观众席上能够更好地欣赏整场表演。

健忘与失忆

舞台催眠师都清楚，许多人都认为自己不可能记得自己被催眠期间的经历。换句话说，当他们从催眠状态中“醒来”的时候，应该完全记不清在舞台上发生了什么事情，不然他们就会对表演感到失望，甚至不相信自己真的被催眠了。他们对清醒催眠的描述一般是：“我还记得当时都做了些什么，如果我想抗拒的话是肯定可以抗拒的，只不过我当时不觉得想要抗拒。”

有些时候，你可以在表演中利用这一情况。例如，当目标对象按照你的暗示做出了一些“出格”的举动之后，你可以把他从催眠状态中“唤醒”，问：

“你觉得你刚才是被催眠了吗？”目标对象往往会回答：“没有吧。”或是：“我不知道。”这样的答案的确是真心的，因为没有经验的人很难对催眠状态产生概念。然而，在目标对象话音未落时，催眠师只消命令一声“睡吧！”目标对象就会重新回到催眠状态，继续做出各种令人惊讶的举动。这样的过程会让全场观众大开眼界。

健忘并不是只有在催眠状态下才会出现的情况。事实上，所有人在日常生活中都会经历不同形式的健忘。你有没有过打算说一段话，开口时却忘了自己想说什么？有没有过开着车错过路口，等反应过来已经向前开了好长一段？这些都是健忘的表现。尽管健忘现象并不局限于催眠状态，但的确可以通过催眠状态下的暗示来诱发。换句话说，之所以目标对象会忘记催眠过程中发生的事情，是因为催眠师通过暗示让他们忘记了这些事情。如果催眠师给出反向暗示，就可以让他们再度回想起来这些事情。

暗示是催眠性健忘的关键。如果你希望目标对象记住催眠期间所发生的事情，那就暗示他们记住；如果你希望他们忘记这些事情，就暗示他们忘记。这样的暗示总能起到很好的效果，因为人在深度催眠状态下非常容易接受暗示。

绝大多数专家都同意，健忘并不能作为目标对象是否处于深度催眠状态的判断标准。心理学家P·C·杨在论文中声称，没有任何证据表明催眠过程本身能够让催眠对象发生自发性的健忘。之所以某些处于深度催眠状态下的人会表现出健忘的现象，完全是暗示的结果。杨还通过深入研究得到了如下结论：

1. 催眠状态下的健忘程度因人而异。

2. 很可能不存在彻底的延迟性健忘。换句话说，催眠状态结束后，目标对象很可能或多或少回忆起催眠状态下的经历，无论他是否接受过健忘暗示。

3. 延迟性健忘完全是催眠方式造成的结果。

尽管如此，许多参与催眠术表演的人仍然相信，他们在“醒来”后不会记得催眠状态下发生的任何事情。要让他们心满意足，只需要在催眠状态下对他们发出健忘暗示就可以了。

注意：我的个人观点是，由于在舞台催眠术表演中，目标对象可能处于意识与潜意识交替主导的精神状态，所以的确有可能发生自发性的健忘现象，但不是每个人都会发生。自发性健忘发生与否，很大程度上取决于催眠师的暗示内容和目标对象自身的期待。睡眠暗示，例如一句简单的“睡吧”，有可能让健忘现象更容易发生，因为人在正常情况下入睡时也会出现短暂的健忘与失忆。

身为一名舞台催眠师，我自己在表演即将结束时，通常会这样对处于深度催眠状态下的目标对象发出暗示：“你们今天在这里经历了一段非常特别的时光。我马上就会叫醒你们，当你们醒来时，会觉得一切都无比美好。并且还有一件非常神奇的事情。当你们醒来时，会发现自己完全记不得今天发生的任何事情，仿佛你们只不过是打了个盹，恢复了身心精力而已。当你们的朋友把你们所经历过的神奇事件告诉你们时，你们会以为他们只不过是在开玩笑而已。当你们醒来时，不会记得在这里发生过的任何事情，只会感到非常舒服，一切都非常好。好了，现在我会数到 5 时，然后你们就会醒来。”然后从 1 数到 5，让目标对象们脱离催眠状态。

记住，如果你希望目标对象表现出健忘现象，就需要在他们处于催眠状态下时发出健忘暗示。有些时候，催眠师采用的措辞或是目标对象的自我暗示可能会产生类似的效果，但并不能保证一定会发生。

作为一名舞台催眠师，你最好每次表演都对目标对象进行健忘暗示，尽管这样并不会影响你的表演内容，却可以让参与者拥有一段更神奇的经历，让他们更惊讶于催眠术的“魔力”。这一点非常重要。我经常会发出这样的暗示：“所有催眠效果都会从你的记忆里逐渐消失，像一场梦一样，彻底被你所遗忘。”

从某种意义上来说，深度催眠确实跟一场梦（梦游）没什么两样。所以，这样的暗示通常总是很有效。

注意：催眠术与梦境（梦游）之间的联系是经过心理学验证的，这两者都属于主观心理现象的范畴。梦同时包含了回忆与遗忘的元素，并且梦的意象本身就具有心理科学与浪漫主义的双重意义。

结束表演

除了上述内容之外，舞台催眠师在结束表演之前，还可以对目标对象发出延迟作用的暗示，让他们体验延迟催眠的神奇现象。我自己经常会对目标对象发出“若干时间（通常是几分钟）之后，你的双脚会‘黏在’地板上”这样的暗示，然后把握好时间唤醒他们，让他们回到观众席上去。当他们分别被“黏在”舞台的不同位置时，无论是他们自己还是其他观众都会感到惊讶不已。

法国催眠师保罗·戈尔丁则会告诉目标对象，他们在离开演出现场后的5分钟里将看见自己的脚边有好多小妖精在窜来窜去，他们会努力捉住这些小妖精，5分钟一过，小妖精们就永远消失了。这样的暗示内容很有意思，因为观众即使在离席退场之后也仍然能品味到表演的“余波”。

把这样的延迟暗示跟健忘暗示结合起来，就可以让所有参与者都确信他们真的是被催眠了。如果你还不放心，可以在他们仍处于催眠状态时告诉他们，他们在“醒来”以后会知道自己确实曾被催眠过。

注意：发出延迟暗示时，必须明确界定暗示内容的结束条件（例如上例中的“5分钟之后”），以免让参与者在表演结束后好几天都看见小妖精在脚边窜来窜去。

在这一章的末尾，我必须要提醒你，舞台环境一方面可以让深度催眠变得更加容易，另一方面也会使催眠效果变得更不稳定。如果催眠师不加注意，目标对象就有可能从深度催眠状态过渡到浅层催眠状态，甚至自己清醒过来。保持目标对象处于催眠状态的秘诀在于让他们一直有事情可做，无论是精神上还是身体上都可以。这样可以让催眠状态稳定下来。

第13章　深度催眠的基本方法

现在，你已经准备好了学习深度催眠的基本方法。原则非常简单：利用睡眠暗示让目标对象进入深度催眠状态。注意，尽管“睡眠”与“催眠”只有一字之差，但内容却截然不同。脑电波测量结果显示，催眠状态更接近于清醒状态而不是睡眠状态。处于催眠状态下的人，在某个特定的方面（注意力集中的方面）比普通清醒的人更加“清醒”，至于他们的注意力究竟集中在什么方面，则是催眠师可以把握的。

催眠碟

让目标对象把注意力集中在催眠碟上，即可达到催眠效果。催眠碟的形状见下页图片，可以复印使用。

睡眠情绪

这一练习需要在表演开始前对目标对象单独进行，目的是为了让他的思想平静下来，准备好进入深度催眠状态。让目标对象坐在椅子上，全身放松，闭上眼睛，脑海里不断重复这样的词句：“我要睡了。睡；我要睡了。睡；我要睡了。睡。我困了。睡。我会在催眠状态下沉沉睡去。睡。”让目标对象进行五分钟的自我暗示，然后再开始对其进行催眠。

催眠碟

深度催眠

第一步

让目标对象用舒服的姿势坐在靠背椅子上，双脚着地，双手置于腿上。把催眠碟的图片举在他面前，要比他的眼睛略高，这样他就必须仰视。让催眠碟沿直径约 10~15 厘米的圈进行圆周运动，如下图所示。

告诉目标对象，他必须集中注意力盯住催眠碟的中心。随着催眠碟的运动，目标对象会觉得碟片开始旋转起来，让他的视线无法正常聚焦。这会吸引他的全部注意力。继续让催眠碟进行圆周运动，同时用低沉单调的声音暗示："你的眼睛开始感到疲劳。你的眼皮越来越沉重。你的眼睛太疲劳了，已经看不清楚了……你开始眨眼，越来越频繁。你的眼睛渐渐合上了。没关系，合上眼睛吧。合上眼睛，全身放松，准备入睡吧。"

一边反复重复暗示内容，一边让催眠碟继续进行圆周运动。目标对象很快就会合上眼睛。

把催眠碟放在一旁。

第二步

用你的手指轻触目标对象头部两侧，拇指放在他额头上，如图所示。让你

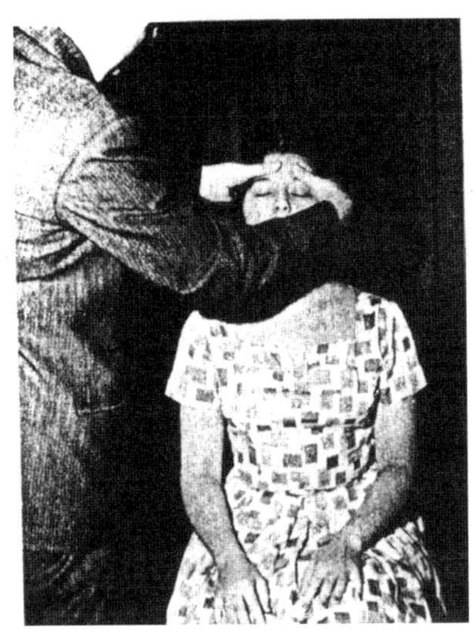

的拇指慢慢从目标对象的额头滑向太阳穴，其他四指保持不动，重复这一过程 2 ~ 3 分钟，同时反复用跟刚才一样的低沉单调声音暗示："睡吧……睡吧……困了……睡吧……睡吧。你要睡着了。睡得很熟。睡吧。熟睡吧。睡吧。"

第三步

左手置于目标对象头部两侧，拇指放在他太阳穴处，如图所示。让你的拇指慢慢沿目标对象的发根处从太阳穴滑向额头，然后再向下滑到鼻梁之下。与此同时，右手则扶住目标对象的头部，保持静止。重复这一过程约 3 分钟，同时继续暗示："睡吧……困了……睡吧……睡吧。"

第四步

左手拇指置于目标对象鼻梁上部，其余四指轻触他头顶，如下图所示。

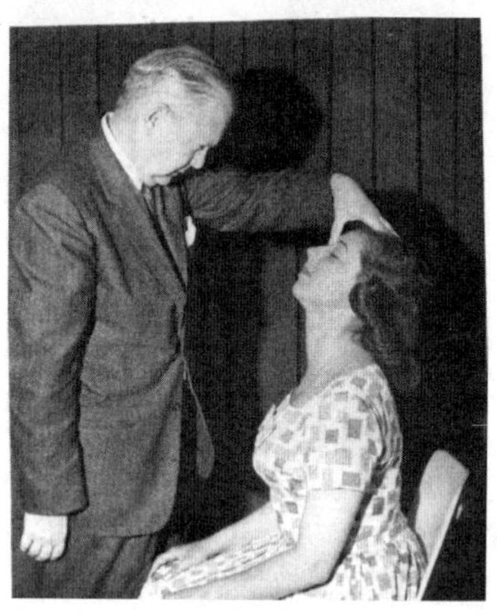

注意：所有用于开始催眠状态的抚摸动作都是从上向下的。与此相反，用于结束催眠状态的抚摸动作则是从下向上的。

右手从他头顶向下滑向后颈处，要有一定的压迫力度，重复这一过程约3~4分钟，同时继续暗示："你现在就要睡着了。你现在就要睡着了。睡着了。睡着了。睡着了。睡吧。"

第五步

停止右手的动作，左手继续保持在目标对象的头顶位置，同时继续用低沉单调的肯定语气暗示："你的眼睛已经闭紧了……你睁不开眼睛。你的肩膀感到非常沉重。你的双手一动不动。你处于完全的放松状态，完全没法动弹。你已经睡着了……睡着了……睡着了。你的头感到很沉重……你的双腿感到很沉重……你太困了……我数到3，你就会沉沉睡去。1……2……3……你已经睡着了……除了我的声音，你什么都听不到。你已经睡着了……睡着了！"现在你可以让目标对象的头渐渐朝后仰，同时用右手扶住他的后颈部位。

重复暗示内容10分钟左右，也可以更长，有些催眠师会重复20分钟以上。所有步骤结束的时候，如果目标对象没有进入催眠状态下的暗示性睡眠，不要重复练习内容，直至下次表演为止。

上面介绍的是深度催眠的基本方法，适合你在入门阶段采用。练习过程最长需要 30 分钟左右，不要心急。不过，许多人可能只需要几分钟的催眠就足以进入暗示睡眠状态，这样你就可以节省一些时间。随着你的熟练程度逐渐提高，练习时间也会逐渐缩短，最后你通常总可以在 10 分钟以内结束练习。

无论如何都不要心急，每次练习不妨多花点时间。这样不仅有助于你积累经验，而且可以提高成功率。在这一阶段，只要能让目标对象进入深度催眠状态就算是成功了。接下来，你将会学习将目标对象从催眠状态中“唤醒”的方法。

法国著名催眠大师爱弥尔·库艾，同时也是自我暗示的大师，他提出的自我暗示语“每天，在每个方面，我都在不断做得更好”早已世界闻名

第14章　唤醒目标对象

所谓“唤醒”，在这里的意思是指“让目标对象脱离深度催眠状态”。

唤醒目标对象的过程正好与催眠过程相反，原理则是一致的，都需要应用暗示的机制。唤醒目标对象时要注意措辞，让他在“醒来”后的感觉比“入睡”时更好。在这方面不妨将心比心，想想你自己被人叫醒时是什么样的感觉。

唤醒目标对象的过程可能需要一些时间，具体长度因人而异，不要着急。

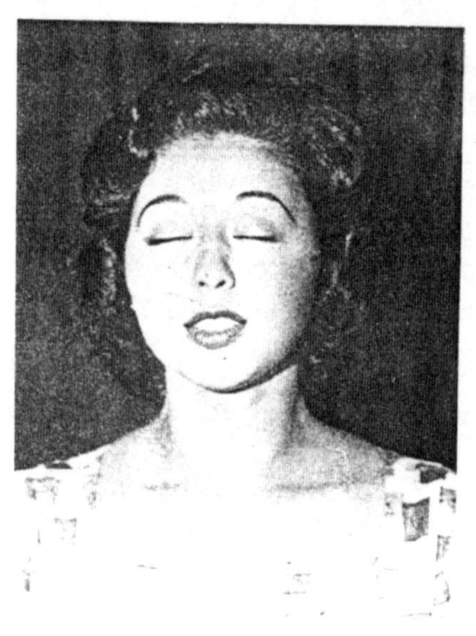

暗示内容可以是这样的：“我马上就会把你从催眠状态中叫醒。醒来时，你会感到浑身上下都非常舒服，一切都无比美好，这是一段让你非常快乐的经历。你会感到精力充沛，全身充满了活力。”

“现在我数到 5 时，你就会完全清醒过来，并且感觉无比良好！你刚刚经历了一场彻底的放松，身心都处于最佳状态。”

“好了，我马上就开始数……记住，我每数一个数字，你都会朝清醒的方向迈进一层……等我数到5时，你就会彻底醒过来，并且感觉无比良好！”

“准备好醒过来吧。1……2……3，你已经逐渐醒过来了4……5。现在你已经彻底醒过来了，并且感觉非常良好！”在这样的暗示内容影响之下，目标对象会渐渐睁开眼睛，开始活动肢体，并且通常感觉会很不错。

注意，整个过程要循序渐进，不可心急，并且要先让目标对象在精神上做好准备，然后再发出唤醒他的暗示。暗示内容一定要包括“你的感觉会非常好”这样的语句，让目标对象享受每一次被催眠的经历。

> 注意：不要担心目标对象无法从催眠状态中恢复过来。如果你把注意力从目标对象身上移开，过一段时间，他就会自动从暗示睡眠过渡到正常的睡眠状态，之后则会自然醒来，就像每天早晨自然睡醒一样。

第15章　奥蒙德·麦吉尔催眠术

这一章将介绍我自己发明和采用的深度催眠方法。这是我多年实践经验的总结，希望能够让你有所借鉴。

让目标对象用舒服的姿势坐在靠背椅子上，你则站在他对面约60厘米的地方，要求他凝视你的右眼（可以同时伸出手，指明哪一只是右眼）。你也盯住他的右眼。让他集中注意力，不要转移视线。

注意："右眼对右眼"的对视方式之所以有效，是因为你和目标对象都可以把注意力集中在一个点上，这样也方便你观察他的反应。

之所以这一方法如此有效，是因为你在对目标对象进行深度催眠的同时，也会对自己进行浅层催眠。这样你就可以在某种程度上分享目标对象的体验，从而准确把握提出暗示的时机。

除此之外，这一方法也可以让你和目标对象之间建立某种程度的协调关系。你在对目标对象发出暗示的同时，自己的注意力也集中在同样的暗示内容上，并且还可以通过"目标对象已经受到了影响，成功做出了适当反应"的视觉意象来增强暗示的影响力。

例如，假设目标对象已经到了"眼皮发沉"的阶段，这时你自己的眼皮也会感到发沉，所以你可以基于自己的感觉来安排接下来的暗示内容。你所说的每一句话都会加强上一句话的暗示效果。与此同时，你在脑海中构建出目标对象接受暗示内容的视觉意象，这也有助于提高你的暗示影响力。

对目标对象暗示："看着我的眼睛，你会感到全身逐渐变得舒适而平和，所有的肌肉都放松下来。放松你头顶的肌肉，然后是脸，然后是脖子和肩膀。你全身的每一块肌肉都进入了放松状态，从头顶一直到脚底。你已经彻底放松下来了，非常平静，非常安详。一切都充满了静谧，仿佛你身上披上了一层厚厚的天鹅绒斗篷。一切都无比宁静安详。”

一边发出这样的暗示，一边缓缓做出从上到下的手势，手的移动距离不要太长，反复重复。你可以按图中的轨迹用手画圈，手在靠近你自己的一侧从下向上运动，靠近目标对象一侧则从上向下运动。

动作不要太剧烈，因为你的目的是增强暗示效果，不是分散目标对象的注意力。

继续暗示：“你的视线已经跟我的视线锁在了一起……你无法移开眼睛。”做一个从他的右眼到你右眼的手势。“你的眼睛已经感到很累了，眼皮像灌了铅一样，恨不能马上合在一起。但是你现在还无法合上眼睛，因为你的视线已经跟我的视线锁在一起了。你的眼睛感到有点刺痛。越来越刺痛。你非常想合上眼睛。那么就合上眼睛吧，刺痛马上就会缓解。我会从 1 数到 10，每数一个数，你的眼睛就会合上一点，等我数到 10 时，你的眼睛就会完全合上。”

“准备好了吗？ 1……2……你的眼皮已经沉到无法支撑自己的重量了……3……你的眼皮太沉了，你简直没法让眼睛继续睁着。于是你开始合上眼睛。4……5……让你疲劳的眼睛合上吧。放松的感觉多好啊。6……7……没错……合上眼睛吧。8……9……10！你的眼睛已经紧紧合上了……完全透不过一丝光线。你的眼睛已经闭紧了！”

> 注意：具体暗示内容可以参考你自己眼睛的感觉，以及目标对象的反应。等到你数到10时，目标对象的眼睛应该已经紧紧合上了。如果没有，你可以用指尖轻抚的方式帮他合上眼睛，同时继续暗示：“合上你疲劳的眼睛吧，让它们休息一下。”

继续……

“合上眼睛的滋味多好啊！放松下来的感觉多好啊！你的眼睛已经紧紧闭上了，并且还在越闭越紧。如此之紧，上下眼皮都已经黏在了一起，你想睁开也没法睁开了。你的眼皮已经黏在一起，眼睛没法睁开了！”

把右手拇指放在目标对象的额心，向下滑到鼻梁部位，同时左手握住他的右手腕。暗示：“你没法睁开眼睛，无论怎么努力都没用。你的眼皮已经紧紧黏在了一起。非常紧。无论你怎么努力，都没法睁开眼睛！”

目标对象会努力尝试睁开眼睛，具体表现为眉毛扬起、面部肌肉紧张，却无法成功。静待几秒钟，然后继续暗示：“没关系，忘了眼睛的事情吧……让眼睛放松下来……全身放松……睡吧。休息，放松，进入梦乡。睡吧，睡得越熟越好。你的眼睛正在休息，你也在休息，你马上就要睡着了。睡吧！”

迈到目标对象身后，双手手指从他的前额中间向太阳穴滑动。

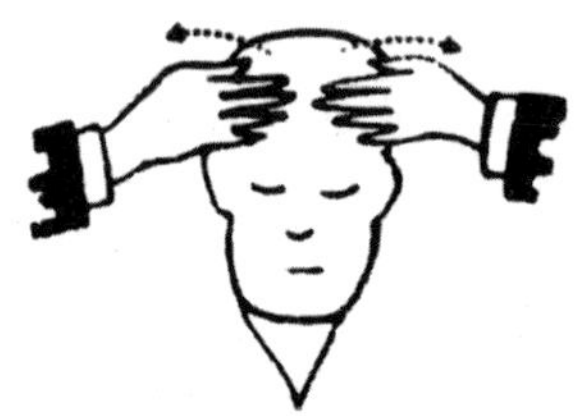

一边重复这一动作，一边暗示：“一切都变得无比宁静。你是如此安宁，如此平静。你已经困了，想睡了。那就睡吧，现在就睡。睡着的感觉非常好。一切都离你很远很远。你要睡着了，进入深沉的梦乡。向下，向下，一直进入梦乡。一切都离你越来越远，就连我的声音也在飘远，因为你正在陷入越来越深的梦乡。”

逐渐压低声音，放慢语速，让目标对象觉得你的声音确实离他越来越远。然后再逐渐恢复到正常的声音，暗示：“……你已经进入了深深的梦乡。睡吧。睡着了。睡吧。睡得很沉。你的肌肉全都彻底放松下来了。你的头感觉非常沉重。你已经低下头来。”

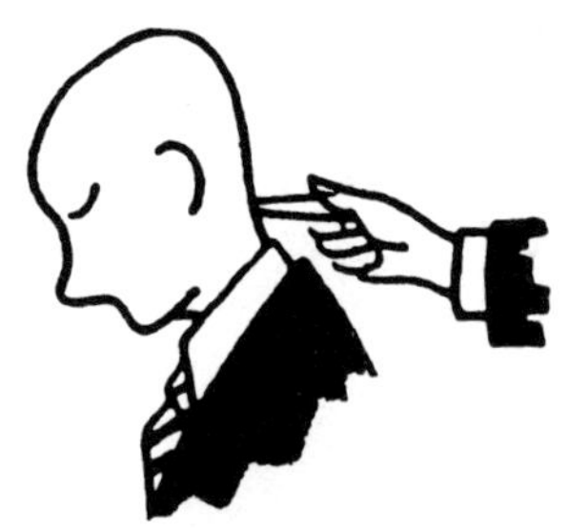

轻轻推一下目标对象的头，让它垂落到他胸前。然后开始轻抚他的后脑，从头顶向下一直到后颈。注意，第一和第二颈椎之间有一处凹陷，用右手食指按住这处凹陷，可以产生麻木的感觉，你可

以趁机暗示：“你感到浑身麻木，没有了知觉。你已经睡着了。那就睡吧。睡吧。陷入沉沉的梦乡。你已经睡着了。那就睡吧。”

双手下压目标对象的双肩，让他陷进椅子里，同时暗示：“你的双手和双臂都非常沉重。非常，非常沉重。你可以感觉到它们的重量。你的指尖开始出现了麻刺感。你的双腿也非常沉重。你的双脚可以感觉到地板的压力。你睡得越来越沉。你的呼吸越来越深。深呼吸，自由呼吸。深呼吸，自由呼吸。每一次呼吸都让你陷入更深沉的梦乡。”

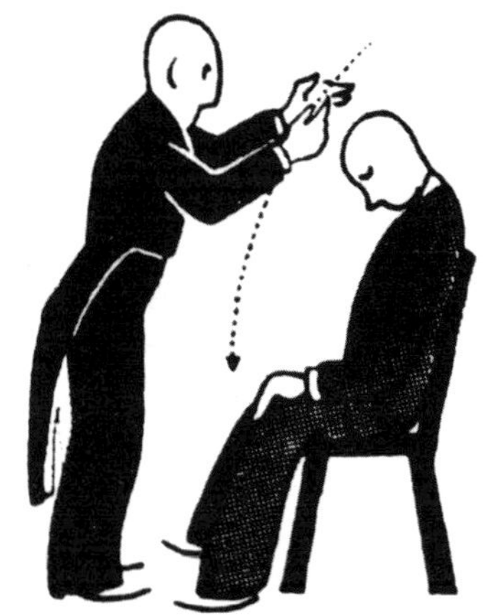

注意观察目标对象，看他的呼吸有没有变深。如果变深了，就说明你的暗示已经奏效了。接下来，把你的鼻子凑近目标对象的耳朵，故意发出深呼吸的声音。仔细观察目标对象的反应，他会不自觉地跟随你的呼吸节奏。暗示：“……你正在深呼吸，非常深。深呼吸。深呼吸。每一次呼吸都让你陷入深深的梦乡。睡吧。睡吧……陷入梦乡吧，睡吧。”

绕回目标对象面前，双手凑近他的身体，但不要接触，从他的头顶慢慢挪动到膝盖附近。继续暗示：“睡吧。熟睡吧。睡吧。你的胳膊已经彻底放松下来了。你的胳膊垂下来了。软绵绵地垂下来了。”

拉起目标对象的一只手，然后再让它垂落回腿上。把目标对象的双手从腿上推开，他的双臂就会松软无力地垂在体侧。暗示：“没有任何东西能影响到你。睡吧，安静地睡吧。我的声音仿佛十分遥远，因为你睡得很沉。”

拉起目标对象的双手，重新放回腿上，用拇指按压他食指和中指第一指关节与指甲之间的地方，压力要均匀，同时暗示：“当我按压你的手指时，你就会陷入更深一层的睡眠。更深！更深！再深！再深一层的睡眠！”

再次拉起目标对象的双手，然后放下，

如果他的双手自然垂落下去，完全没有一点阻力，就说明深度催眠已经取得了成功。现在你可以暗示："睡吧，没有任何东西能够打搅你，你所做的一切都会让你陷入更深的梦乡。我对你说的每一句话，你都会不假思索地服从。没有任何东西会影响到你，你会陷入越来越深的梦乡，催眠的梦乡……你已经被深深催眠了。"

> 注意：这是一种通过循序渐进的手段达到深度催眠的方法。目标对象会对一系列彼此关联的暗示做出反应，这些暗示彼此之间会起到叠加作用，让他陷入更深层次的催眠状态。练习这一催眠方法的过程中，你会认识到催眠状态的许多微妙特征，这对你日后的舞台表演非常重要。

第16章　放松法

这是一种非常微妙的深度催眠法，以至于在很多情况下，目标对象都不会意识到自己已经进入了深度催眠状态。从始至终都不需要提起“催眠”两个字，因为目标对象的注意力会完全集中在“放松”这个概念上。如果需要，可以用第 7 章介绍的“肌肉放松练习”开场。

开始之前，必须要考虑以下两个方面：

1. 目标对象的意愿。要想成功对目标对象进行深度催眠，必须首先让他自己愿意进入深度催眠状态。这种“愿意”可以是意识层面的，也可以是潜意识层面的。不管怎样，目标对象必须对催眠状态有所期待。

2. 交流。你和目标对象之间必须要建立起稳定的交流渠道，达到某种程度的协调。交流的方式并不仅限于语言，在某些情况下，催眠师不用说一个字就可以将目标对象催眠。只要你能把需要表达的意思传递给目标对象的潜意识，

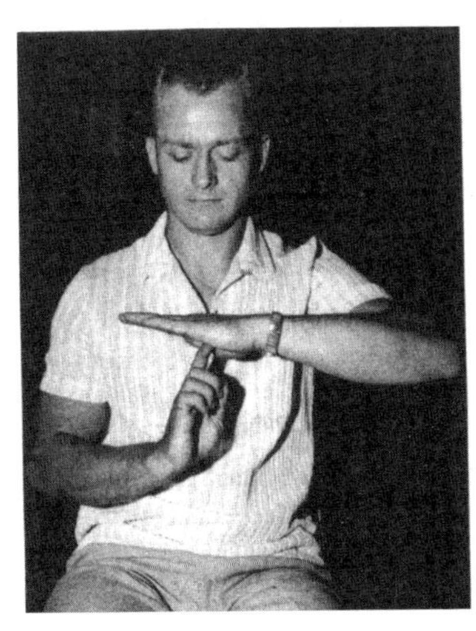

就可以达到催眠效果。一些催眠师对语言不通的外国人士进行催眠时，利用的就是这一原理。不过，在绝大多数情况下，语言是催眠师与目标对象之间最理想的交流渠道。

肌肉放松法

跟目标对象面对面坐下，开始同他讨论放松的话题。你说："我会让你体验一种非常好的放松方法，可以让你感觉棒极了。这种方法经常被医生们用于缓解紧张情绪。医生们或许会把它定义为'身体与精神的集中放松'。它会让你感到身心都充满活力。你愿意体验一下吗？"

目标对象会回答，他确实非常愿意体验一下。于是你继续说："好。调整你的坐姿，尽可能让自己舒服一些。让我握住你的手。尽可能让这只手保持放松状态。让它彻底放松下来，变得软绵绵的。（目标对象会按你说的去做）很好，你做得非常好。"

通过目标对象手部放松的情况，你可以迅速判断他的精神状态。一定要强调，他必须彻底放松下来。当你感觉到目标对象的手已经彻底放松下来时，继续说："好了，深吸一口气。慢慢地吸。屏住呼吸，过几秒钟，再慢慢吐气。（目标对象会按你说的去做）很好。再做一次，深吸一口气，过几秒钟，再慢慢吐气。深呼吸可以帮助你放松。闭上眼睛，想象把全身的紧张都释放出来是什么感觉。（目标对象会闭上眼睛）很好。你做得非常好。已经感觉到比刚才更好了，对不对？现在，放松你眼睛周围的肌肉，让它们彻底放松下来。等到眼睛周围的肌肉放松到根本无法再紧张起来的时候，试着让它们紧张起来，你会发现这不可能。你睁不开眼睛，因为眼睛周围的肌肉已经彻底放松下来了。你现在已经进入了深层次的放松状态。"

到这时，目标对象已经不再具有"判断力"，也就是他的意识不会再认为眼睛是可以睁开的。如果目标对象睁开了眼睛，就告诉他放松的程度还不够，一定要让肌肉放松到无法再紧张起来的程度才行。等到目标对象经过尝试发现睁不开眼睛时，再继续暗示："现在你的眼睛已经合上了，并且眼睛周围的肌肉已经放松下来了。你会发现，你的全身都可以进入从未有过的深层次放松状态，这会让你感觉非常好。让眼睛周围肌肉的那种感觉扩散到全身，让你的每一块肌肉都放松下来，从头顶一直到脚底。放松的感觉真是太棒了，你感到非常享受。"

“接下来发生的事情会很有趣。当我发出信号时，你会轻轻睁开眼睛，再轻轻合上。你会发现这很容易，并且可以让你更加放松，比你现在的放松程度还要深得多。你的所有其他肌肉仍然会保持放松状态，只有眼睛会轻轻睁开再轻轻合上。”

“准备好了吧，1，2，3……轻轻睁开眼睛……现在再合上眼睛……好了，你已经进入了更深一层的放松状态。你心中涌起了一阵轻松的感觉。再做一次，这次你还会放松得更加彻底，从头到脚都比刚才还要放松。”

“准备好了吧，1，2，3……轻轻睁开眼睛……现在再合上眼睛……你的放松程度比刚才又深了一倍，从头到脚都无比放松。”

在这一过程中，你始终握着目标对象的手。接下来可以暗示：“当我放开你的手时，它会软绵绵地垂落到你腿上，让你彻底放松下来。”

放开目标对象的手，让它垂落到他腿上。现在目标对象已经进入了最初的深度催眠状态，你要做的就是加深催眠的程度。暗示：“你的身体已经达到了非常完美的放松状态，你的精神也可以这样放松下来，让你感觉比现在还好上100倍。现在我就告诉你该怎么做。当我发出信号时，你就从100开始往回倒数，每数一个数字，就把放松程度加深一层，等你数到97的时候，就会彻底把倒数的事情忘掉了，数字会彻底淡出你的脑海，即使你努力寻找，也没法把它们找回来。现在，一边放松，一边开始倒数，每数一个数字就多放松一层，看看会发生什么。”

目标对象会开始数：“100。”

你暗示：“太棒了！再放松一些，数字就会开始逐渐淡出你的脑海。数下去吧。”

目标对象：“99。”

重复类似的过程，直到目标对象数到97，这时你要暗示：“现在所有余下的数字全都彻底消退了，从你的脑海里消失了！你再也没法数下去了，因为你的脑海什么也没有，所有的数字都消失了。这样很好。现在，每呼吸一次就多放松一些，体会放松的美妙感觉吧。”

如果目标对象还在继续倒数，就暗示：“你已经做得很好了，但是不要再数下去了。关键在于放松，而不是数数。放松会让数字消失。我会拉起你的右手再让它落下，就让你脑海里的数字像你的右手一样落下去吧，落出你的脑海，让你的精神跟身体一样放松。”

拉起目标对象的右手，让它落回他腿上，同时暗示：“好了，数字已经全都消失了，从你的脑海里落下去不见了，你再也没法数下去，也用不着数下去了。你的脑海什么也没有，你的精神跟身体一样，已经放松下来了。”

这样的过程不仅能让目标对象进入深度催眠状态，而且还可以造成健忘现象，也就是让他无法想起接下来要数的数字。注意，你的措辞不是“你没法回忆起那些数字”，而是“你已经把那些数字忘掉了”。精确的措辞是暗示成功的关键。继续暗示，让目标对象的健忘进一步升级：“现在你已经彻底放松下来，无论是在身体还是精神方面都是这样。就算我问起你家的电话号码，你也会忘得一干二净，对吧？”

目标对象会简单地点点头，回答“对”。这样，你就通过潜移默化的方式让他进入了深度催眠和健忘的状态，可以接下来进行其他相关项目了。

> 注意：在放松催眠法中，目标对象的全部注意力都必须集中在身体和精神的放松上。这样可以很容易地让他进入催眠状态，对于那些对“睡眠”意象（即意识的丧失）有所抗拒的人尤其有效。

第17章　念动法

这种催眠方式主要通过念动效应达到目的，目标对象可以是一个人，也可以是一群人，因此非常适合在舞台表演中应用。念动效应的本质是让意识层面的想法和念头通过潜意识转化为身体肌肉的动作，从而让目标对象进入催眠状态。实际操作中，念动法造成的催眠状态通常与睡眠状态较为相近，因为睡眠状态是人的精神与身体彼此交互的状态。人在准备“入睡”的过程中会自动让肌肉放松下来，从而使催眠状态成为可能。

念动催眠法分为十二个步骤，每个步骤都要让目标对象把注意力集中在某个想法或念头上，这些想法或念头总是与舒适、放松和愉悦的睡眠相关，所以能够引发不自觉的身体动作。催眠过程始于思想影响身体，之后身体再反过来影响思想，让后者进入催眠状态。

这种方法的应用非常简单，因为你只需要告诉目标对象该想些什么内容，催眠作用就会自然发生。尽管如此，你仍然需要自始至终让自己确信，目标对象确实会因为你说的话而进入催眠状态。这样会产生两个结果：

1. 让你的话更具有影响力；
2. 让目标对象的思想跟你的思想产生共鸣。在你告诉目标对象该想什么内容的同时，在脑海里构建出他们身上会发生的现象，这样可以起到强力催眠的作用。

以下是具体步骤。

第一步

让目标对象采取舒适的姿势坐在靠背椅子上，你则站在他面前，告诉他该想些什么。告诉目标对象花些时间想想他坐在椅子上有多么舒服。念动效应就

是这样被触发的。

第二步

让目标对象想象自己打哈欠的样子，并且按照下述顺序做出打哈欠的动作：

1. 故意打哈欠。一开始是有意识的行为，很快则会转化成无意识的举动，因为打哈欠是人的一种本能反射，会让人感到困意。

2. 休息片刻，再次想象自己打哈欠的样子。再打几个哈欠。

3. 休息片刻，再次想象自己打哈欠的样子。再打几个哈欠。人的思想习惯于把事情分为三步来考虑，例如："各就各位—预备—跑！"

第三步

交给目标对象一个钟摆，让他举在面前，一边凝视钟摆，一边想象它开始摆动。念动效应会使他的肌肉开始发生不自觉的动作，使钟摆真的开始摆动。如果是在舞台表演中面对一组参与者，可以发给每人一个钟摆，让他们同时按你说的去做。

第四步

告诉目标对象，在凝视钟摆运动的同时，心中想着眼睛有多疲劳，闭上眼睛又会有多舒服。凝视钟摆时，这样的想法很快就会让他眼睛周围的肌肉发生念动作用，使他很快闭上眼睛。

第五步

告诉目标对象，现在既然闭上了眼睛，就可以想着举起胳膊有多累，放下来又会有多轻松。这会让他产生疲劳感，举起的胳膊感觉越来越沉。

第六步

告诉目标对象，既然胳膊已经沉重到难以举起的状态，那就任由它垂落到腿上。等到胳膊垂落下来，他就可以想象入睡的情形了。这样的想法会让身体进入"睡眠准备期"。

第七步

注意观察目标对象，当他的胳膊垂落到腿上时，就让他开始想象自己的手已经放松下来，手里的钟摆掉落到地板上。念动效应会让目标对象的手指自动松开钟摆。在群体催眠中，许多钟摆依次落地的声响可以进一步增强催眠效果。把舞台灯光调到暗蓝色，用聚光灯照亮掉在地上的钟摆，可以让周围观众也意识到这一幕是多么不同寻常。被催眠者们此起彼伏的哈欠也会成为一幅奇景，甚至会有下面的观众也受到影响，跟着打起哈欠来。打哈欠是一种具有强烈暗示意味的行为，因为人的思想会自动把它跟放松和睡眠联系起来。

第八步

当钟摆掉到地上时，让目标对象想象自己的全身都已经像手一样完全放松下来，软绵绵地靠在椅子上，准备进入梦乡。观察他的身体反应。

第九步

让目标对象想象自己正在入睡，呼吸变得深重而匀称。念动效应会让这样的想法变成现实。注意观察他的呼吸变深变慢的情况。

第十步

让目标对象想象自己的呼吸已经放慢到睡眠时的节奏（潜意识会自动把握合适的节奏），这样的呼吸节奏正让他陷入催眠状态下的熟睡。注意观察他呼吸节奏的变化。

第十一步

让目标对象想象自己正在陷入催眠状态，越陷越深。念动效应会让他自然进入催眠状态下的睡眠。

第十二步

让目标对象想象自己已经进入了深度催眠状态，身心会对一切暗示做出反应。

采用念动法时不要着急，每一步都要给目标对象足够的时间，让想法形成生动的视觉意象，进而通过潜意识转化为行动（念动）。只有当某一步的效果彻底达到之后才开始下一步。只要肯花足够的时间，就可以让目标对象进入深度催眠状态，对你给出的一切暗示做出合适的反应。暗示的方法与催眠过程中的暗示方法相同：让目标对象通过想象建立视觉意象。

别开生面的舞台催眠术表演

第18章 大师催眠术

这一章介绍的催眠方法是我早些年间整理并出版的，当时我还在用“僵尸博士”的艺名进行舞台催眠术表演。之所以总结出这一套方法，最初是因为商店橱窗女郎们的需求：她们需要一种行之有效的深度催眠方法，可以让她们在橱窗里保持同样的姿势睡上几个小时而不失仪态。由于这种方法的实际应用效果非常好，所以我把具体内容列在这里供你参考。“大师催眠术”共分四个基本步骤：交谈、催眠、唤醒和再催眠。

交谈

与目标对象面对面坐下，为他解释，其实催眠过程并不神秘，任何智力正常的人都可以很容易地进入催眠状态，并且主观体验跟正常的入睡过程并没有多大区别，只不过这是精神原因引发的睡眠。

问目标对象是否曾有过因为疲倦而不知

不觉睡着的经历——绝大多数人都有过。当目标对象回答“有过”的时候，就告诉他，催眠的感觉就是那样，他只需要不知不觉睡着就可以了，只不过让他睡着的不是身体的疲倦，而是把注意力集中在“睡”这个意象上的结果。

注意：交谈的内容和过程非常重要，因为它可以消除目标对象对催眠过程的恐惧感和陌生感。

学习具体方法时，对照图文即可明白意思。

催眠

让目标对象采取舒适的姿势靠在椅子背上，双脚平放于地面，双手放在腿上，集中注意力凝视你的眼睛（催眠术中，眼睛通常被作为注意力的“聚焦点”，因为这样不仅方便，而且与绝大多数人心中对催眠过程的期待相符。只要采用下面描述的方法，就可以收到很好的效果）。站在目标对象面前，迎上他的视线，但不要把目光聚焦在他的眼睛上，而是把聚焦点设在他眼睛后面约 1.5 米处，这样在目标对象看起来，你就仿佛能洞穿他的思绪一样。这样你就更容易吸引目标对象的全部注意力，同时自己又不至于很疲劳。

吸引了目标对象的注意力之后，开始用语言对他进行暗示，同时让双手在你自己的脸和目标对象的脸之间做圆周运动，接近目标对象的时候方向朝下，动作要轻柔，不要分散目标对象的注意力。这样有助于增强催眠效果。

暗示：“现在让你全身的每一块肌肉都彻底放松下来，集中注意力看着我的眼睛……忘记你心中的一切，只留下一个念头：睡觉。一切都感觉非常好，非常舒服，因为你已经充分放松下来了。你的身体感到很温暖，很舒服……这股暖流渗透了你的每一块肌肉，让你变得比刚才还要舒服。一切都感觉非常好，非常舒服，非常暖和。”

注意：这一部分的暗示内容要集中在身体的舒适和放松上，不要牵扯到精神层面。

“现在，你已经充分放松下来了，只有眼睛还紧紧盯着我的眼睛，所以你的眼睛感到非常疲劳。眼皮像灌了铅，你几乎要合上眼睛，之所以还没有，是因为你盯着我的目光实在太专注了。但是现在，我从 1 数到 10，你的眼睛就会合上。只要你愿意，随时都可以合上眼睛，把光亮挡在外面。1……2……你的眼睛非常疲劳，眼皮越来越沉重，眼睑也火烧火燎的，这都是疲劳的缘故。3……闭上眼睛吧，把光亮挡在外面，只剩下温柔的黑暗。4……你的眼皮真的像灌了铅一样。闭紧眼睛吧，把光亮挡在外面。5……6……你的眼睛已经紧紧闭上了。闭紧！对了。合上眼睛，把所有光亮都挡在外面。7……8……终于能合上疲惫不堪的眼睛，享受宁静的黑暗，这感觉是多么好啊。9……10……眼睛已经彻底闭紧了，只剩下宁静与黑暗。”

注意：这一部分的暗示内容要集中在合眼的具体过程和感觉上。绝大多数目标对象都会在你数到5之前合眼，几乎没人会在你数到10时还睁着眼睛。假如你已经数到了10时，目标对象的眼睛却还睁着，只需要轻轻伸手帮他合上眼睛就可以了。

“你已经合上眼睛了，只剩下黑暗。现在睡吧，沉沉地睡吧。一切都虚无缥缈，你在梦乡中越陷越深。越陷越深。越陷越深。你仿佛躺在一片柔软的云朵上，随着微风缓缓飘荡，一边逐渐向下陷，陷，陷，陷入梦乡。睡吧。睡吧。深深地睡吧。你已经很累了，身体里的每一块肌肉都在渴望着睡眠……美妙的睡眠，让你好好休息的睡眠。睡吧！熟睡吧！放松的感觉已经充满了你的身体，你在飘荡着……飘荡着……一面飘荡一面下沉，陷入美妙的梦乡。一切都离你越来越远。越来越远。越来越远。你继续向下陷，陷入深深的，美妙的梦乡。”

注意：这一部分的暗示内容要集中在休息和美妙睡眠的意象上。接下来则是一项有用的小技巧：站在目标对象身旁，朝他的耳朵悄声低语。

“睡吧，熟睡吧！没错，熟睡吧！越熟越好！你正在陷入越来越深的梦乡。熟睡吧！越深越好！你的呼吸越来越深，越来越自由。深呼吸，自由呼吸。你的呼吸越来越深，每一次呼吸都让你沉进更深的梦乡。”

一边暗示，一边仔细观察目标对象的反应。如果他的呼吸变深变慢，就说明你的暗示起到了催眠作用。绕到目标对象身后，继续暗示：“没有任何东西能打扰你。一切都如此宁静，如此安详。深呼吸，陷入深深的梦乡。你的全身肌肉都已经放松下来了，你的头感觉非常重……重到脖子支撑不住，只能垂到胸前。你的头正在往前垂……渐渐垂到胸前。”

观察目标对象的头。如果他开始点头，并且逐渐把头垂至胸前，就继续进行下一步的暗示，否则就继续暗示跟睡眠和放松有关的内容，同时轻轻把他的头向前推，然后双手向下压他的双肩，让他的身体松垮地靠在椅子上。

接下来，用右手食指稳定地按压目标对象第一与第二颈椎之间的位置，同时用毋庸置疑的语气暗示：“睡吧！深深睡吧！”

接下来，用右手食指尖按压目标对象的鼻梁部位，同时继续用毋庸置疑的语气暗示：“睡吧！深深睡吧！”

接下来，握住目标对象的手，按压食指和无名指的指甲根部，同时继续用毋庸置疑的语气暗示：“睡吧！深深睡吧！”

这些部位都是所谓的“催眠穴位”，按压这些穴位，佐以强势的、富有力度的暗示语句，可以收到非常好的效果。接下来则要应用另一种非常有效的小技巧。暗示：“你的下巴逐渐松了下来。你脸上的肌肉已经彻底放松了，所以你的

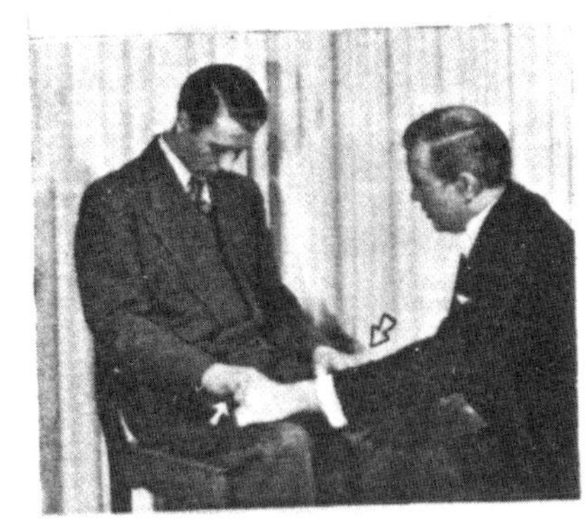

嘴巴会稍稍张开。没错，张开嘴……张开一点点就好。”

发出暗示的同时，用手指轻轻从上到下滑过目标对象的侧脸和下巴，直到暗示生效，目标对象的嘴巴微微张开。

“就这样，嘴巴微微张开，做一次深呼吸。吸气……慢慢的……对了……深吸一口气。屏住呼吸。屏住呼吸！屏住呼吸！现在开始慢慢吐气，非常慢，非常非常慢。越慢越好。吸气。深吸一口气，越深越好。屏住呼吸！屏住呼吸！慢慢吐气，越慢越好。你是真的很困了，非常非常困了。那就睡吧，深深地睡吧。好了，吸气，深深吸气。屏住呼吸。吐气，慢慢吐气。越慢越好……深深地睡吧。吸气……很好。吐气……深深地，深深地睡吧。深深吸气，吸气，深深吸气……屏住呼吸……慢慢吐气，慢慢吐气，一边陷入深深的梦乡。”

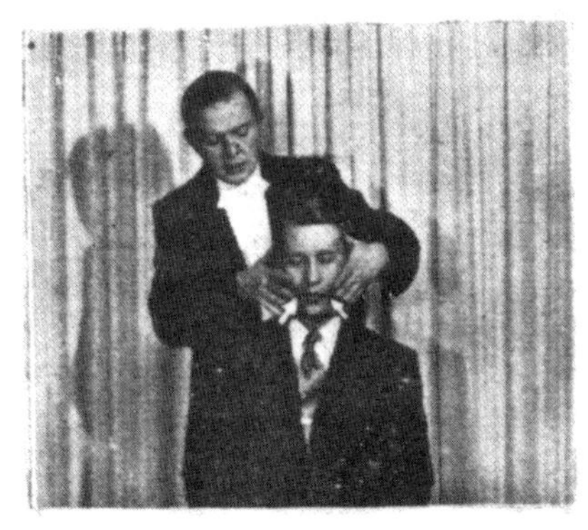

这样单调的重复，佐以深呼吸本身的催眠作用，产生的效果几乎是不可抗拒的。重复几次之后，停止指挥目标对象吸气和吐气，观察他的反应。在绝大多数情况下，目标对象都会自动维持深呼吸的节奏。继续暗示：“睡吧！现在就睡吧。一切都不重要。一切都不可能影响到你。一切都叫不醒你。你的每一次呼吸都让你陷入更深一层的梦乡。深呼吸，自由呼吸。睡吧。深深睡吧。”

注意，这一阶段的强调重点在于目标对象的呼吸节奏。现在，目标对象应该已经彻底放松下来了：身体软绵绵地靠在椅子上，头垂在胸前，呼吸深沉而缓慢，外表看上去就像正在熟睡一样。现在，你可以尝试通过暗示引发念动效应了。

“你感到全身涌起一阵暖流，指尖感到微微发麻，这是手指中的神经陷入沉睡时的感觉。麻酥感越来越强烈，从你的指尖蔓延到手掌，再沿胳膊传导过来，而你则越睡越熟。睡吧，熟睡吧！你放在腿上的指尖开始不安分起来，你很难让它们保持静止。它们想要从你的腿上挪开。你的双手变得非常轻……它们从你的腿上浮到了空中。把你的双手举到空中。举起来。对了！你的肌肉在自动把双手拉起来。举起来！举起来！从腿上举到空中。现在，你的手已经举到了前额。摸摸前额。当你的手摸到前额时，你就会陷入深度催眠的沉睡。真正的沉睡。摸摸前额，然后就沉睡吧……真正的沉睡。”

注意，这样暗示的目的是测试目标对象有没有直接催眠反应、程度如何。无论目标对象做出什么样的反应，都要反复暗示下去，直到他的双手举到前额为止。这一技巧通常可以让清醒状态到催眠状态的过渡成为可能。

记住：一定要逼目标对象做出念动反应。如果目标对象刻意克制手臂的动作，你可以轻轻举起他的手，只要手一离开腿上，目标对象就会自动继续接下来的动作。

有些人天生就比较难以进入催眠状态，所以如果目标对象没有自发反应的话，就需要你去引导他进入梦游阶段。当目标对象的双手摸到前额时，就可以暗示：“熟睡吧，等我数到 3 时，你的双手就会自然垂落到身体两侧，而你则会彻底沉睡过去。1，2，3。”

目标对象对这一暗示的反应也可以作为判断催眠程度的依据。如果他很快就做出了恰当的反应，那你就可以顺次进行接下来的内容。如果反应比较慢，或是不太确定，那就多花些时间重复之前的内容，直至目标对象能够对你的暗示做出快速而恰当的反应。

接下来，握住目标对象的手，让它沿一个大圈转动（见下一页的插图）。每转一圈都要暗示：“你正在沉沉睡去。睡得非常深。非常非常深。你睡得很熟。非常非常熟。你已经陷入了深深的梦乡。”

放开目标对象的手，他可能会下意识地继续旋转胳膊，你可以根据这一反

应判断该如何进行接下来的暗示。如果你松手之后，目标对象仍然按之前的节奏和轨迹旋转胳膊，就说明催眠效果非常好，你接下来只要通过很简短的暗示就可以让他做出反应。如果目标对象只有在你继续暗示时才会继续旋转胳膊，就说明对他最好的暗示方式是语言的重复，并且要确保他能领会你的意思。如果目标对象没有反应，就说明他可能特别难以进入催眠状态，或是催眠状态还不够深，你需要耐心重复之前的暗示内容，直至得到想要的结果。你可以这样暗示："你的胳膊正在自动旋转……没有任何东西可以让它停下来，因为你已经睡得非常熟了。你的胳膊开始变沉了，开始垂落下去了。垂落下去……软绵绵地垂落下去了。你已经陷入了深深的梦乡。"

目标对象的胳膊会马上软绵绵地垂落下去。站在他身后，扶着他的头慢慢逆时针旋转，过一段时间之后轻轻挪开手，他的头会自动旋转下去。稍等片刻，观察目标对象的反应，然后暗示："沉睡吧。沉睡吧。什么梦都不要做。我说的每一句话，你都会不折不扣地去做。沉睡吧。你的头已经停止了旋转，重新垂落到胸前，这样才是最舒服的姿势。沉睡吧。我说什么你就做什么。"

举起目标对象的胳膊，然后用命令的口吻告诉他，这条胳膊已经僵硬了，无论怎样都无法挪动。目标对象会努力挪动胳膊，但无论怎么都无法成功。再用命令的口气告诉他放下胳膊，就可以让这条胳膊恢复自由。现在，目标对象已经进入了深度催眠的梦游状态，所以才会听从你的催眠指令。

接下来要让目标对象产生感觉层面的反应，进一步加深梦游状态。暗示："房间里非常热，并且越来越热，让你很不舒服。房间里太热了，你感到非常非常不舒服。你开始在椅子上不安地挪动，因为太热了，你感到很不舒服。擦掉前额上的汗，就可以让房间变得不那么热。"

一边反复暗示，一边仔细观察目标对象的反应。尽可能激发快速、准确的自发反应。

“椅子上太热了，你得站起来才能让自己凉快一点。站起来让自己凉快一下吧。站起来就凉快了。没错，站起来就凉快了。”

目标对象站起来之后，暗示：“现在你已经站起来了，感觉神清气爽。房间里变得非常凉爽，刚才的热度已经消失了。房间里很凉爽，很舒服，你也睡得很沉，很舒服。你的身体又开始变软，你坐回椅子上，再度进入深深的梦乡。”

一边暗示，一边扶住目标对象的肩膀，引导他坐回椅子上。

就这样，一步接着一步，目标对象的催眠程度越来越深，直至达到彻底的深度催眠。这种循序渐进的催眠方式是深度催眠的重要手段之一。

现在目标对象已经进入了深度催眠状态，你接下来要做的就是尽可能让这样的状态保持稳定。以下四点尤其需要注意：

1. 开始每项测试前后，都要反复暗示，他正处于沉睡之中，每次呼吸都会陷入更深的梦乡（呼吸是一个连续的过程，所以把呼吸的意象与睡眠联系起来，可以在很大程度上提高催眠状态的稳定性）。这样的重复可以避免目标对象因肢体动作等原因而突然脱离催眠状态。

2. 每次只进行一项暗示，待目标对象做出恰当的反应之后，首先要撤销暗示内容，然后再发出新的暗示。这样可以避免暗示内容之间的矛盾影响。

3. 发出暗示的语气要强势、主动，让人感到毋庸置疑。采用直接命令的口吻，可以达到最好的效果。

4. 将目标对象从催眠状态中“唤醒”之前，要给出这样的暗示：“记住，下次你尝试进入催眠状态时，只要凝视我的眼睛，就会马上感觉到睡意，闭上眼睛就会立即进入深度催眠的沉睡状态。记住，只要凝视我的眼睛，你就会立刻睡着。”

这样的暗示可以对目标对象产生延迟影响，让下一次的催眠过程变得更快、更容易。

唤醒

目标对象进入催眠状态之后，你随时都可以把他从这样的状态中“唤醒”。可以继续这样暗示：“你正在熟睡。这一觉睡得非常舒服，非常健康，让你的身心都得到了最好的休息。当我唤醒你的时候，你会感觉一切都非常好。我会从

1 数到 5，每数一个数字，你就会清醒一分，等我数到 5 时，你就会彻底醒过来，就像睡了一夜好觉之后，精神饱满地醒过来一样。你会感到焕然一新，仿佛之前一切都没有发生过，你只是舒舒服服地睡了一觉而已。一整夜高质量的睡眠之后，你会觉得精力充沛，感觉棒极了。记住，你醒来的过程跟每天早晨在睡了一夜好觉之后，精神饱满地醒过来并没有区别。醒来后，你不会记起睡眠过程中发生过的任何事情，仿佛你只不过是合眼打了个小盹而已。”

深度催眠可以让目标对象在清醒过来之后产生失忆现象，忘记催眠状态下发生的一切，但要达到这样的效果，就必须把它作为暗示内容的一部分。

用明确无误的语言暗示，目标对象在清醒过来之后不会记起催眠过程中发生的任何事情，因为只有这样才能确保失忆现象的发生。不要把失忆当作催眠过程的必然结果，也不要因为担心目标对象的催眠程度不够彻底，就不敢做出明确的暗示，而是企图用含混不清的语言糊弄过去。这样的想法从根本上就是错误的。无论在什么样的情况下，暗示内容都必须是明确无误的！

“准备好了吧，现在该考虑醒一醒了……虽然你睡得很熟，但终归还是得醒过来。现在已经是早晨了，你必须醒过来。我已经开始数了……1，你已经开始清醒了。虽然你很困，但还是必须醒过来。2！梦乡正在离你而去，你已经开始醒过来了。3！你睁开了眼睛。看到房间里多明亮了吗？已经是早晨了。你刚刚睡了一夜好觉。醒过来吧。4！你已经醒过来了。5！你已经彻底醒过来了，这就对了！彻底醒过来，你感觉非常好！”

> 注意：暗示内容要让目标对象能够把催眠状态与正常的睡眠联系起来，这样不仅可以让清醒过程变得更自然，而且还可以让目标对象在接下来的再催眠过程中陷入更深层的催眠状态。

再催眠

唤醒目标对象之后，在他还没有完全意识到自己已经清醒过来的时候，马上要求他凝视你的眼睛，重复先前的催眠过程。这一次通常会比第一次容易得多。

在目标对象对催眠状态的熟悉过程中，再催眠的步骤是非常关键的。如果你唤醒目标对象之后没有马上对其再催眠，让他有机会对催眠期间的经历进行意识层面的合理化，就会让你们之前取得的很大一部分成果烟消云散。而如果你能马上对目标对象进行再催眠，就可以极大地改善他对催眠暗示的反应。

再度让目标对象进入深度催眠状态之后，在再度唤醒他之前，要先给出这样的暗示：“记住，当你醒来时，你不会记住催眠期间发生的任何事情。你只不过是打了个小盹而已，醒来后会看见面前有一把椅子，你会立刻走过去坐在椅子上，马上进入梦乡。”

重复三次，以确保目标对象弄明白了你的意思，并且潜意识里也接受了这些内容，然后将其唤醒。

目标对象会按你所说的那样离开椅子，走过去坐在对面的另一把椅子上，然后立刻入睡。站在他身边，用命令的口吻暗示：“你现在正在熟睡……记住，从现在开始，只要在你凝视我的眼睛时，我在你面前像这样打个响指，你就会立刻进入梦乡。记住，无论你在做什么，无论在哪里……只要你凝视我的眼睛，我打响指你就会立刻入睡。”

迅速唤醒目标对象，让他休息一会儿，然后忽然盯住他的眼睛，同时像刚才那样打个响指，目标对象会马上重新陷入深度催眠状态。就这样，你“训练”他“学会”了对“打响指”这个信号做出“进入催眠状态”的反应。

目标对象进入催眠状态之后，再次唤醒他，然后再试一遍。这样重复几次，等到目标对象每次都能立刻回到深度催眠状态时，你就大功告成了。

注意：“大师催眠术”是目前最成熟、最详尽的深度催眠方法之一。上文中提到的许多细节都是基于多年实践经验总结出来的。在舞台催眠术表演中，大师催眠术同样有它的一席之地。当然，要适应表演的节奏，就必须加快整个过程，否则周围观众就有可能丧失兴趣。总的来说，舞台催眠师的催眠节奏通常会比一般的催眠师要快，因为舞台表演的目的在于娱乐观众。

第四部分

催眠方法集锦

第19章　眨眼法

> 注意：这一章和接下来的章节收录了许多种行之有效的催眠方法。不妨尝试一下那些你比较感兴趣的方法，找出其中最适合你的几种。

眨眼法适用于对难以把注意力集中在“睡眠”意象上的人。这一方法的核心内容在于让目标对象把注意力集中在眨眼的动作上，从而起到催眠效果。催眠师有节奏地计数，目标对象则按照计数的节奏眨眼。

让目标对象采取舒适的姿势坐在椅子上，告诉他，你希望他能够入睡。目标对象安静下来以后，让他凝视你的眼睛，你则盯住他的两眼中间（也就是前面说的“催眠凝视”）。

告诉目标对象，你会开始缓慢地数数，每数一个数字，就要他合上眼睛再睁开。例如，你慢慢地数“1，2，3，4”，目标对象每听到一个数字就合上眼睛，然后立刻睁开，总共眨眼四次。无论是在睁眼还是闭眼时，他都要一直把视线聚焦在你的眼睛上。

开始有节奏地缓慢数数，你会发现，你越是往下数，目标对象的眼睛睁开的时间就越短，最后他根本不会再睁开眼睛，只有睫毛会上下移动。

许多人在你数到20左右的时候就会进入催眠状态。需要数到100的情况非常罕见。

当你发现目标对象的眼睛已经不再睁开时，就可以停止数数，用相同的节奏低声暗示：“睡吧。睡吧。困了。睡吧。你……已经……睡着……了。睡得……很熟。睡吧。困了。睡吧。”

目标对象的头很快就会向前垂下去，并且表现得十分困倦。这时你可以一边用先前介绍过的方法抚摸他的额头、太阳穴和面部，一边继续重复暗示内容，直至目标对象进入催眠状态。

催眠术表演：“喝水”

第20章　视觉意象法

视觉意象法就是让目标对象形成视觉意象，从而进入催眠状态的方法。在舞台催眠术表演中，视觉意象法的应用方式如下：

站在目标对象（通常是上台参与表演的一群观众）面前，要求他们在脑海中按顺序构建出几种熟悉的东西的视觉意象：一幢房子，一棵树，一个人，一只动物。谁构建出了所有这些东西的清晰视觉意象，可以在脑海中“看清楚”每件东西，谁就举手示意。

等所有人都举过手之后，要求他们闭上眼睛，在脑海中勾勒出这样的视觉意象：他们仍然像现实中一样坐在舞台上，只不过每个人的眼睛都是睁开的。

要求每个人把注意力集中在视觉意象中的自己看见的东西上，告诉他们，你接下来说的所有内容都是针对他们视觉意象中的情形，而不是现实世界中的他们自己。

让参与者们想象自己睁着眼睛，然后对他们发出“无法睁眼”的暗示，告诉他们如果在视觉意象中发现自己紧闭着眼睛，无论如何都没法睁开，就举手示意。

此时如果仔细观察参与者们的反应，就会发现他们在现实中也难以睁开眼睛，正如在视觉意象中一样。继续暗示：“你脑海中自己的视觉意象已经忘记了自己的眼睛，正在放松下来，准备进入舒适的梦乡。想象你自己正在入睡。”

接下来就可以直接进入催眠阶段，例如暗示：“现在你的感觉就跟你脑海中的视觉意象一模一样，正在陷入深深的梦乡。你脑海中的视觉意象已经跟你自己融为一体。你就是想象中的自己。”

从这时开始，就可以继续按你习惯的方式对参与者们进行催眠，直至产生你需要的深度催眠效果。之所以视觉意象法能够行之有效，是因为它会让目标对象摆脱忸怩和抗拒的心态，用旁观者的眼光看待自己。

这一方法对单一的目标对象也同样有效。

第21章 表盘法

这种方法既适用于单一的目标对象，也适用于舞台表演中的群体催眠。需要的道具是一张直径 30 厘米左右的圆纸板，上面像钟表表盘一样用刻度分成 12 等份，分别用 1 ~ 12 的数字注明。数字字体要大而清晰。

让目标对象把表盘平端在面前，正面朝着自己，注意力集中在刻度 1 上，深吸一口气，大声说出“睡觉”这两个字，然后吐气，快吐尽时再大声说出“熟睡”两个字。

说完之后，再让他把注意力集中在刻度 2 上，深吸两口气，说两次“睡觉”，再吐两口气，说两次“熟睡”。之后再把注意力转移到刻度 3 上，深吸三口气，说三次“睡觉”，吐三口气，说三次“熟睡”。就这样依次把注意力集中到各个刻度上，直到 12。为了不出错，他在计数时必须全神贯注。随着刻度逐渐增加，出错的概率也会增加，并且会让目标对象很疲惫。大多数人都会在注意力挪到表盘中间的时候就合上眼睛入睡，极少有人能坚持到 6 以后。之所以会发生这样的现象，是因为单调的练习内容会让目标对象感到不耐烦，宁愿按催眠师的暗示内容进入催眠状态，也不愿继续数下去。

催眠过程中要有效运用“困惑机制”，当目标对象的注意力集中在表盘刻度上时，凑到他耳边轻声暗示：“当你的眼睛紧紧盯着刻度的时候，当你的视线沿表盘逐渐移动的时候，当你深深吸气和吐气的时候，当你反复说出‘睡觉’和‘熟睡’的时候，你就在不知不觉地陷入深度催眠状态。你的视线越来越模糊，越来越看不清刻度数字。你的眼睛太疲劳了，几乎睁不开了。你已经很累了，巴不得快点结束。所以闭上眼睛吧，让表盘从你手里掉落到地上，而你则陷入深深的睡眠。睡吧，进入催眠状态吧。”

继续这样暗示，直至目标对象闭上眼睛，陷入催眠状态。暗示时一定要把

音量放低，以免分散目标对象的注意力。注意观察目标对象的反应，如果他表现出越来越强烈的倦意，就可以暗示他可以闭上眼睛入睡了，表盘会从手上掉到地上，等等。更具体的内容。

在舞台表演中应用这种方法时，发给参与者每人一个表盘，让他们同时把注意力集中在表盘刻度上，进行“吸气—自我暗示—吐气—自我暗示”的循环，而你则站在中间发出低声的暗示。

第22章　光影法

利用光与影进行催眠的方法，尽管并不常见，却非常有效。让目标对象坐在一盏台灯对面，灯光要明亮，直射他的双眼。让目标对象闭上眼睛，头向后仰，这样他的颈部肌肉就会处于持续的紧张状态。

自己坐在台灯前尝试一下，你就会发现，即使闭上眼睛，灯光仍然会穿过眼皮照射进来，让你的视野变成一片暗红色。

这种催眠手段几乎不需要任何语言暗示，只要在目标对象闭上眼睛的同时盯住他的头顶，把注意力集中在你所要给出的暗示内容上就可以了，例如你可以想象目标对象变得越来越困倦，最终陷入熟睡。无论你希望目标对象出现什么样的反应——全身放松，肢体发沉，困倦，入睡，都不要说出来，只需要采用“精神暗示”就够了。

接下来，把一只手放在目标对象眼睛前约 5 厘米的地方，挡住灯光，片刻之后再忽然抽开手。这样会让目标对象的视野由暗红色变成漆黑一片，然后又突然变成纷乱的红色。重复几次，手上的动作要时快时慢，但要保持一定的“光亮—阴影”交替节奏。持续约 3 分钟。

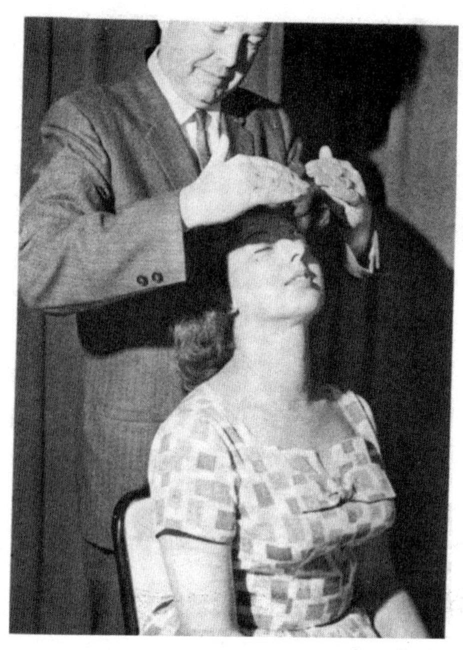

用双手贴近目标对象的面部做拂拭的动作，偶尔轻触他的面颊和额头，然后再继续拂拭。你的手掠过目标对象眼睛前方时，手指可以忽开忽合，营造明暗迅速交替的效果。有时只用一只手，有时双手并用。这样的做法可以起到非常确凿的催眠作用。接下来，可以扩大拂拭的范围，从目标对象的面部到双肩、胸部和腹部，手要贴近他的身体，但是不要有任何接触。

注意目标对象的反应，如果他的眼皮出现明显的颤动，头开始向前或向侧面垂下去，嘴角肌肉松弛，呼吸变快变深，就说明达到了效果。

当目标对象的头垂到胸前，呼吸变得深沉而有规律时，就可以关上灯，用非常轻微的声音在目标对象耳边进行睡眠暗示了。

第23章　摇身法

让目标对象跟你面对面站立，凝视你的眼睛，你则盯住他两眼之间的位置。双手放在目标对象肩上，用毋庸置疑的语气暗示："我要让你入睡。我要你放松下来，你会感到身体变得非常轻。你现在就有这样的感觉，因为你已经开始入睡了！你无法抗拒这种感觉，因为你正在入睡！深深的睡眠……"

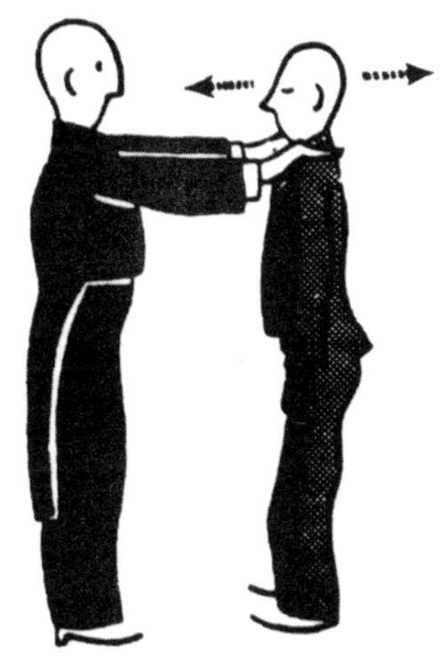

开始前后摇晃目标对象的身体，动作要轻柔，同时继续盯住他的两眼之间。重复暗示内容，直至目标对象的眼睛开始有合上的迹象。用强势的语气发出命令："闭上眼睛睡吧！"目标对象会闭上眼睛，这时用一只手蒙在他眼睛上，重复暗示："睡吧。睡吧。任何东西都不可能让你醒来，直到我命令你醒来。你已经睡熟了！"

早在维多利亚时代，赫伯特·弗林特博士就已经开始把这种方法应用到舞台催眠术表演中。弗林特博士是个大块头，相貌严厉，所以很容易让目标对象服从他的命令。有些人对强势命令语气的暗示特别容易做出反应。

第24章　丧失平衡法

丧失平衡法因著名催眠师基尔·波尼而闻名，他在表演中经常运用这种方法。让目标对象跟你面对面站立，左手放在他肩上，让他集中注意力凝视你的眼睛，然后就可以开始了。

让目标对象的身体前后左右摇摆，如果他没有放松下来，可以用右手拉起他的左手，再让它自然垂落下去。只要目标对象的肩膀松弛下来，就可以把左手从他肩上拿开，同时说："对了！就是这样！"

用同样的方式拉起他的右手再放下，然后说："好了，现在你已经放松下来了。"把你的左手放回他肩上，继续控制他的身体前后左右摇摆。

"现在我需要你保持绝对安静，不要动也不要说话。我知道你明白我的意思，所以不要点头，也不要试图配合我。不要做任何主动的事，照我说的去做就好。你将会体验到一场非常有趣，非常轻松的经历。"

"你是否能够进入催眠状态，取决于你能否把注意力集中在一个非常小的点上。现在，我的小拇指甲就是这个点。把你的注意力集中在我的小拇指甲上，全部注意力都集中在这里，绝不可以挪开视线。"

与此同时，把你的右手举到目标对象眼睛前上方约15厘米处，让他必须要抬眼向上看才能看见你的小拇指甲。

你的目标是让全身都放松下来，要达到这一目标，你需要首先深呼吸三次。每次吐气的时候，都要大声说："'我要睡了！'不过，这里所说的'睡'跟你平时晚上睡觉并不是同一个概念。催眠状态的放松程度要比一般的睡眠彻底得多。‘睡’这个字会成为让你放松下来的信号。每次你听到我说‘睡’这个字，你就会感到全身泛起一阵轻松的感觉，从头一直到脚。”

“好了。继续把注意力集中在我的小拇指甲上，同时开始深呼吸。”把你的手挪到跟目标对象的眼睛平齐的位置。“吸气。”目标对象吸气时，逐渐抬高手臂，让手回到刚才的位置。“停。屏住呼吸。屏住呼吸！”

稍等片刻……

“好了。吐气吧。”目标对象在吐气过程中逐渐把手放低。“继续吸气，要比刚才更深。”把手举高。“停。屏住呼吸。”

“好了。吐气吧。睡吧。现在就睡吧。”同时把手放低。“再次吸气，越深越好。吸气。”把手举高，这次当你示意他吐气的时候也不要放低，让他保持抬眼向上看的姿势。“现在吐气吧，让自己更进一步放松下来。正常呼吸。我的手会拂过你的面前，让你不由自主地合上眼睛。我从 5 倒数到 1，你的眼皮就会变得越来越沉，你会感到非常困，非常想睡一觉。继续盯着我的小拇指甲，把注意力集中在这一点上，仿佛除了你的眼睛和我的指甲之外，其他一切都不存在。我从 5 倒数到 1，你就会陷入深深的睡眠。5！你的眼皮开始发沉，你感到很困。”

“4！你的眼睛更疲劳了。”慢慢放下手。

“3！你的眼睛马上就要合上了。”把手放低到跟目标对象的眼睛平齐。

“2！你的眼皮非常沉，你感到非常困，你的眼睛要合上了。现在就合上了。”把手放低到目标对象的下巴高度。

数到“1”之前，先把左手从目标对象的肩上挪到后颈部位。一边数“1”，一边忽然发力，让目标对象的前额靠在你肩上，同时大喊：“睡吧！”

> 注意：喊“睡吧！”的时机必须把握好，在目标对象的身体已经开始向前倒，但还没有靠在你肩上的时候喊出来，这时他的身体处在丧失平衡的状态。
>
> 喊完之后，立即用身体带动目标对象的身体左右摇摆，加深催眠程度。
>
> 目标对象会立刻入睡，有时他的双腿会无法支撑体重，如果发生这样的情况，就用双手扶住他腋下，让他轻轻躺倒在地板上。如果目标对象的双腿没有发软，可以扶着他的头前后左右摇摆，从而加深催眠程度。

第25章　钟摆加催眠碟法

这种方法是钟摆法和催眠碟法的组合，具有非常强大的效力。基本原理是让目标对象凝视催眠碟的中心，从而引发念动效应，让钟摆发生锥形摆动，反过来使目标对象的注意力进一步集中到催眠碟上，从而快速起到催眠作用。

准备好催眠碟（前文相关章节提供了催眠碟的样本，直接复印即可）和钟摆（把有一定重量的物体作为摆锤，系在一根细绳上即可），就可以开始了。

把催眠碟平放在桌面上，让目标对象坐在一旁，一手持钟摆举在催眠碟正上方。站在他旁边，指导他如何集中注意力。

当目标对象做好准备时，告诉他放松下来，让视线沿催眠碟上的螺旋线移动，同时在脑海中构建出钟摆随视线摆动的意象。让目标对象在脑海中告诉自己，钟摆正在沿催眠碟的螺旋线方向摆动。让他把注意力集中在钟摆的摆动上。

注意观察目标对象的反应，当钟摆开始发生锥形摆动时，就告诉他让视线跟随钟摆移动。暗示："钟摆正在绕圈，一圈又一圈，一圈又一圈。把注意力集中在这一圈一圈的运动上。它完全在自动绕圈，一圈又一圈。你没法让它停下来。你越是努力想让它停下来，它就转动得越快，把你的视线也吸引进去。"

注意：钟摆在催眠碟上方旋转的场景具有非常强烈的催眠作用。

继续暗示："你的视线已经完全被旋转的钟摆吸引住了，它让你着迷，让你根本没法挪开眼睛。它让你的眼皮开始发沉，你感到一阵倦意。你想要合上眼睛睡一觉。那就合上眼睛睡吧。"

目标对象很快就会合上眼睛，而钟摆仍然会继续旋转。继续暗示："你的眼睛已经合上了，所以钟摆也可以停止旋转了。钟摆停下来了（等待钟摆逐渐停下来）。你越来越困，举着钟摆的胳膊越来越沉，所以钟摆从你的指缝间掉了下来（钟摆掉到桌面上）。你的胳膊也垂落下去（胳膊垂落到桌面上）。现在你的头也垂到了桌面上，你就把胳膊盘起来，把头枕在上面（目标对象会做出趴在桌子上打盹的姿势）。深呼吸，自由呼吸，睡吧。熟睡吧。”按压目标对象的后颈部位。“睡吧。睡吧。熟睡吧。睡吧。”

注意：这一方法综合运用了催眠碟与念动效应，实际效果非常好。

在舞台表演中，也可以同时对多名参与者应用此方法。发给每个人一张催眠碟和一副钟摆，让他们把催眠碟放在腿上，一只手把钟摆举在催眠碟正上方，你则站在所有人面前发出暗示。

即使在群体催眠中，每个人的具体反应也不一样，因为这一过程需要持续的全神贯注，目标对象彼此间的交叉影响相当有限。根据反应的速度和程度，你很容易判断哪些人更适合被催眠。只要有人合上眼睛，就立刻走到他面前，把他的头按到怀里，用强势的语气暗示：“睡吧！”注意不同参与者的反应速度差异，把握好每个人合眼的时机。

第26章　胳臂悬浮法

这种方法因催眠大师米尔顿·埃里克森而闻名。埃里克森是有史以来最伟大的催眠治疗师之一，这种催眠法就是因他而成为经典。这里描述的是把这种方法应用于舞台表演时的情况。

让目标对象坐成一横排，你站在他们面前。“今天，你们将会用一种在催眠疗法中很常见的方式进入催眠状态。现在，我需要你们仔细观察自己的手，注意每一个细节。一边把注意力集中在手上，一边听我继续讲。”

“让自己放松下来，你会注意到一些先前从来没注意过的东西。让我告诉你这些东西究竟是什么。把你的注意力完全集中在双手的感觉上，无论这感觉是什么。或许你会感到手的重量，或是手放在腿上时受到的压力。或许你会感觉到裤子的材料质地，或是腿上的温度，或是有一种麻酥的感觉。无论是什么感觉，都要把注意力集中在上面。仔细观察你的双手，你会发现它们非常安静，一动不动。然而，它们其实是在动的，只不过这动作你还没法发现。继续观察你的双手。或许你的注意力会有片刻的转移，但总会立即回到双手上。注意你的双手，你迟早会发现它们的动作。”

此时，所有参与者的注意力都集中在自己的双手上，都对接下来可能发生的事情很感兴趣。你并没有强制让任何一个人接受暗示，而是让他们集中注意体验自己的感觉。你的目标是让他们把你的暗示内容也当成自己的体验和感觉。换句话说，你正在让他们把自己的感觉和你说的话联系起来。注意目标对象的反应，你会发现有些人的手指开始微微抽动，一旦观察到这种现象，就可以告诉他们，他们的手已经开始动起来了，并且动作还会进一步加大。如果目标对象表现出其他反应，例如腿开始抽动，或是呼吸变深，就及时指出这些反应。在这一阶段，你的每一句话所描述的都是目标对象自己的反应。

“你的哪根手指头会最先动起来？可能是中指，可能是食指，可能是无名指，可能是小拇指，也可能是大拇指。总有一根手指头会最先动起来。你不知道会是哪一根，也不知道会是哪只手。继续观察。看，手指头开始动起来了，就是这样。”

“随着手指头开始抽动，你还会注意到另一件有趣的事。手指之间的距离会缓缓变宽，越来越宽，越来越宽。你会注意到，你的手指正在伸展，彼此间的距离越来越宽。就是这样。”

这是你发出的第一句真正的暗示。等到目标对象做出相应的反应，你就可以看出他们受暗示影响的程度如何。发出暗示时，一定要采用“事情理所当然就是这样”的语气，仿佛这也是目标对象必然会体验的感觉。

“随着手指逐渐分开，你会注意到，手指不再紧贴着大腿，而是略微弓了起来，仿佛它们想要自动飘起来一样（注意目标对象手指的反应）。注意观察食指是如何弓起来的。食指弓起来之后，别的手指也会跟着弓起来，慢慢弓起来（目标对象的手指会逐渐弓起来）。”

“随着手指离开大腿，你会感觉到手越来越轻，整只手就像羽毛一样轻盈，就像氢气球一样，缓缓浮到空中，向上浮，向上浮，越来越高，越来越高，越来越轻（目标对象的手会离开大腿举到空中）。当你集中注意力观察双手的时候，会发现双手带着胳膊一起浮了起来，越来越高，越来越高，越来越高（许多人的手可能会离开大腿 15 厘米左右，所有人的注意力都集中在手上）。”

“继续集中注意力观察双手和胳膊，注意它们是如何渐渐向上浮的，你会很快意识到，你的眼睛非常疲劳，眼皮越来越沉。你的手和胳膊越轻盈，眼皮就越沉，让你情不自禁想闭上眼睛。手和胳膊越来越高，越来越高，你感到越来越放松，越来越困。享受放松的感觉，闭上眼睛睡吧。”

注意，只要目标对象对一条暗示做出了反应，之后的暗示内容就可以基于这条暗示的内容。例如，首先暗示目标对象的胳膊会浮起来，等目标对象做出反应之后，再暗示他们会随着胳膊上浮而感到越来越困倦。

“你的胳膊还在向上浮……向上浮……向上浮……你感到越来越困，眼皮越来越沉。呼吸越来越慢，越来越均匀。深呼吸，吸气，吐气。（注意目标对象的反应，很多人应该已经把胳膊抬平了，正在眨眼，呼吸深而均匀）。一边集中注意力观察双手，一边体会放松和困倦的感觉，这时你会发现，手的移动方向会发生变化。你的双手会带着胳膊弯曲过来，挪向脸的方向，向上，向上，向上，随着双手向上浮，你会陷入越来越深的睡眠之中，在那里你会感到无比舒适和惬意。双手还在带动着胳膊上浮，向上，向上，越来越高，越来越高，碰

到了你的脸。你越来越困，越来越困，但还不能睡，直到手碰到脸为止。双手碰到脸的时候，你就会睡着了，沉沉地睡着了。”

让目标对象自己“决定”什么时候入睡，这样当他们的手终于碰到脸的时候，就会觉得这是他们自己身体的自然反应，而不是你暗示的结果。

“你的双手仍然在改变移动的方向。它们在不停地向上……向上……向上……朝着你的脸移动。你的眼皮越来越沉，你感到越来越困，越来越困，越来越困（注意目标对象手的位置，手离脸越近，眨眼的速度就越快）。你的眼皮很沉，非常沉，双手仍然在向上浮，朝脸的方向移动。你感到非常累，非常困。你的眼睛逐渐合上了，完全合上了。手碰到脸的时候，你就会睡着了，沉睡过去。你感到越来越困，越来越困，越来越困，非常困，非常疲倦。你的眼皮像灌了铅，手还在向上浮，向上浮，向上浮，朝着脸的方向移动，只要它们碰到脸，你就会睡着了（注意目标对象的反应，越来越多的人会让手碰到脸，但是不要停止暗示，直到所有人的手都碰到脸）。睡吧。睡吧。沉睡吧。你感到非常累，睡着了就会放松下来了。把注意力集中在全身的放松上，放松，一点紧张都没有。什么都不要想，睡吧，熟睡吧。”

就这样，所有参与者都会逐渐进入催眠状态，并且每个人都有自己的节奏，每个人都会以为催眠过程完全是自己自动发生的。这是一种非常好的催眠方法，适用于几乎所有人，无论是对单个对象还是群体催眠都同样适用。

第27章 糖果法

任何一种感觉都可以成为引发催眠状态的渠道。糖果法应用的就是目标对象的味觉。这种方法特别适用于儿童，对成年人也同样有效，并且广受欢迎。它既适用于单一的目标对象，也适合群体催眠。

道具就是一块硬糖，柠檬糖和薄荷糖都可以，或者口感好的其他糖果。

让目标对象用舒适的姿势坐在靠背椅子上，把糖果递给他，让他把糖果放在嘴里含着，不要嚼也不要咽，让糖缓缓溶解，直到嘴里充满甜味。让他把注意力完全集中在糖的甜味上。现在让他闭上眼睛，同时暗示："当你靠在椅背上放松的时候，想想糖在嘴里的滋味有多好。把注意力完全集中在这股滋味上，让它浸透你的全身。这甜美的滋味让你感到非常舒服，非常放松。那就放松下来吧，放开一切吧！"

"让你的思绪自由飘荡，让所有的想法穿过脑海，静静地放松，让身心都安宁下来。用鼻子深吸一口气，稍等片刻，再慢慢呼出来，同时全身放松。放开一切吧！"

"再次吸气，稍等片刻，想象能量随着气流渗进你的身体。呼气，想象体内所有的消极能量和紧张感都随着气流离开。继续呼吸，慢慢地，有节奏地呼吸……感受生命能量随着呼吸流动，渗透你身体的每一个细胞，带着你陷入深深的梦乡。"

"糖的味道多甜美啊，让你感到非常困。让糖的甜味渗透你的身心，让你的身体彻底放松下来。放松。放松。放松。彻底放松下来，同时品味糖的甜美滋味，这感觉多好啊。"

"让放松的感觉渗透你的全身，就像糖在嘴里渐渐溶解一样，这样你就可以放开一切，陷入深深的睡眠。睡吧。睡吧。睡吧。陷入梦乡，让你的意识挪到一旁，让潜意识浮现出来，我说什么你就做什么，并且做得非常完美。把剩下的糖果嚼碎咽下去吧，随着吞咽的动作，你会陷入深深的梦乡。"

第28章　疲劳失焦法

这种方法既适用于单一的目标对象，也适合舞台表演中的群体催眠，并且非常有效，目标对象几乎是自动做出反应。

让目标对象坐下，双臂向前平伸，双手彼此相握，大拇指向上伸出。让他闭上眼睛，把注意力集中在双手上，体会双手和手臂的疲劳感。让他把注意力集中在这种疲劳感上，等到姿势无法坚持下去的时候就告诉你。

目标对象摆出合适的姿势之后，在他耳边轻声暗示，他现在非常放松，非常困倦，只有胳膊还举着，让他非常疲劳，几乎已经举不动了。再次提醒他一感到无法坚持下去就告诉你。

目标对象一告诉你这样的姿势无法坚持下去，就让他继续维持这样的姿势，睁开眼睛，凝视自己的大拇指尖。让目标对象把注意力集中在大拇指尖上，过不了多久他就会发现自己的视线开始游移，无法聚焦。暗示："你越是盯着指尖看，视线就越模糊，等你再也看不清自己的指尖时，就合上眼睛睡吧。"目标对象很快就会合上眼睛。

这时立刻暗示："你的眼睛已经合上了，你很快就会睡着，就在你陷入梦乡的时候，原本举着的胳膊会慢慢放下来，靠在腿上，这时你就会彻底睡着。"

目标对象会逐渐把胳膊放低，直到放在腿上，同时会陷入催眠状态下的沉睡。你可以通过进一步暗示来加深他的催眠状态。这种催眠手段之所以有效，是因为目标对象的姿势本来就会产生疲劳，这时因势利导，发出以"疲劳"为主题的暗示，就很容易达到效果。

之所以让目标对象睁开眼睛凝视自己的大拇指尖，是因为这样可以让他的眼睛无法聚焦，这一现象同样可以通过暗示来增强。当目标对象的眼睛失去焦点时，就会很容易服从"合上眼睛"的指令。同时，疲劳则会让他无法太长时间维持胳膊平举的动作，于是把胳膊放下，同时进入催眠状态。

注意：像这样把纯粹的生理反应跟暗示内容结合起来，可以收到非常好的效果。这一方法需要练习才能熟练掌握，之后就可以达到万无一失的效果。

第29章　音乐催眠法

催眠过程中，音乐常被作为辅助手段，一般是柔和的轻音乐，并且音量不足以引起目标对象的注意。不过，也可以把音乐作为主要的催眠手段，也就是这里说的音乐催眠法。这一方法要求目标对象把注意力集中在音乐的旋律上，而不是催眠师的语言内容暗示上。

让目标对象采取舒适的坐姿或卧姿，闭上眼睛，集中注意力聆听音乐。把音量调高，让它盖过你的声音。随着音乐的播放，在目标对象耳边轻声暗示："坐（或躺）得越舒服越好，让自己放松下来，闭上眼睛，把全部注意力集中在音乐的旋律上。这旋律是如此之美，仿佛渗透到了你的整个心灵，让你的身体和精神全都放松下来。音乐的旋律渗透了你的心灵，让你感到非常放松。那就放松吧。放松。放松。放松。"

"现在，当你放松下来时，你会开始感觉到非常困倦。体会这种困倦。你的眼睛已经闭上了，你的身体已经放松下来了，你感到真的很困。非常困。那就睡吧。让自己睡吧。睡觉的感觉非常好。"

"深呼吸，睡吧……你的每次呼吸都让你睡得更熟，在睡眠中陷得更深。你听到音乐的曼妙旋律，它吸引了你的全部注意力，抚慰着你进入梦乡。它让你放松下来，进入舒适的梦乡。深深地，深深地，沉浸在睡眠之中。你的呼吸非常深沉，非常有节奏……睡眠的节奏。那就睡吧，音乐的旋律正在渐渐远去，你也渐渐沉入催眠状态下的睡眠。你会完全按我说的话去做。"

逐渐调低音乐的音量，同时提高你自己说话的音量，直至你的话音代替音乐占据主导地位。这时，目标对象已经进入了催眠状态。

注意：这是一种偏于潜意识层面的催眠手段，因为目标对象意识层面的注意力是集中在音乐的旋律上，而不是你的话语内容上，这就给了你通过暗示直接影响他潜意识的可乘之机。

第30章　外在/内在法

这种催眠方法是由美国心理医师德怀特·贝尔发明的，最初是用于催眠疗法，但因为效果显著，所以也非常适用于舞台表演。

让目标对象采取舒适的坐姿，合上眼睛，按你暗示的节奏控制呼吸："深吸一口气。屏住呼吸。慢慢吐气。"

引导目标对象深呼吸六次，这样不仅能让他平静下来，而且可以让他形成"听话"的行为模式。此外，深呼吸也可以让大脑产生晕眩感，这是因为摄入过量氧气、二氧化碳水平下降，这种感觉也有助于催眠过程的进行。

让目标对象尽可能彻底放松身体，同时在脑海中重复你说的话："我已经彻底放松下来了。"注意，让他在脑海中默念这句话，但是不要说出来。

"我已经合上了眼睛，感到很困。"目标对象在脑海中重复。"我的眼皮已经彻底放松下来，让我没法睁开眼睛，即使努力尝试也不行。我已经陷入了催眠状态。"目标对象会尝试睁开眼睛，却无法成功，于是会逐渐陷入催眠状态。

"我在催眠状态中越陷越深。我感到很困，非常困。我正在进入深深的催眠状态，我的潜意识会接受一切外来的暗示内容，让身体做出相应的反应。"目标对象在脑海中重复。

"我已经彻底放松下来了，我的头已经垂到了胸前，整个人都处在深度催眠状态之下。"目标对象在脑海中重复，同时头会垂到胸前。

继续暗示："很好。你已经进入了越来越深的催眠状态。不要自己思考，因为我会替你思考的。只要放松下来，让自己沉浸在催眠状态之中就好。"

"在催眠状态下沉睡吧，你的潜意识会活跃起来，按我说的去做。"

这种催眠手段不仅简单易行，而且效果通常会比较好，因为直接影响目标对象潜意识的是他自己在脑海中默念的内容，而不是你的暗示内容，尽管前者与后者完全相符。这种方法既适用于单一目标对象，也适合群体催眠。

第31章　生物反馈法

在这种催眠方法中，你需要先对目标对象进行暗示，再把这暗示引发的反应告诉他，这样可以让暗示的效力大大增强。目标对象自己清楚自己身体的反应，所以当你的暗示内容与这些反应相符时，自然就能引发最大程度的共鸣。

首先让目标对象采取舒适的姿势坐在椅子上，你则站在他对面，让他抬头仰视你的眼睛。暗示："你现在坐在舒服的椅子上，抬头看着我的眼睛，正准备接受催眠。继续凝视我的眼睛，你会发现你的眼睛开始疲劳，眼皮越来越沉，你的身体也开始放松下来。"

注意观察目标对象的反应，把反应内容用精准的语言描述出来。例如："你的眼皮已经因为困倦而垂了下去，你能感觉到眼皮很沉。你开始眨眼了。你想要合上眼睛。你的眼睛感到非常疲劳，非常沉重，让你非常想合上眼睛。那就合眼吧（目标对象合上眼睛）。嗯，你已经合上了眼睛。很好。现在你的眼睛感到轻松多了。你的身体也跟眼睛一样轻松下来（描述你观察到的目标对象的身体反应）。你的肩膀耷拉下来，整个人松弛在椅子上。你的胳膊松松地悬着（拉起目标对象的胳膊放到他腿上）。我发现你的呼吸变深了，并且更有节奏，看上去就像要睡着了一样。你的确是要睡着了。我看见你已经睡着了。很好。你也喜欢这样。那就睡吧。挺好的。睡吧！"

继续用这样的方式进行反馈暗示，把目标对象的身体反应描述出来，这样可以很快让他进入催眠状态，之后就可以用常规手段加深催眠程度。

第32章　指压按摩法

尽管这种催眠方法并不是很适合舞台表演，但在对单一对象进行催眠时确实十分有效，所以你最好能学会这种方法。指压按摩术脱胎于传统中医针灸，用手指替代针来刺激不同的穴位，在当今西方非常盛行。

人体穴位是敏感神经汇集的部位，在被按压时会自动成为意识关注的焦点，此时施以恰当的暗示，就可以直接起到催眠作用。大多数穴位都是皮下的凹陷部位，可以用指尖施以持续稳定的压力。有些穴位比较敏感，按压可能会导致一定程度的痛觉，这对催眠过程是有好处的，所以不要因此而减轻压力。目标对象可以采取坐姿或卧姿，后者通常更合适。

首先让你的双手充满能量。用力摇晃双手，击掌几次，等到指尖产生麻刺感，就可以双掌合十，然后再慢慢分开。注意观察掌心之间的能量流动。现在，你可以用充满了能量的手指为目标对象进行指压按摩了。这种方法如果运用得当，可以达到深度催眠的效果。具体步骤如下：

第一步

让目标对象脱掉外套和鞋子，采取舒适的仰卧姿势，双手置于体侧，双脚稍微分开。告诉目标对象，你将会用指压按摩的方式为他催眠，让他的身体自动放松下来，不知不觉陷入梦乡。

第二步

让目标对象合上眼睛，深呼吸三次，然后按压他头顶正中部位（百会穴），同时眼球上翻，仿佛要透过大脑“观看”你按压的部位一样。让他保持这样的状态，你则发出“无法睁眼”的暗示。在这样的状态下，目标对象无论怎么尝试都无法睁开眼睛。之后再让他的眼球恢复放松状态，同时对他的身体各处穴位施以指压，从脚到头，每按压一个穴位都让他的催眠程度加深一层。

第三步

找到目标对象左脚足弓部位，处于中趾延长线上的穴位，按压5秒，同时暗示，他将会感到左脚随着按压而放松下来。接着用同样方式按压右脚穴位。

第四步

找到目标对象左脚内侧脚踝部位，位于踝骨之下的穴位，按压5秒，同时暗示，他将会感到左脚随着按压而进一步放松下来。接着用同样方式按压右脚穴位。

第五步

找到目标对象左脚内侧脚踝向上约7.5厘米处的穴位，按压5秒，同时暗示，他将会感到左侧小腿随着按压而放松下来。接着用同样方式按压右侧小腿穴位。

第六步

找到目标对象左脚外侧脚踝部位，位于踝骨之下的穴位，按压5秒，同时暗示，他将会感到左脚再进一步放松下来。接着用同样方式按压右脚穴位。

第七步

找到目标对象左腿膝盖下的穴位（肌肉与筋腱结合处的敏感部位），用力按压，同时暗示，他将会感到左腿整个放松下来。接着用同样方式按压右膝穴位。

第八步

找到目标对象脐下约三指宽处的穴位，用力按压，同时暗示："放松下来吧，陷进深深的沉睡之中。"

第九步

找到目标对象剑突下缘的穴位，用力按压，同时暗示："彻底放松下来吧，沉浸在梦乡之中。"

第十步

找到目标对象胸骨正中的穴位，用力按压，同时暗示："睡吧。深深睡去吧。"

第十一步

双手拇指同时用力按压目标对象肩窝部位，同时继续暗示："睡吧。熟睡吧。睡着了你就感觉不到压力了。深呼吸，睡吧。"

第十二步

按压目标对象右肘内侧的穴位，先让臂肘弯曲，找到穴位（凹陷处的软组织），然后再扶直臂肘开始按压，同时暗示："睡吧。熟睡吧。"接着用同样方式按压左肘穴位。

第十三步

找到目标对象右侧前臂外侧距肘关节约 5 厘米处的穴位，按压，同时暗示："你的胳膊也放松下来了，变得一点知觉都没有了。你睡着了。睡吧。深深睡去吧。"接着用同样方式按压左侧前臂穴位。

第十四步

找到目标对象右手腕外侧向下约 5 厘米处的穴位，按压，同时暗示："睡吧。睡吧。熟睡吧。"接着用同样方式按压左腕穴位。

第十五步

找到目标对象右手虎口处背侧的穴位，深度按压，同时暗示："睡吧。熟睡吧。"放松，然后再按压，继续暗示："睡吧。熟睡吧。"重复五次，然后换左手。

第十六步

深度按压目标对象右手腕外侧凹陷处，同时暗示："睡吧。熟睡吧。深呼吸。"观察目标对象呼吸节奏的变化。如果呼吸变深，就说明他正在进入深度催眠状态。

第十七步

找到目标对象双肩顶部与颈部之间的中点穴位，双手同时用力按压，暗示："睡熟了。你已经睡得很熟了。你已经被催眠了。"每句话说完后停顿片刻，让目标对象有时间做出反应。

第十八步

按压目标对象嘴唇与鼻子中间的穴位，同时暗示：“你已经被深度催眠了。在催眠状态下沉睡吧。”

第十九步

按压目标对象眉心的穴位，保持稳定的压力，同时暗示：“你已经陷入了深度催眠状态，你的意识在沉睡，潜意识却非常活跃，时刻准备着接纳有益的暗示内容。”

第二十步

按压目标对象头顶正中略微凹陷的部位，保持稳定的压力，同时暗示：“熟睡吧。没有任何东西能够打扰你，但你的潜意识此刻非常活跃，已经准备好了接纳有益的暗示内容，我现在就会告诉你这些内容。我说的每一句话都是你最需要的，会让你在每个方面都深深受益。这些话的内容很快就会变成你自己的。”

停息片刻，停止按压，然后再度按压同样的穴位，同时提出对目标对象有益的暗示内容。

将暗示内容重复三遍，然后说：“这些话已经渗进了你的潜意识深处，变成了你健康生活习惯的一部分。当你从催眠状态中苏醒过来的时候，会感觉一切都无比美好，并且从内心深处知道你自己已经成功得到了你想要的东西。”

第33章　无语催眠术

这是一种不用语言暗示，只用姿势传达暗示信息的深度催眠手段，最初是由美国得克萨斯州安全局负责法庭催眠的警官马克斯·霍威尔发明的。

开始对目标对象进行催眠之前，首先必须确保他了解一些基本手势的含义，例如，当牧师做出向上的手势时，他是什么意思？目标对象会回答："是让人们站起来。"

那么，牧师做出向下的手势，又是什么意思？目标对象会回答："是让人们重新坐下。"

你反复朝自己做手势是什么意思？目标对象会回答："到我这边来。"

食指竖在嘴唇前是什么意思？目标对象会回答："安静，别说话。"

经过这样的提问，如果你判断目标对象明白各种基本手势的含义，就可以开始催眠过程了。提问阶段也有助于目标对象熟悉对手势做出反应的感觉。

让目标对象坐在椅子上，你则站在他对面。告诉目标对象，你将采用无语催眠术为他催眠，处于催眠状态下时，他的眼睛大部分时间会是合上的。只要你用食指戳戳他的侧颈，他就会睁开眼睛，立刻从催眠状态中清醒过来。

拉起目标对象的右手，让手掌朝向他自己的脸，慢慢前后移动。目标对象的视线会跟随手掌移动。

当目标对象的注意力集中在手掌上时，就扶着他的手从眼前拂过，让他不由自主地闭上眼睛。

拉起目标对象的左手弯到颈后，让他用手指扶住自己的后颈。

把目标对象的右手高举过头，然后用你自己的手从他的手腕抚摸到手肘，捏住肘关节，让目标对象产生"右臂已经僵硬了"的感觉。挪开手，目标对象会保持手臂高举的姿势。

慢慢把目标对象高举的右臂放下去，同时用舒缓的节奏抚摸前臂，摇晃他的手，直到他的右臂彻底放松下来。这样可以让目标对象的全身都放松下来。之后把他的右手放在腿上。

握住目标对象扶住后颈的左手手腕，摇晃他的手，直到他的左臂也放松下来，然后把左手也放在他腿上，跟右手一起。

双手扶住目标对象的头，拇指按压太阳穴，维持稳定的压力，片刻之后松开。

绕到目标对象身后，双手将他的双肩向下压，让他的身体松弛在椅子上。在这一阶段，目标对象的头通常会自然低垂到胸前。维持稳定的压力，一段时间之后再松开。

双手从两侧扶住目标对象的头，让它绕圈旋转，直到目标对象的颈部彻底放松下来之后，再让他的头重新垂回胸前。绕回目标对象正面，轻抚他的双臂，再轻轻按压他放在腿上的双手。

再次举起目标对象的右手和右臂，让右臂进入僵硬状态，这一次目标对象的反应会快得多。无论你把他的右臂放在什么位置，挪开手后它都会保持在这一位置。最后，把目标对象仍然僵硬的右臂放回腿上，再摇晃他的右手腕，直到右臂恢复放松状态。此时目标对象已经进入了彻底的放松状态。

拉起目标对象的双手，再让它们垂落回腿上。此时目标对象的全身都处于放松状态，无论你拉起他的胳膊还是腿，只要一松手，被拉起的肢体就会软绵绵地重新垂落下去。你可以把目标对象的身体摆成任何姿势。目标对象的表现会清楚地表明，他已经进入了深度催眠状态。

现在，你可以用语言提出暗示了。

要结束的时候，像最初描述的那样，用食指戳戳目标对象的侧颈，就可以让他立刻醒过来。

第34章　脉轮色系催眠法

这是一种非常特别的催眠方法，是当代心理科学与瑜伽理论结合的产物。人的脑波模式可按频率分为四类，分别用拉丁字母标为 α 模式、β 模式、θ 模式和 δ 模式。脑波频率是由大脑活动决定的，四种模式之间并没有精确的界限。

脑波模式分类

β 模式：人处于正常清醒状态下的脑波模式。

α 模式：人处于放松和出神状态下的脑波模式，也是催眠状态下的脑波模式。

θ 模式：人在做梦时的脑波模式，是清醒与睡眠之间的临界状态。

δ 模式：人在深度睡眠时的脑波模式。

瑜伽脉轮色系

在瑜伽理论中，人除了生理神经系统之外，还具有一套精神神经系统，脊柱的轴线是所谓的“中脉”，中脉两侧流动着两道“气脉”。

左侧的气脉称为“品古拉”，属阳；右侧的气脉称为“伊达”，属阴。气脉顺脊髓延伸到身体各个部位，在某些部位连通着专门的能量中心，这些能量中心就是“脉轮”。只要精神能量流经中脉，体内的脉轮就会被激活。中脉沿途分布着七大脉轮：

1. 海底轮：位于脊柱最底部。

2. 生殖轮：位于脊柱靠近生殖器官的位置。

ustration by Steve Chappell

3. 脐轮：位于脊柱靠近腹部太阳神经丛的位置。

4. 心轮：位于脊柱靠近心脏的位置。

5. 喉轮：位于脊柱靠近喉咙的位置。

6. 眉心轮：位于脑前侧松果体的位置。

7. 顶轮：位于头顶，印度教徒将其称为“千瓣莲花”。

每一处脉轮都对应一种特别的颜色，当人的眼睛看到这种颜色时，对应的脉轮就会被激活。七大脉轮对应的颜色分别是：

海底轮—红色

生殖轮—橙色

脐轮—黄色

心轮—绿色

喉轮—蓝色

眉心轮—紫色

顶轮—白色

将这些颜色的光汇合在一起，就能产生白光。

当人按次序在脑海中想象这七种颜色时，就会改变脑波频率，从 β 模式变成 α 模式（也包括一部分 θ 模式下的波段）。这样的精神状态最容易接纳外来的暗示内容，所以脉轮颜色的视觉意象可以成为有效的催眠手段。

催眠方法

让目标对象坐在椅子上，双手放松置于大腿上，双脚平放在地板上。让他闭上双眼，全身放松，深吸一口气。屏住气。然后慢慢吐气。重复一次，吸气的时候想象顶轮的白色从鼻孔进入，白光充满肺部，然后进入身体，在全身各处散开。目标对象只需要坐在那里，舒服地呼吸，感觉白光进入身体，形成自身纯粹的一种保护。将这个过程想象成一次美好的经历。

现在，受保护的目标对象处于一种放松状态中，告诉他：“在你的脑海中想象红色。任何形式的红色：红玫瑰，红苹果，任何红色的东西。我希望你可以真切地看到红色，重要的是你在脑中看到了红色。

“当你看到了红色，开始想象下一个颜色：橙色。在你的脑中强烈地想象橙色，并且真切地看到橙色。例如看到：一个新鲜的橙子，一杯橙汁，披着橙色袈裟的和尚。无论用什么方法，你不仅仅是想象到橙色，你需要看到橙色。

“当你看到了橙色，开始想象下一个颜色：黄色。想象黄色……在脑中真切地看到黄色。你脑中可以是任何黄色的形象：黄色的蛋黄，雏菊黄色的中心，晴朗天空中炙热的太阳，无论是什么黄色的东西。我希望你真切地看到了黄色。

“当你看到了黄色，开始想象下一个颜色：绿色。用你头脑中的眼睛去看到绿色。任何让你看到绿色的东西：绿色的草坪，绿色的树叶，绿色的翡翠。你可以想象任何东西让你在脑中看到绿色。

“当你看到了绿色，开始想象下一个颜色：蓝色。你的脑海中充满了蓝色，蓝色，蓝色……你可以想象万里无云的蓝天，蓝色的湖。你看到的可以是任何蓝色的东西。记住，你必须真切地看到了蓝色。

“当你看到了蓝色，开始想象最后一种颜色：紫色。在你的脑中想象紫色。它可以是一束紫罗兰，紫色的光，你可以随便想象，直到你的脑海中填满了紫色。

“现在，将你的全身沉浸在紫色中……让它形成薄雾将你包围。深深地沉浸在紫色中，你掉入其中，越陷越深，深入催眠状态中。

“你还需要更加的深入，不断地往下，不断地往下，进入更深的催眠。

“你已经到达紫色的 α 模式……现在，在你的前方，你将看到你站在白色大理石走廊的一头。墙是大理石的，地板是大理石的，天花板也是大理石的。这不是一条很长的走廊，走廊的尽头有一盏灯。现在沿着走廊，走向灯的方向。

“当你走到灯那里……停下。”

“现在，你低头看你的脚，在你的前面你会看到你站在一个宽敞的楼梯的顶端。楼梯有 21 级，一会儿你将会沿着楼梯往下走……顺着台阶走到楼梯的底部，你每走一步，都让你沉得更深，沉到更深的催眠状态……当你到达楼梯的底部时，你将完全进入深度的催眠中……在睡眠的深处，你将清晰地经历每一件让你做的事情并做出反馈。

“现在，准备好走下楼梯，一级一级地……你真正的看到你的身体走下楼梯。当你走下楼梯的时候，真切地感受自己深入催眠当中，越来越深……深入沉睡的领域。

“准备好了，你站在楼梯的最顶端……第 21 级台阶。现在，下到第 20 级。很好。现在下到第 19 级，下到第 18 级，下到第 17 级。你进入更深的 α 模式……你越往下走越感到困……你往下掉，掉进催眠当中……往下掉，深入沉

睡。现在下到第 16 级。下到第 15 级，第 14 级，第 13 级，第 12 级，第 11 级，第 10 级。你是如此的困，你拖着脚，往楼梯的底下走去。你越来越困，困得睡着。你下到第 9 级，第 8 级，第 7 级，第 6 级。你越来越深地进入深度的催眠当中。睡吧。睡吧。睡吧。你下到第 5 级。你几乎快要到楼梯的底部了。你是如此开心，因为你很困，你在催眠当中继续睡着。有时候你完全进入了深度催眠的睡眠。接着……你下到第 4 级，第 3 级，第 2 级，终于，最后一级。你终于成功地到了楼梯的底部，你已经进入深度的催眠当中，你会遵从每一个给你的指示，完美地实现它。”

诱导完成了，目标对象进入了深度催眠状态。你可以继续表演了。

注意：在表演中要灵活应变，让你的表演方式和节目更适合特定观众的口味。这是你成为表演大师的象征。

第35章 “守护天使”催眠术

据我所知，这是一种新的诱导催眠方法。催眠是一个分离的过程，这种方法通过诱导外力的影响造成了一种分离。我在睡梦中想到这个方法，我发现当观众是真诚的成年人时，这种方法是最有效的。这个方法可以视作在特殊观众情况下使用的方法。当你在舞台上准备开始你的表演，邀请志愿者到舞台上体验催眠，做这样的发言：“女士们，先生们，接下来我们会邀请一组志愿者到台上来体验催眠实验。如果你感觉你与‘大我’的境界有沟通，我希望你可以上台来。接下来我会要你回答我提出来的问题……你们当中有多少人曾经感觉到身边有守护天使，你感觉到它与你很亲近，给你提供保护力？如果你曾有那种感觉，那说明确实有守护天使，请举起手。”观众对这个问题的反应会让你吃惊。很多人会举起手，因为很多人感觉到他们生命中有超自然的守护力。顺着这个正面的反应，接着问下一个问题：“感觉有守护天使的观众，你们是否对这个过程熟悉：写信给你的守护天使，请求它实现你的愿望？你是否曾在纸上写下你的愿望，然后把纸烧掉，让燃烧的烟聚集向上，然后飘向空中；感觉到你的守护天使直接收到了你的消息？如果你曾听说过上面这些，或者可能经历过这个神圣的表演，举起你的手。”

这一次不会有很多人举手，但还是会有一些，因为许多人曾听过，而有一些曾使用过这个方法，在得到具体的东西以及（或者）实现愿望方面有显著的效果。现在，你可以邀请举手的观众们到台上来，作为这次特别表演的目标对象。他们是一群很有思想的人，对于催眠反应度很高。现在，对你的目标对象说：“我将会给你们每个人一叠纸，一支笔，首先按照我的要求给你们的守护天使写一条信息，当你们在台上体验催眠时，专业地控制你们的内心以达到对自身最好的效果。”给台上的人分发纸和笔（或者让你的助手做）。然后告诉他们写这样一封信给自己的守护天使：

亲爱的天使：

我在一群友善的观众面前，我请求你保护我和进行催眠的催眠师（说你的名字），为了让我更好地用潜意识来控制我的有意识的活动。谢谢你能满足我的请求，亲爱的天使。现在可以继续表演。请跟我在一起，帮助我享受深刻的催眠过程。

爱你的

[在此处签名]

现在，收集起这些信，将纸放到舞台前面的一个碗内，呈现在目标对象面前。点燃这些信，让目标对象集中注意力在燃烧的信息所产生的烟上（作为舞台的固定对象），同时进行你的标准催眠诱导。你会发现这是个迷人的催眠方法，它提供了一群投入度极高的目标对象，证实了那些参与过程所产生的强大催眠诱因，同时观众也十分的感兴趣。这种方法建立起观众和台上志愿者之间的默契，几乎所有人都有一段经历与他们的守护天使紧紧相连。

第36章　世界各地催眠方法集锦

作为一本催眠领域的百科全书，在这里介绍一些不同催眠方法的缩略。所有方法都基于同一原则：目标对象集中注意力达到思想的专一，从而对暗示做出主观的反应，思想进入催眠状态。

下面采用三段式的方法介绍催眠术：1. 集中意念；2. 锁眼术（眼睛无法移动，不会在意识的作用下睁开）；3. 之后的“催眠配方”暗示。由于在所有方法中都会用到“锁眼术”和“催眠配方”，所以，在介绍不同方法前我们先介绍这两个步骤。

方法一：锁眼术

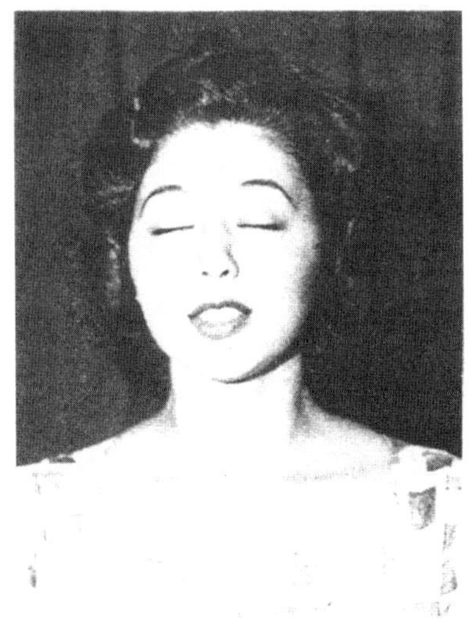

当目标对象进入催眠状态时，闭上眼睛，对他说：“你的眼睛不能动了。眼皮紧紧黏在一起，不能睁开眼睛。我会从 1 数到 3，当我数到 3 的时候，你会发现无论你怎么用力，你都睁不开眼睛。准备：1，2，3！你的眼睛紧紧地闭着，你发现根本不可能睁开。试着睁开！用力试！你根本睁不开眼睛！”

目标对象会发现不管怎么努力都睁不开眼睛。现在你可以马上使用“催眠配方”进行深度的催眠，这会在下一节中介绍。

如果有需要，你可以让目标对象的眼球向上向内转动，这样做可以增加对“锁眼术的体验”。这种运动造成眼部肌肉的紧张，使得目标对象根本无法睁开眼睛，除非眼球向下转动。催眠师可以合理地利用任何一个方法让他的催眠更有效。

注意：使用以上方法完成锁眼术之后，才可以进行下一步的催眠暗示。

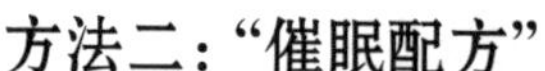

方法二：“催眠配方”

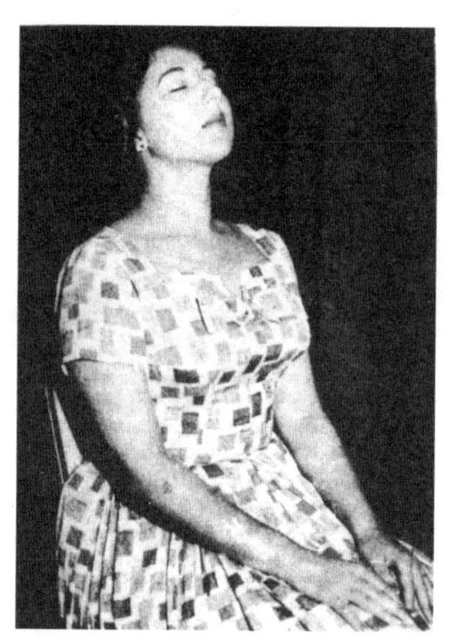

成功实现“锁眼术”之后，立即进行“催眠配方”来增加催眠深度。下面介绍的是一种普遍的“催眠配方”法可以与后面介绍的各种催眠方法结合起来使用。

“忘记你的眼睛被固定住了；放松眼睛，让这种放松从眼睛延伸到全身。现在你全身都放松了，你感到昏昏欲睡。放松，让你的身体进入沉睡的状态。你变得很困很困，就这样睡去吧。睡吧。睡吧。深深的睡吧。世界离你越来越远，你陷入沉睡中越来越深。”

> 注意：降低声音，柔软地提出暗示，让目标对象进入沉睡。然后渐渐提高声音，继续进行催眠诱导。

“深呼吸，自由呼吸，你每吸一口气都让你越来越深地进入催眠（观察目标对象的呼吸：随着催眠的进行，呼吸加深，变得缓慢）。你正在进入深度催眠状态，全身都感觉非常好。催眠状态在各方面都有益于你。你进入了绝对的放松状态，没有丝毫的压力。你是如此享受这种安详的状态，深深地沉入其中吧。进入深度催眠的状态。”

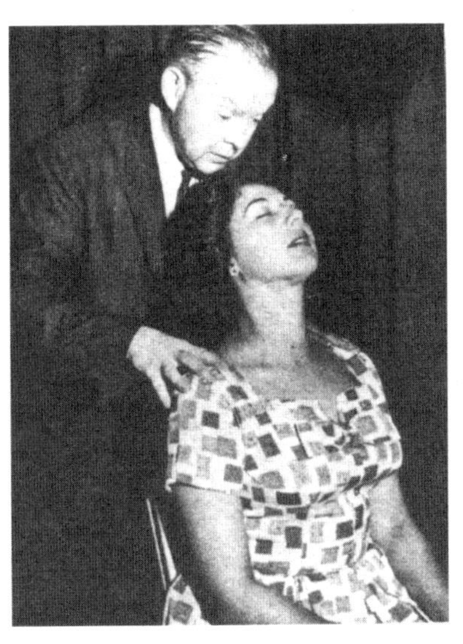

> 注意：熟记“锁眼术”和“催眠配方”这两个过程，确保能够轻松地完成它们。你需要像呼吸一样自然地进行这两个步骤，这样才能达到专业的程度。

方法三

让目标对象舒服地坐在椅子上。双脚平放在地板上，双手放在大腿上或者

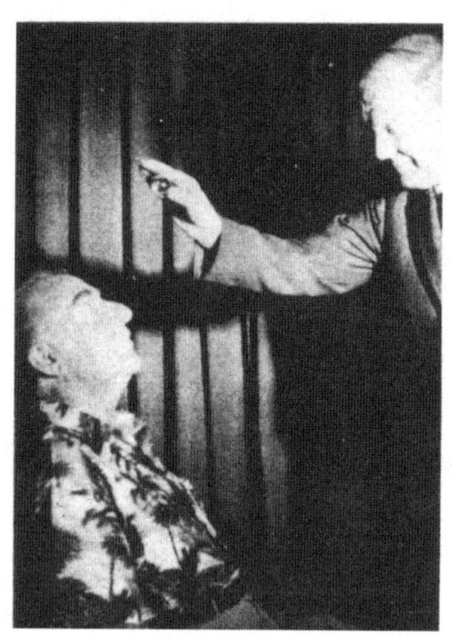

膝盖上。站在目标对象面前，在他眼前举起一个发光的小球。发光的滚珠或者透明的玻璃球都可以，这个作为催眠方法中的“固定物体”。从目标对象的后面发射一道光照在小球上，小球会闪闪发光，形成一个高亮的区域。你将小球放在目标对象眼睛的上方，让目标对象不要移动头而是抬起眼睛盯着小球，目光在前面聚焦。这种姿势下，目标对象肌肉紧张，盯住小球。很快，他的眼睛就很疲劳了。

让目标对象盯住小球一段时间。然后暗示：“盯着发光的小球，集中你所有的意念，想着沉睡下去。开始想象你是多么的困乏。你的眼睛变得沉重而疲惫，你变得很困很困。你的眼睛太累了，再也睁不开眼睛。眼睛变得朦胧，疲惫；眼睛甚至刺痛得厉害。你非常想闭上眼睛。你想闭上眼睛睡觉。好吧。闭上眼睛，睡觉吧。”

用这种方式继续你的催眠暗示。不久，目标对象就会目光呆滞，闭上眼睛。现在就可以进入“锁眼术”阶段，成功之后就进入“催眠配方”，诱导出一个深度的催眠状态。

方法四

在目标对象面前的瓶子后面摆放一支点燃的蜡烛。让目标对象轻轻地前倾，目光聚集在瓶子反射的聚光点上。用方法三中的步骤，当目标对象闭上眼睛后，进行“锁眼术”和“催眠配方”。

方法五

与方法四类似，在这里将点燃的蜡烛直接摆放在目标对象面前。将蜡烛的光当作“固定物体”来集中注意力。暗示目标对象，在看火焰时眼睛感到疲惫。当眼睛闭上后，进行“锁眼术”和“催眠配方”，诱导进入催眠状态。

方法六

让目标对象在眼前 25 厘米远的地方举起一面小镜子，眼睛望向镜子中的瞳孔。目标对象要把注意力集中在镜子里的瞳孔上。进行闭上眼睛的暗示，测试眼皮的固定。然后就可以进行“催眠配方”了。

方法七

在目标对象眼前 15 厘米处划亮一根火柴。让目标对象盯着火焰，直到火柴几乎熄灭；让他闭上眼睛，直到你划亮下一根火柴。告诉他睁开眼睛，盯住火焰，知道火焰熄灭。重复划亮第三根火柴，暗示目标对象随着第三根火柴的划亮，他睡意渐生，慢慢地闭上眼睛，一直紧闭着眼睛。然后就可以进行“锁眼术”和“催眠配方”了。

方法八

让目标对象用牙齿咬住一支铅笔的一头，眼睛慢慢地上下注视铅笔光亮的表面。这样做，眼睛会很快疲劳。暗示：眼睛疲劳……闭上眼睛，然后测试“锁眼术”，接着进行“催眠配方”，诱导进入催眠状态。

方法九

这是方法八的一个变化。让目标对象集中注意力在鼻尖上，然后跟方法八一样诱导进入催眠状态。

方法十

让目标对象举起手，手放在面前 20 厘米处，手背向内。从左手的小手指开始，从左往右，目标对象轮流盯住每一个指甲。凝视指甲时，目标对象都慢慢地从 1 数到 10；然后按顺序凝视下一个指甲。在这个过程中，催眠师轻声地暗示目标对象这是一个很累的过程，眼睛越来越沉，想要闭上，忘记所有的事情，沉睡下去。反应良好的目标对象会在凝视第 5 个手指甲之前就闭上眼睛。然后测试“锁眼术”，进行“催眠配方”。

方法十一

让目标对象看一张他不认识的人的照片。对他说这是一张著名催眠师的照片，望着照片上的眼睛，他可以体验催眠师的影响力，很快进入深度睡眠的状态。当目标对象盯住照片时，给出困乏的、欲睡的暗示。当他眼睛闭上时，测试“锁眼术”，然后进行“催眠配方”。

方法十二

伸出你的食指，在目标对象眼前略靠上 15 厘米处，慢慢地前后移动。让目标对象眼睛盯住移动的手指，但是头不要动。暗示目标对象眼睛变得很累，慢慢地闭上。当眼睛闭上后，测试“锁眼术”，然后进行“催眠配方”。

方法十三

将你食指和中指的指尖放在目标对象面前，位置与方法十二中的一样。慢慢分开手指，然后慢慢地又合起来。让目标对象的眼睛跟随手指的移动。暗示目标对象眼睛疲惫，闭上眼睛，应用“锁眼术”，然后进行“催眠配方”。

方法十四

给目标对象一个镶有闪亮宝石的戒指。让他把它举在头顶上方约 15 厘米处的地方，盯住宝石。站在目标对象的后面，暗示他的眼睛变得沉重、疲惫。目标对象会闭上眼睛，暗示他，当他闭上眼睛时，他会往后掉入你的臂弯中。你会扶住他，当他继续往后倒时，暗示他将陷入深度催眠当中。当目标对象闭上眼睛往后倒时，慢慢地扶住他，放低在地板上。在他耳边进行“催眠配方”暗示。将他的身体平放在地板上。

方法十五

在卡片上写上“睡”，让目标对象把所有的注意力都集中在这个字上，在心

里不断地重复。暗示目标对象，这个字让他非常困乏……闭上眼睛，进入睡眠状态。当眼睛闭上后，测试“锁眼术”，然后进行“催眠配方”。

方法十六

让两名目标对象面对面地坐着，相互握手，凝视彼此的眼睛。告诉他们，不管一个人做了什么，另一个也会这样做：在互相凝视几分钟后，两人的眼睛都会变得疲惫，他们会让彼此进入催眠状态。如果两个参与者都是反应良好的对象，他们两个都会进入沉睡。当他们闭上眼睛后，对两个人同时进行“锁眼术”暗示，然后进行“催眠配方”。

方法十七

让目标对象闭上眼睛，牙齿紧咬在一起。然后放松下巴，再将牙齿咬在一起，重复几次。让目标对象持续地磨牙、放松，不断地重复，同时你暗示目标对象越来越难完成磨牙和放松，就这样睡去吧，忘记这一切。目标对象会很快进入催眠状态，测试“锁眼术”，然后进行“催眠配方”。

方法十八

让目标对象面对你站着。你拿住一个水晶球，放在离目标对象眼睛 30 厘米

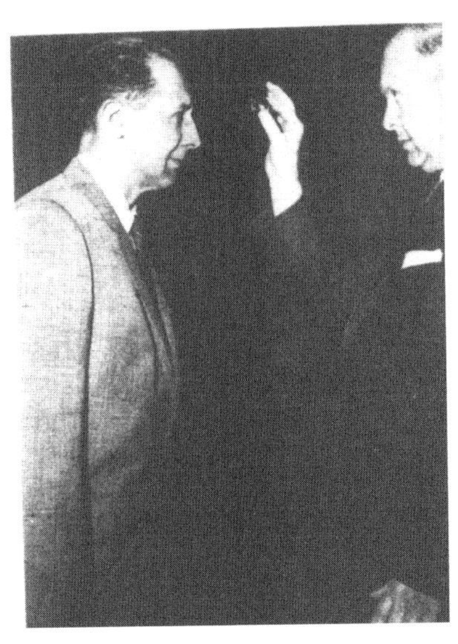

的地方，让目标对象盯着水晶球。暗示他，当你从他面前移走这个水晶球时，他会感觉不得不跟着这个水晶球。慢慢地将水晶球移走，他会跟随着水晶球。暗示目标对象，他将开始往下倒，当他身体倒下时，你会扶住他，他会闭上眼睛，很快进入深度催眠状态。当目标对象倒下时，扶住他，轻轻地把他放在地板上，进行“催眠配方”（这个方法看起来与方法十四是相反的）。

方法十九

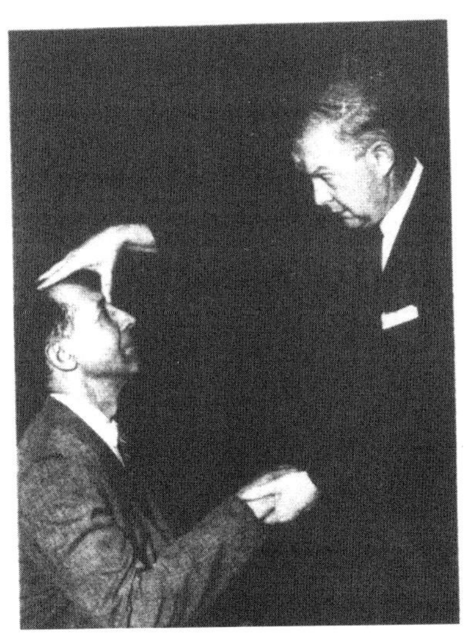

让目标对象闭上眼睛。用手指紧紧按住目标对象的头顶，让他往上转动眼球，想象自己可以从头顶看穿。让他这样保持大概三分钟，然后告诉目标对象，他的眼皮已经紧紧贴到了一起，不管多用力都睁不开眼睛。把你的右手大拇指放在目标对象的鼻梁根部，其余手指放在他的头顶。目标对象想要睁开眼睛，却是徒劳的。然后用你的左手抓住目标对象的右手。“锁眼术”的测试结束，用你的右手手指给目标对象头部施加更大的压力，你的左手给他的右手施加压力。这能够增加你暗示的力量。接下来，可以直接进入“催眠配方”阶段。

方法二十

在卡片上画上一只大眼睛，把卡片递给目标对象。让他在这只大眼睛上集中注意力，给出这样的暗示，这只大眼睛锁住了他的注意力，他的眼睛变得疲惫，他想闭上眼睛。当目标对象闭上眼睛，进行“锁眼术”测试，然后进行“催眠配方”（注意，这个方法是方法十五的一种变化。在可控的范围内，催眠师拥有不同的催眠方法是有益的。这可以让他的工作更有趣）。

方法二十一

目标对象坐着，在他前面 60 厘米处放一瓶纯净水。告诉目标对象，这个瓶子里含有一种强大的催眠药物，当瓶塞打开时，里面的气味会让他睡着。对目标对象解释，虽然有些人会喜欢这个气味，但是大多数人会觉得它很难闻，这样他很可能不会同意这一点。然后打开瓶塞，让目标对象闭上眼睛。将气味吸入肺中。片刻后，暗示：“你已经闻到这种气味了，你脸上的表情表明你不喜欢它。现在再闻一闻，它会让你陷入沉睡。就是这样，深深地吸入这种气味，深深地睡去。你现在要睡着了。你的头垂到胸前。你不喜欢这种气味，但是它让你深深地入睡。”继续“催眠配方”的步骤，诱导催眠状态。

方法二十二

让目标对象坐着，你站在他面前。用你的左手紧紧抓住目标对象后颈部位，右手大拇指放在他眼前，让他集中所有的注意力在你的手指上。然后让你的大拇指慢慢靠近目标对象的眼睛。一定要很慢，当你的手指几乎接触到目标对象的眼睛时，让他闭上眼睛。然后用双手抱住目标对象的头，按压，进行“催眠配方”。

方法二十三

让目标对象站在你面前，紧紧地抓住他的手。让目标对象凝视你的双眼几分钟，与此同时你则盯住他双眼中间，同时暗示，他的手被你抓得很紧，不管如何用力都无法挣脱。

继续这种暗示，同时越来越紧地抓住目标对象的双手。然后叫他闭上双眼，使劲地拉回双手，却发现根本不能挣脱。当目标对象进行几次没用的尝试后，让他放松，然后慢慢睡去。慢慢松开目标对象的双手，进入“催眠配方”阶段。

方法二十四

告诉目标对象，控制睡眠的中心在大脑的根部，就是脊髓的上方；把注意力集中在那里，想象睡眠，他就会睡着。然后让目标对象闭上双眼，把注意力集中在控制睡眠的中心。当目标对象这样维持几分钟后，执行“锁眼术”，然后直接进入“催眠配方”阶段。

方法二十五

让目标对象站着，闭上双眼。你站在目标对象身后，将双手放在他脖子后面。让目标对象想象往后倒下的过程，而你会接住他。当目标对象倒下时，双手托住他，扶他回到正立的位置。重复“向后倒”的测试。然后让目标对象站好，转过身来，紧紧地闭上双眼。你轻轻地按住他的眼睛，告诉他无论怎么努力也睁不开眼睛。当目标对象想睁开眼睛时，双手夹紧他的头部，两个大拇指按住他的眉毛。然后直接进入“催眠配方”阶段。

方法二十六

五官知觉（视觉、听觉、触觉、味觉和嗅觉）中的任何一个都可以被大脑用来作为诱导催眠中的注意力集中点。这个方法使用的是听觉。让目标对象舒服地坐在椅子上，闭上双眼。告诉目标对象，把注意力集中在声音上会

让他被催眠。在目标对象耳边放一只手表，让他把所有的注意力集中在手表的滴答声上：要把全部注意力放在滴答声上，他的脑中充满了滴答声。让目标对象这样听三分钟，同时你要保持沉默。三分钟后，他会感觉滴答声越来越弱，越来越远。当声音逐渐消失的时候，目标对象渐渐陷入了深深的沉睡。当你进行这个暗示的时候，将手表逐渐远离目标对象的耳朵，他就会感觉滴答声越来越弱。最后暗示：滴答声消失了，你将陷入熟睡。然后直接进入“催眠配方”阶段。

方法二十七

给目标对象一个手电筒。手电筒背部有一个按钮，按下按钮，灯光打开；松开按钮，灯光关掉。这种手电筒在任何五金店或者杂货铺都可以买到。让目标对象紧紧握住手电筒，打开灯光。让他把手电筒放在眼前，盯住灯光。暗示目标对象，盯住灯光一会后，他的眼睛会变得很累，手会开始放松，手电筒灯光熄掉。当灯光消失时，他会闭上双眼，陷入沉睡。然后暗示，目标对象的手拿着手电筒变得很重，手慢慢垂落到大腿上；当手碰到大腿，他就进入了催眠。目标对象的手碰到大腿，就进行“催眠配方”，加强催眠。

方法二十八

这是一种用“残像”原理进行催眠的方法。让目标对象闭上双眼，在紧闭的眼皮后面观察前后移动的亮斑。这些亮斑是光线刺激视觉神经末梢留下的“残像”，在眼睛闭上后仍会出现。如果将注意力集中在这些亮斑上，每个人都可以看到。让目标对象把注意力集中在这些移动的“亮斑”上。暗示，当他看着这些亮斑时，眼皮会黏在一起，不能睁开。进行“锁眼术”。让目标对象放松，并直接进入“催眠配方”阶段，催眠状态就会接踵而至。

方法二十九

让目标对象自己数手腕上的脉搏。当目标对象找到脉搏时，让他闭上双眼，在心中默数，同时渐渐让心跳慢下来。然后暗示，他的心跳在意愿作用下逐渐慢下来，心跳的变缓让他进入熟睡。然后直接进入“催眠配方”阶段。

方法三十

让目标对象采取坐姿，你跪在他面前。让目标对象盯住你的双眼，集中注意力。然后抓住他的手，用你的大拇指紧紧按住他中指的指甲。重重地按下去，甚至让他感到疼痛。暗示目标对象，指甲上挤压的感觉会往上延伸到手臂。当目标对象有这种感觉时，闭上双眼。给出闭上眼睛的暗示，进行“锁眼术”和“催眠配方”。

方法三十一

让目标对象闭上双眼，把双手放在眼睛上，手掌中心的凹陷处盖住眼睛。让目标对象这样坐着过 5 分钟。这个过程可以让双眼得到极大的放松。然后暗示，他的眼睛十分放松，以至于睁不开双眼。进行“锁眼术”。暗示：目标对象的手会从眼部往下掉，垂落到大腿上；当手掉到大腿上时，他会立即陷入熟睡。当目标对象的手垂落下去时，开始进行“催眠配方”。

方法三十二

让目标对象闭上双眼，双臂交叉，中指放在对侧手肘处。告诉目标对象这会影响他身上的“魔法气流”，在数分钟内就会让他睡着。接着暗示，当目标对象用中指按住手肘时，这股气流会流向手臂，他的双眼会被紧紧地黏在一起，睁不开眼睛。进行“锁眼术”和“催眠配方”，诱导催眠状态。

方法三十三

给目标对象一块手表，让他盯住手表的秒针大概 30 秒的时间，闭上眼睛 30 秒钟，然后睁开眼睛重复上面的动作，直到他的眼睛不想再睁开。暗示，每一次，目标对象的眼睛都变得更难睁开，最后根本就睁不开眼睛。当他眼睛闭上后，进入“催眠配方”阶段。

方法三十四

让目标对象坐在一张舒服的椅子上，尽可能地放松，让自己尽量舒服，想象自己是多么的舒适。现在暗示目标对象太舒服、太放松，就好像进入熟睡一样，他将会打哈欠。让他想象打哈欠的过程，并且尝试着真的打哈欠。当目标对象打哈欠后，暗示他的眼皮黏在了一起，根本睁不开。执行“锁眼术”，然后进入“催眠配方”阶段。

方法三十五

让目标对象闭上双眼，交叉右手的食指和中指。让他把交叉的手指放到嘴里，去碰舌头：先是用食指指尖碰，然后是中指。当目标对象这么做时，暗示他分别用指尖的前后部位去碰舌头，很快他就会分不清是哪个手指的指尖在碰舌头尖。他会逐渐丧失碰舌头的念头，根本不愿再碰舌头，很快陷入熟睡。接着暗示目标对象，他变得越来越困。最后，让目标对象把手从嘴里拿出来，放在大腿上，进入深度催眠状态。然后直接进入“催眠配方”阶段。

方法三十六

让目标对象用大拇指和食指捏住一根大头针的根部，然后把手臂抬到身体前面。让目标对象闭上眼睛，暗示他很快就会感到很累、很困，手指会慢慢松开大头针，最后大头针会掉在地上。继续暗示目标对象越来越困，大头针会掉下。当目标对象的手指最终松开大头针时，让他的手臂回到身体两侧，慢慢睡着。然后直接进入“催眠配方”阶段。

方法三十七

让目标对象舒服地坐在椅子上，或者平躺在床上。让目标对象闭上双眼，假装轻微地打鼾。让打鼾伴随着呼气和吐气，暗示目标对象变得越来越困。你会惊奇地发现，这个方法可以很快地让目标对象陷入沉睡。“打鼾”大概 3 分钟后，执行“锁眼术”，然后进入“催眠配方”阶段。

方法三十八

让目标对象说出自己最喜欢的颜色；然后让他闭上眼睛，想象自己什么也看不到，只能看到眼前充满这种颜色。当目标对象在脑中看到这种颜色，暗示他的眼皮紧紧黏在一起，睁不开眼睛，眼皮下还是充满着这种颜色。进入“催眠配方”阶段，同时配合睡眠暗示、颜色想象来诱导催眠。

方法三十九

让目标对象闭上眼睛，想象他在高楼的角落数着墙上的砖。他必须从下面开始数起，慢慢往上。如果已经数到砖的顶端，却还没有进入催眠状态，就需要重新再数一次。这次让他从最顶端开始数起，慢慢往下。在目标对象想象时，暗示他会对这项烦琐的工作感到困乏，会开始打瞌睡，必须忘掉数砖的事情。现在执行“锁眼术”，然后进入“催眠配方”阶段。

方法四十

让目标对象采取坐姿，闭上双眼。递给他一本书，让他仅凭触觉慢慢翻页。当目标对象翻页时暗示，他翻过的每一页上，都大大地写着“睡”这个字，他可以用自己的“心眼”看到。接着暗示目标对象，他正变得很困，变得无精打采，逐渐陷入了沉睡。如果目标对象没有“沉睡”，等到他翻到大概一百页时，执行“锁眼术”，然后直接进入“催眠配方”阶段。

方法四十一

让目标对象闭上眼睛，想象他用双手在拉一条很紧的橡皮带。想象橡皮带本来大概 5 厘米长。让目标对象做拉伸动作，越拉越长，直到手臂的极限。就在目标对象的手臂快要伸直的时候，用你的手抓住他的头，深深按住他的太阳穴，接着进行“催眠配方”的步骤。

方法四十二

让目标对象站在你面前，闭上眼睛。用你的手罩住他双耳，使他听不到外面的声音。让目标对象体验这种“寂静”大概 5 分钟。然后突然拿开你的手，把一只手放在他头顶，用力按下去，暗示他的眼皮已经黏住了，怎么也睁不开。执行“锁眼术”，然后进入“催眠配方”阶段。

方法四十三

在目标对象的牙齿中间放一块软木。让目标对象闭上双眼，尽全力咬紧软木。他的下腭很快就会开始疲劳，这疲劳会传递到身体的每个部位，这会加强你对他的疲惫暗示。目标对象会非常想要进入睡眠状态。你可以进行“催眠配方”了。

方法四十四

让目标对象采取坐姿，闭上眼睛，想象嘴里被灌了一口柠檬汁，这样的想象让嘴里的唾液不断地分泌。目标对象的口水真的会开始分泌，此时暗示他变得非常困倦。唾液分泌的反应和睡眠的暗示形成了强大的催眠效应。进行“催眠配方”，诱导催眠状态。

方法四十五

在手帕上洒几滴气味很浓的香水。让目标对象闭上双眼，鼻子凑近手帕。告诉目标对象香气本身不会造成睡眠，但是却会让他充满困意，黏住眼皮，睁不开眼睛。进行“锁眼术”和“催眠配方”，诱导催眠状态。

方法四十六

让目标对象闭上双眼，想象自己正看着天花板。暗示他想象自己逐个看着天花板的角落，一个接一个。目标对象不断地想象天花板一个接一个的角落，暗示这样做让他变得很困，他不想继续，只想睡觉。让目标对象放松，想象逐渐远去，慢慢陷入沉睡。直接进行“催眠配方”，诱导深度催眠状态。

方法四十七

让目标对象舒服地坐着，闭上双眼。站在他身旁，用指尖轻轻放在他头顶上方，约两秒钟触碰一下他的头顶。这样进行大概 2 分钟，同时跟着节奏暗示：“睡吧。睡吧。睡吧。睡去吧！”目标对象会锁住眼皮，可以进行“催眠配方”，诱导催眠状态。

方法四十八

让目标对象闭上双眼，向后卷起舌头，尽可能地伸到最远的地方。让目标对象保持舌头紧紧顶住上腭的姿势。然后暗示这样做让他很累、很困。进行“锁眼术”，然后直接进入“催眠配方”阶段。

方法四十九

在目标对象的眼皮上涂一点凡士林，外面贴上胶带。让目标对象试着睁开眼睛。当然他睁不开，但要让他不断地尝试，直到他对眼皮黏在一起、睁不开的感觉有了概念。让目标对象试着与胶带作抵抗，同时你暗示他的努力越来越弱，变得越来越困。这样进行大概 3 分钟，撕掉目标对象眼上的胶带，同时暗示他继续闭着眼睛。让目标对象静坐一会儿，脑中依然觉得眼皮固定，睁不开眼睛，就跟有胶带黏住一样。进行“锁眼术”，然后进行“催眠配方”。催眠很快就诱导成功了。

方法五十

让目标对象闭上双眼，手里拿一个橡胶小球，不断地在手里旋转这个小球。暗示目标对象，当他转动小球时，在脑海中想象小球的旋转。让目标对象这样保持一会儿，然后暗示转动小球让他变得很累、很困，眼睛无法睁开。可以进行“催眠配方”了。

方法五十一

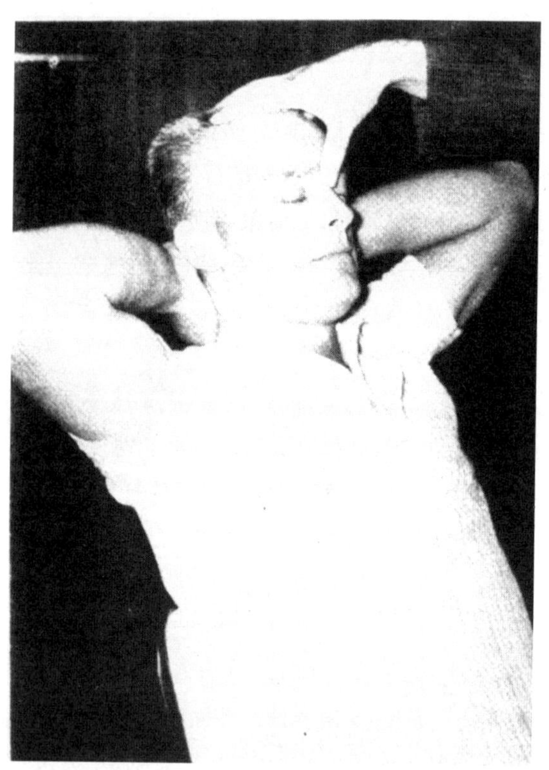

让目标对象闭上双眼，双手相扣，放在脖子后面。你站在目标对象面前，右手大拇指放在他的鼻梁根部，其他手指置于他头顶。暗示目标对象正变得昏昏欲睡，眼睛疲惫不堪，上下眼皮黏在一起，就像脖子后面的双手一样。这样暗示 1 分钟后，执行“锁眼术”。然后接着暗示目标对象，他的双手也锁在了一起，不管怎么用力都分不开。当目标对象尝试失败后，暗示他的手正把头往前推到胸前，同时进入沉睡。放松目标对象的双手，放在他大腿上；进行“催眠配方”。

方法五十二

让目标对象闭上双眼，告诉他需要急促地深呼吸 69 次；在呼吸的时候要跟着数数的频率，达到 69 次就停止深呼吸。暗示这种深呼吸让他陷入沉睡。让目标对象开始深呼吸，你在旁边数着。许多人在到达 69 次前就会睡去。你可以通过目标对象的呼吸变化来判断这一点。目标对象达到 69 下，立即执行“锁眼术”，然后直接进行“催眠配方”。

方法五十三

让目标对象闭上双眼，你轻轻地拉住他头顶的一小束头发，力度足够让他感觉到头发被拉住。让目标对象把注意力集中在这束头发上。你一边拉住头发，一边暗示目标对象的注意力集中在头发被拉的感觉上，随之变得昏昏欲睡，慢慢睡去。这样大概 3 分钟后，放开目标对象的头发，双手按住他的耳朵。进行“锁眼术”测试，然后直接进行“催眠配方”。

方法五十四

让目标对象闭上双眼，低头放在胸前。暗示他想象自己正看穿自己的身体，直达脊椎根部。让目标对象这样想象大约 2 分钟。然后慢慢地暗示这样做让他变得很困，即将入睡。执行“锁眼术”，然后直接进行“催眠配方”。

方法五十五

让目标对象闭上眼睛，在他头上缠一串布条，绕过前额。然后在目标对象双手中指中间指节上也缠上布条，把他的双手放在大腿上。让目标对象这样做 2 分钟。然后执行“锁眼术”，进行“催眠配方”。

方法五十六

用软铜线在目标对象头部缠一圈，铜线的另一端缠到你自己的头上。暗示目标对象你将通过铜线给他的脑部传递睡眠信息，他的眼皮会紧紧黏在一起，不能睁开。告诉目标对象，你的想法会通过铜线让他充满困意。让目标对象盯住你的眼睛，安静地集中注意力 1 分钟。然后指示“闭上眼睛！”静静地等 2 分钟，然后执行“锁眼术”，进入“催眠配方”，诱导催眠状态。

方法五十七

拿出一杯水，告诉目标对象，当他把注意力集中在水上时，会被催眠。把这杯水递给目标对象，让他闭上眼睛，小口小口地喝水，直到喝完。每次吞咽的时候都对自己说：“这个让我睡着。”让目标对象每喝一口水都稍稍暂停一下。当目标对象喝完整杯水，拿走杯子，开始暗示“锁眼术”和“催眠配方”。催眠生效了。

方法五十八

让目标对象闭上双眼，双手举过头顶。让他保持这个姿势一段时间，然后慢慢把手放下，整个过程手臂都是伸直的。然后再把手举起、放下，重复6次。目标对象一边做，你一边给出暗示，这样做让他变得很累、很困。当目标对象重复6次举手动作后，执行“锁眼术”，然后直接进行“催眠配方”。

方法五十九

告诉目标对象你会往他眼里滴一滴强力催眠药水，虽然这种药水很舒适、没有危害，但是它会黏住他的眼皮，使之不能睁开。在目标对象每只眼睛里都滴上一点眼药水。让目标对象立即闭上眼睛，暗示药水黏住了他的眼皮。这样持续几分钟。执行“锁眼术”，然后直接进行“催眠配方”。

方法六十

拿出两个金属盘，用电线连着。告诉目标对象电线连在外面的电源上。实际上电线并没有连接电源，但是目标对象并不知情。将一个金属盘放在目标对象的脚下，另一个放在他头顶。让目标对象闭上双眼。暗示他会有一股微弱的电流流过他的身体，这会让他全身的肌肉放松，眼皮黏住，进入催眠状态。让目标对象体验电流流过身体的感觉，这样保持 3 分钟，执行“锁眼术”，然后直接进行“催眠配方”。

方法六十一

这是上一个方法的一种变化。用小一点的金属盘连着电线，让目标对象闭上眼睛，将两个金属盘放在两个眼睛上。暗示金属盘中通过的微弱电流会定住他的眼皮，让他睁不开眼睛，睡意渐生。大概 3 分钟后，拿开金属盘，把目标对象的手放到身体两侧。执行“锁眼术”，然后进行“催眠配方”。

方法六十二

给目标对象一支铅笔，一叠纸，让他慢慢写 40 个“睡”字。每写完一个字都闭上眼睛一会儿。当目标对象完成 40 个字时，让他闭上眼睛，立即实行“锁眼术”，然后直接进行“催眠配方”。

方法六十三

让目标对象用大拇指和食指紧紧地捏住鼻子，用嘴深呼吸，脑海中想象自己入睡的情形。然后让他闭上眼睛，执行“锁眼术”，然后直接进行“催眠配方”。

方法六十四

用纸做一个圆锥，剪掉顶部，让目标对象的脸对着圆锥的大口，眼睛从小口望向固定的光源，比如蜡烛的火焰。这样看大概 3 分钟后，让目标对象闭上眼睛，想象仍然能够看到亮光。暗示他周围的一切都逐渐地暗淡下去，而他正陷入沉睡。执行“锁眼术”，然后直接进行“催眠配方”。

方法六十五

让目标对象闭上眼睛片刻。然后睁开右眼，对自己说“睡”。闭上右眼，睁开左眼，再说一次“睡”。这样轮流睁开左右眼，1 秒钟 1 次，持续 2 分钟。2 分钟后，闭上眼睛，用你的大拇指轻轻按住目标对象的眼睛 15 秒钟，同时暗示他的眼皮黏在一起。执行“锁眼术”，然后直接进行“催眠配方”，诱导催眠状态。

方法六十六

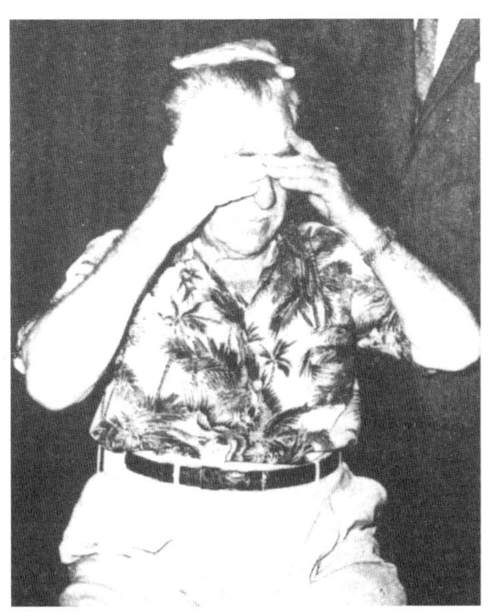

让目标对象采取坐姿，两只手大拇指盖住耳朵眼，其他手指按住眼睛。此时你站在他的旁边，手轻轻地放在他的头上。几分钟后，把他的手从脸上拿开，放在大腿上。执行“锁眼术”，然后直接进行“催眠配方”。

方法六十七

让目标对象盯住你的眼睛一段时间，然后闭上眼睛。左手紧紧抓住目标对象后颈部位，右手放在他的前额处，开始慢慢扭转他的头，同时暗示他变得昏昏欲睡。然后执行“锁眼术”，进行“催眠配方”。

方法六十八

让目标对象闭上眼睛。用你的食指沾上冷水，从目标对象前额的中部划到

鼻尖。再用手指沾点冷水，划在他的左侧眉毛上；然后从前额中部经过两侧的脸颊到下巴处，再从后颈划到前额中部。每完成一条线路手指都要重新沾上冷水。用你冰冷的手指和中空的手掌罩住目标对象的耳朵，让他双手交叉相锁，保持这个姿势 2 分钟，然后暗示不管多用力，他都无法分开双手。测试成功后，执行“锁眼术”，然后直接进行“催眠配方”。

方法六十九

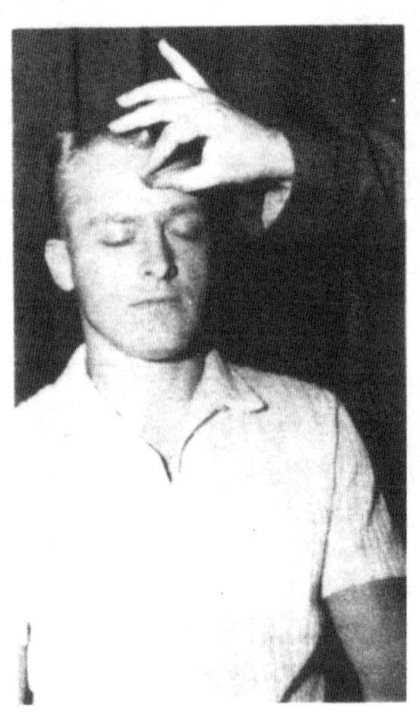

让目标对象闭上眼睛，把一枚硬币按在他额头上。按硬币之前，把硬币的一面用口水沾湿，这样硬币可以黏在额头上。告诉目标对象你会紧紧地把硬币按在他的前额，他再怎么摇也摇不下来。让目标对象闭上眼睛，你紧紧地按住硬币一会儿；然后悄悄地把硬币拿走，把手拿开。让目标对象用力地摇头，把额头上的硬币摇下来。目标对象会努力尝试，但是无法把硬币摇下来，因为硬币已经不在那里了。当他这么做时，你在旁边反复暗示：“硬币就在那里，它牢牢地黏在你的额头上，你怎么用力都摇不下来。”目标对象摇头时，抓住他的双手。暗示硬币在他的额头上变得越来越热，需要更用力地摇。让目标对象放松身体，安静片刻。然后执行“锁眼术”，进行“催眠配方”。

方法七十

给目标对象 2 个玻璃小球，一手握一个。让他紧握住小球，把握紧的拳头放在眼睛前。让目标对象盯着小球，同时暗示他的眼皮变得越来越重，黏在一起。成功完成“锁眼术”后，直接进行“催眠配方”。

方法七十一

让目标对象闭上眼睛，跟你一起想象着环游全国。不断地变化暗示，带着目标对象到海边、到公园野餐、去不同的地方。想象的场景描述得越逼真、越生动，催眠的效果就越有效。这样想象大概 4 分钟后，直接执行“锁眼术”，然后进行“催眠配方”。

方法七十二

坐在目标对象对面，让他盯住你的眼睛，模仿你做的任何事情（动作）。比如，把食指放在鼻尖上，捏住耳朵，摸下巴，眨眼睛，咳嗽，张开嘴巴，等等。你可以做任何动作让目标对象模仿。最后闭上眼睛，开始暗示：“我的眼睛现在闭上了，你的也一样。我的眼皮黏在一起，不管我怎么努力都睁不开。看，它们黏在一起；用力睁开你的眼睛，可是你睁不开，就像我一样。”成功地完成“锁眼术”，现在可以进行“催眠配方”，催眠目标对象了。

方法七十三

让目标对象坐好，闭上眼睛，深呼吸；然后吐气时，用喉咙发出低音，努力维持尽量长的时间。这样做十几遍。然后让目标对象放松，慢慢地进入熟睡。给出放松的暗示；执行“锁眼术”，然后直接进行“催眠配方”。

方法七十四

让目标对象坐在桌子旁，桌上放一碗温水。让目标对象闭上眼睛，一只手放在水里。同时在目标对象额头上放一块湿冷的海绵。暗示目标对象这样会让头部的血液回流，从而使他入睡。约 5 分钟后执行“锁眼术”，然后直接进行“催眠配方”。

方法七十五

紧紧抓住目标对象的双手。让目标对象直直地望向你的眼睛，暗示他将会感到双手一阵发麻，就好像有一股电流从你的手上流到他手上。不时地问他是否感觉到了这股电流，当他确定自己感觉到了就告诉你。目标对象感觉到手上的“电流”时，让他闭上眼睛，更用力地抓紧他的手，然后用肯定的语气暗示他的眼皮黏住了，根本睁不开。测试成功之后，暗示电流的感觉开始流向目标对象全身，使他放松、入睡。进入“催眠配方”阶段。

方法七十六

让目标对象站在你前面，给他 2 个小硬币，让他每只手握住一个。现在让目标对象把手放在臀部，闭上眼睛。暗示硬币开始发热，他手里变得越来越热。继续暗示：“硬币现在变得很烫！硬币变得很烫！很烫！很烫！”暗示目标对象想丢掉这些硬币，但是却丢不掉，因为手指紧紧卡住了。接着告诉他忘掉所有硬币的事情，想象自己的眼皮开始黏住，睁不开了。执行“锁眼术”，然后进行“催眠配方”。

方法七十七

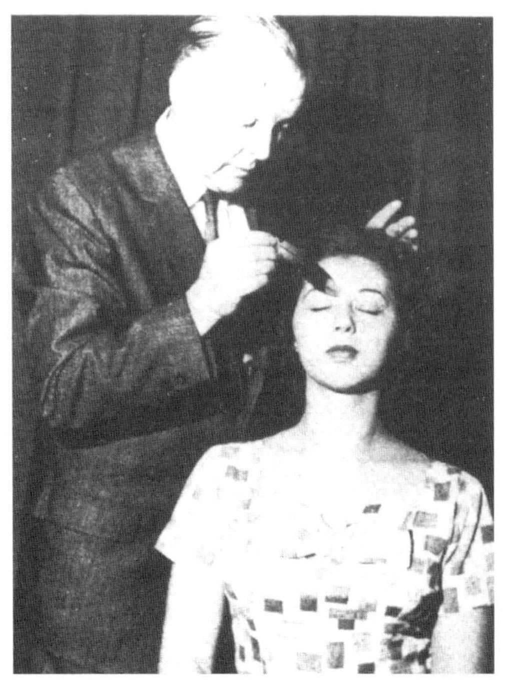

让目标对象闭上双眼，用一根羽毛在他的脸上轻轻地、慢慢地划下来。先在每只眼睛上划几次。然后在脸上慢慢地画圈大概 3 分钟。接着，另一只手紧紧握住目标对象的头，一只手用羽毛在他的眼睛上画圈。然后执行“锁眼术”，直接进行“催眠配方”。

方法七十八

让目标对象闭上眼睛，抓住他的左手，稳稳地用力按着他的手背。暗示这种挤压的感觉很快就变成疼痛；而且疼痛会慢慢地延伸到手臂上，当疼痛延伸到手腕上时，让目标对象说出来。当目标对象说出来时，用另外一只手按住他头顶。执行“锁眼术”，然后直接进行“催眠配方”。

方法七十九

坐在目标对象对面，相互抓住手，盯住对方的眼睛，并且尽量把眼睛睁到最大。这样睁大眼睛一会儿，暗示目标对象继续睁大眼睛。暗示这种必须睁大眼睛，不能闭上的感觉。同时你也睁大眼睛来增加这种暗示。你的手上增大力气，抓得更紧，暗示目标对象根本闭不上眼睛。目标对象挣扎一会儿后，让他立即放松，闭上眼睛，进入睡眠。执行“锁眼术”，然后可以直接进行“催眠配方”。

方法八十

让目标对象站在你面前。让他跟着你的节奏深呼吸，同时暗示：“现在跟着我深呼吸，1，2，3，吸气。屏住呼吸。跟着我吐气，1，2，3，吐气。”不断地重复，直到两个人建立起相同的呼吸节奏。保持这样的共同呼吸节奏，同时暗示：“保持这样的节奏，深呼吸时望向我的眼睛，当你看到我的双眼重合在一起，变成一只大眼睛，你就闭上眼睛。注意只有当你看到我的双眼重叠起来，你才可以闭上。”目标对象一闭上眼睛，立即进行“锁眼术”，然后直接进行“催眠配方”。

方法八十一

让目标对象站在你面前，双手紧紧抓住一根棍子，你用一只手在他两手中间抓住棍子。让目标对象盯住你的眼睛，集中注意力，暗示他的手抓得越来越紧。让目标对象的注意力一直集中在你眼睛上，暗示他的手被牢牢地黏在棍子

上，怎么也放不开，在你拉棍子时，他必须跟着棍子移动。拉着棍子，让目标对象跟着你走动。走动一段距离之后，命令他闭上双眼，执行“锁眼术”。在目标对象仍然抓着棍子的时候，进入“催眠配方”。催眠很快生效了。

方法八十二

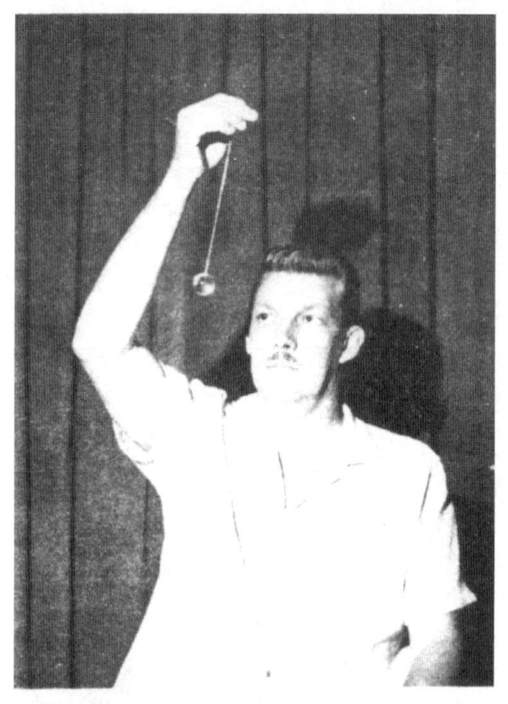

让目标对象舒服地坐在椅子上，手持钟摆放在面前，比眼睛位置略高一些。暗示目标对象把注意力集中在摆锤上，想象摆锤前后摇摆，这种摇摆会让他感到睡意而闭上眼睛。当目标对象闭上眼睛时，暗示他高举的手会变得很沉，垂落到大腿上，当手碰到大腿时，他就会立即进入沉睡。之后就可以执行“锁眼术”，然后进行“催眠配方”。

方法八十三

这是另外一种利用钟摆的催眠诱导方法。让目标对象平躺在沙发上，手持钟摆悬在自己眼前。最好用玻璃球或其他光亮物体作为摆锤，方便目标对象把

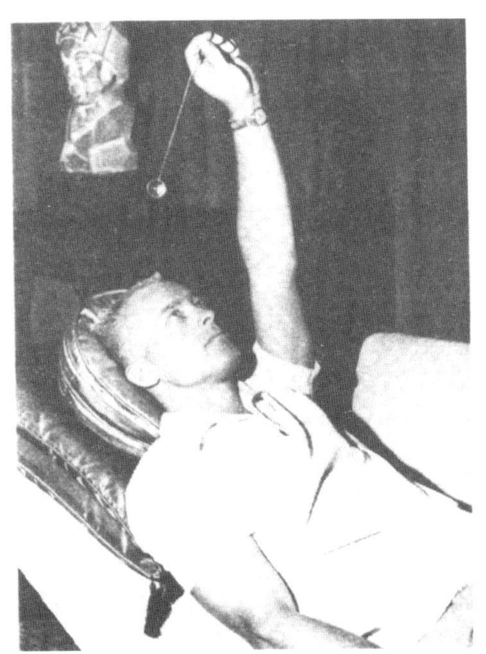

注意力集中在上面。让目标对象想象钟摆摆动的状态，当钟摆真的开始摆动时，让他的眼睛跟着摆锤移动，同时暗示他的眼睛开始变得疲惫，慢慢地闭上，同时他会慢慢地在沙发上睡着。目标对象的眼睛一闭上，就可以执行“锁眼术”，然后进行“催眠配方”。

方法八十四

让目标对象坐在桌前，两只手臂放在桌上，头枕在手臂上，闭上眼睛。让目标对象开始把头在手臂上前后摇晃，就可以执行“锁眼术”，然后进行“催眠配方”，直到催眠成功。

方法八十五

让目标对象采取坐姿，举起左手，掌心向内，放在眼前15厘米处。让他把注意力集中在左手掌心。暗示他的视线开始变得模糊，眼睛开始感到疲劳，很快会慢慢闭上眼睛。然后暗示他举起的手上的手指开始慢慢分开，当目标对象做出反应时，暗示他举起的手变得很沉，慢慢垂落到大腿上，手一碰到大腿，

他就会立即进入沉睡状态，之后就可以执行“锁眼术”，然后进行“催眠配方”。

方法八十六

让目标对象趴在沙发上，头枕在手臂上，闭上眼睛，全身放松。你用手指轻挠他肩胛下部，就像抓痒一样。你一边抓，一边暗示这样的背部按摩让目标对象感觉特别舒服，不知不觉变得充满睡意，慢慢睡着。然后执行“锁眼术”，进行“催眠配方”。

方法八十七

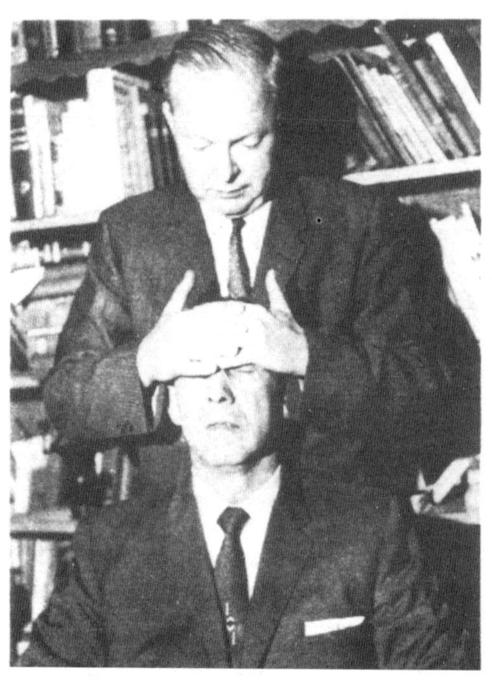

让目标对象坐在椅子上，你站在他背后，双手手指交叉相抵，放在他的前额上。让目标对象闭上双眼，用你的手掌在他的头两侧施加压力，把他的头压向你的胸口。暗示这种压力让目标对象非常想睡，然后执行“锁眼术”，进行“催眠配方”。

方法八十八

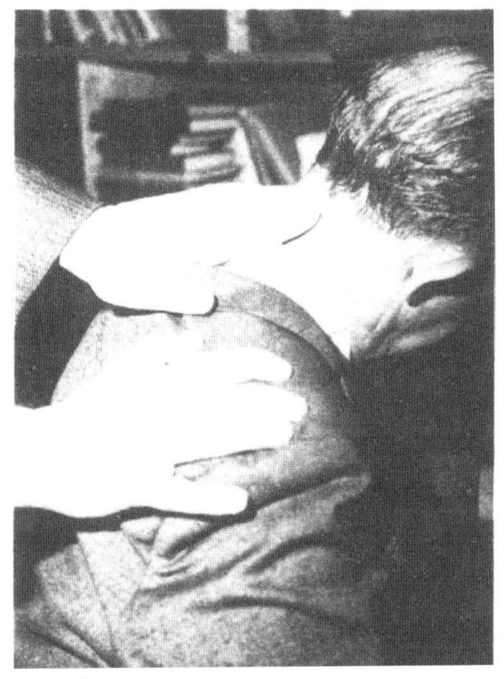

让目标对象采取坐姿，闭上眼睛，头垂在胸口前。站在目标对象身后，轻抚他的后颈，保持稳定的压力，同时暗示这让他变得很困。执行“锁眼术”，然后进行“催眠配方”。

方法八十九

让目标对象平躺在床上。你站在床头，弯下腰，让你的脸几乎贴着他的眼睛，与他对视。你一只手放在目标对象的胸口，另一只手抚摸他的额头。你们的脸几乎贴在一起时，轻声重复“睡吧。”当目标对象慢慢闭上眼睛时，直接执行“锁眼术”，然后进行“催眠配方”。

方法九十

让目标对象笔直地站好，你站在他旁边。拿一根小棍子放在目标对象眼前，让他盯住棍子的尖端。暗示目标对象，不管棍子怎么动，他的眼睛都要跟着棍

子移动。一只手把棍子平端在目标对象眼前约 20 厘米处，另一只手按在他的后颈部位。让棍子慢慢地上下移动，目标对象的头被你控制住，只能靠移动眼睛来盯住棍子。当目标对象的眼睛处于上翻的极限时，会不自觉地眨眼。这样上下 6 次，第 6 次结束后，当目标对象眨眼时，让他闭上眼睛，把棍子放到他的头顶，向下按压，同时执行“锁眼术”，然后直接进行“催眠配方”。

方法九十一

让目标对象坐在椅子上，闭上眼睛。然后解释，你会在他的鼻子下面放一瓶打开的氨水，当他闻到氨水的味道就屏住呼吸，直到瓶子被挪开再接着呼吸。如此反复，当你把氨水瓶挪开再挪回时，目标对象就会按你的节奏进行深呼吸。暗示："现在氨水来了……屏住呼吸……氨水走了，你可以呼吸了……氨水又来了……"

暗示目标对象变得很困，上下眼皮黏在一起，氨水的气味开始淡去。让目标对象想象自己逐渐陷入深深的沉睡当中（当你暗示氨水的气味淡去时，把氨水瓶慢慢拿开）。继续进行"催眠配方"。

方法九十二

让目标对象舒服地坐在椅子上，放松身体。递给目标对象一颗硬糖，让他把糖放进嘴里含着，不要咀嚼或者吞掉，而是让糖在嘴里慢慢溶化，享受甜味。让目标对象闭上眼睛，把注意力集中在糖的甜味上。

暗示："集中精力在糖的甜味上，当它慢慢溶化，你就会愉悦地陷入沉睡。这美妙的睡眠就像这糖一样香甜。当糖在你口中慢慢溶化，你也慢慢陷入深度催眠之中。"继续进行"催眠配方"。

方法九十三

让目标对象向前举起双手，掌心相对，间距约 25 厘米。让目标对象把注意力集中在手上，想象两只手磁铁般地相互吸引。暗示两只手会慢慢地向内移动，直至贴在一起。当两只手贴在一起，磁力会很强，根本无法分开。

等到目标对象的双手合拢，暗示："现在闭上眼睛，你的眼皮会紧紧黏在一起，就像你的手掌一样。"把目标对象的手用力推到大腿上，同时大声说"睡吧"，然后进行"催眠配方"。

方法九十四

让目标对象躺在沙发或者床上。让他全身放松，闭上眼睛。然后指示他举起双手和双脚，高度约 25 厘米。保持这样的姿势，即使当你让他放低手脚的时候，也要保持不动。

暗示：“可是你阻止不了你的腿往下掉，因为它们太累了，你不得不把腿放回床上。即使你想要坚持，你的腿还是在慢慢地往下掉。不用再用力举着腿了。让你的腿完全地放松吧，休息，睡吧。”

“现在你的手臂也感到很重，再也举不起来。你的手臂往下掉，掉在你身旁。你越陷越深，陷入深深的熟睡当中。”

当目标对象的手臂和腿都完全放松下来时，暗示：“你现在完全放松了，舒服地睡去吧。进入深深的催眠状态。”根据需要进行更深的催眠暗示。

方法九十五

这是一种过度呼吸的催眠方法。让目标对象眼睛尽量向中间看着自己鼻尖。这是一种让眼睛紧张的姿势，所以他的眼睛很快就会变累，视线越来越模糊。当你看到目标对象的眼睛显示出疲态时，就叫他闭上眼睛。

当目标对象闭上眼睛时，让他用鼻子很快地呼吸，越来越深，越来越快。告诉他：“你感觉到越来越重的眩晕。你几乎要晕倒了。你觉得自己掉进了黑色的深渊。掉进深深的催眠状态。”

快速呼吸会使大脑过度供氧，从而让目标对象产生轻度眩晕。继续进行“催眠配方”。

注意：你现在已经学会了许多种诱导催眠的方法，可以根据你的意愿随便选择。你也可以借鉴这些方法的原理，开创你自己的方法。

第37章　瞬间催眠法

“瞬间催眠”的过程看起来几乎是一瞬间发生的，可以达到非常惊人的效果。

延迟催眠

瞬间催眠最可靠的方法就是给催眠对象一个延迟暗示：当你给出某个信号时，他将会立即被催眠。

信号内容可以是任何需要的指示。例如，你可以暗示：“当我望着你的眼睛，告诉你‘睡去吧’，你会立即被催眠。”

唤醒目标对象，测试他的反应情况。从目标对象前面经过，突然转过身望见他的眼睛，同时用强势的语气说：“睡去吧！”催眠立即就产生了。

在我的表演中，我常常采用延迟暗示达到瞬间催眠的效果。给目标对象一种东方式的神秘感，暗示他：“当我触摸你的前额中间……你的眉毛中间……这里叫作‘第三只眼’，在印度叫作‘湿婆神之眼’，你会立即进入深深的催眠。”

唤醒目标对象之后，轻触他的前额就可以达到瞬间催眠效果。

期望催眠法

期望自己被催眠是瞬间催眠的一个重要影响因素。这就是为什么目标对象在看到别人被催眠后，反应变得极为良好的原因。举个例子：让目标对象坐在已经接受过延迟暗示的人旁边，目睹旁边的人在你的指令下“睡着”，这时如果你突然把注意力转移到他身上，直直地看向他的眼睛，同时大声发令“睡吧！”他就会睡着。

需要靠一定的经验来有效地运用“期望催眠法”。催眠师必须学会识别潜在催眠对象的反应情况，例如感兴趣的程度，眼睛的集中注意力的情况，甚至是呼吸频率的加快。成功的瞬时催眠的关键是对期望本能的认识加上有力的勇气。

猛抓法

催眠师吉姆·霍克精通这种瞬时催眠法。当他在观众中走过，看到一名有着易催眠特征的观众，他会突然走到这名观众面前，抓住他的手，猛然用力一拉，让他的头贴在大腿上。就在那一刻，给出命令："现在就睡吧！"他会立即把自己另外一只手放在参与观众的背上，往下按压，同时迅速给出暗示："融化吧，融进深深的催眠。""融化"是很有效的暗示。

催眠师可以根据经验抓住观众"期望的一刻"，达到瞬间催眠的效果。这看起来是超自然的。霍克可以用这种方法把观众一个接一个的催眠。这种效果会逐渐叠加在观众身上：看到这种方法在别人身上发生作用，自己被有效催眠的期望也大大增强了。

牙痛法

你可以根据经验分辨目标对象眼中带有催眠期望的眼神。从观众中走过，当你看到有人表现出这种眼神时，突然转向他，盯住他的眼睛。与此同时，用你的右手食指紧紧地按住他的一侧下腭，然后持续用力摇动敲打，手指不要离开他的下腭。要用力地摇动，甚至会有点疼，然后大叫："你的牙疼！很疼！很疼！大声地叫'噢'！"

目标对象大声地说"噢"时，你就停止敲打并暗示："闭上眼睛，疼痛会慢慢消失的。你的牙齿感觉健康良好，你可以睡去了。睡吧！深深地睡吧！"催眠立即就诱导成功了。

敲头法

突然的疼痛反应经常会让目标对象进入催眠状态。这个方法与前一种是相关的。从目标对象前走过，突然盯住他的眼睛。合适的目标对象会用眼睛盯住你，眼神里流露出惊讶、茫然和疑惑。抓住了这种眼神，你就可以突然用右手指关节敲打他的头顶（不要太轻）。在指关节接触他的头骨的那一刻，大叫"睡吧！”目标对象会立即进入催眠。然后你可以轻声地暗示：“头上的疼痛现在已经都消失了，你进入了催眠状态。深深地睡吧，进入深层的催眠状态。”

释放张力法

你和目标对象面对面坐着。让他的左手手掌贴着你的左手手掌。让目标对象用力推你的手掌，同时你也用力的顶住。你在两人之间建立起一种对抗力。现在让他盯住你的眼睛，想象着睡去，同时仍然用力推你的手。让这种对抗力逐渐增强，当它达到顶峰的时候，突然撤掉你的手。这会让目标对象向前倾倒。大声命令：“睡吧！就在此刻睡着！”把目标对象的头放在你的大腿上。再来一些暗示“睡吧，深深地睡吧”，等等，催眠就完成了。

从清醒催眠到深度催眠

过渡可以是瞬时的。“锁眼术”、“锁手术”、“向后倒”的测试都可以用来诱导瞬时催眠。

“锁眼术”之后的瞬间催眠

在这个方法中，让目标对象采取坐姿，暗示：“闭上眼睛。紧紧地闭在一起。要闭得很紧，你觉得眼皮黏在一起，不管怎么用力都睁不开眼睛。”

目标对象试图睁开眼睛却睁不开，继续暗示：“忘记你的眼睛吧。它们闭上了，你可以睡去了。就这样睡去吧。”

催眠师在进行暗示的时候，用大拇指按住目标对象两眼的中间，让他的头慢慢地向后倾斜。然后又慢慢地把他的头向前按压，靠在胸口。“锁眼术”之后，目标对象眼睛中部被按住，他的头前后倾斜，还有催眠师口头的暗示，都让他很快进入催眠。

“向后倒”之后的瞬间催眠

在这个方法中，催眠师与目标对象面对面站着。催眠师说：“站直。双脚并拢。放松身体。我会走到你的身后，你会感觉自己往后倒向我。你倒下时我会扶住你。现在闭上眼睛，我要走到你后面了。”

此刻，在催眠师走到目标对象身后之前，他可以判断这是否是引诱催眠的正确时刻。如果他看到目标对象呼吸加深，眼皮翻动，说明目标对象已经准备好了，他可以进行暗示了："你感觉自己往后倒下。你会正好倒在我的手臂里。"目标对象会慢慢倒下，当催眠师扶住他，继续暗示："我已经扶住你了，你安全了，我会把你慢慢放到地板上，现在睡着吧。睡吧。深深地睡吧。"

轻轻地把目标对象放在地板上。他会平躺着，催眠诱导成功了。

"锁手术"之后的瞬间催眠

这个方法中，目标对象可以坐着也可以站着。催眠师暗示："直接看向我的眼睛。伸出你的手臂，然后把双手锁在一起。现在翻转手腕，掌心向外。让你手臂和手的肌肉都收紧。双手紧紧地挤压在一起。再紧一些。眼睛看向我。把你的双手压得更紧，你会发现不管怎么用力都分不开了。试一下，用力点……可是你解不开双手。"

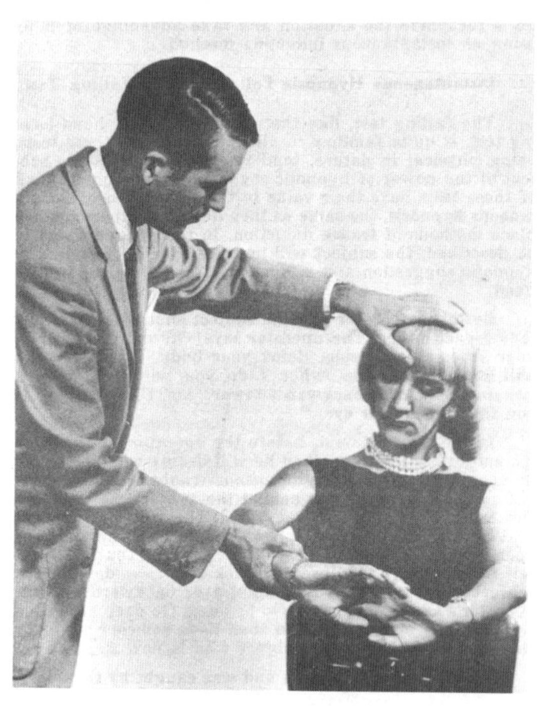

整个过程，目标对象要一直盯着你的眼睛。当他真的解不开双手，接着暗示："现在闭上双眼，慢慢睡觉吧。放松你的手臂和双手，你的手分开了。你完全地放松，你慢慢地睡着了。我会把你的双手放在你的腿上，你就这样睡着吧（把他的手放到大腿上）。深深地睡吧。享受这甜美的睡眠吧。"催眠诱导成功了。

“催眠热量”法

这种快速催眠法利用一个小技巧绕过人的正常意识进入潜意识，实现瞬时催眠，让人感到惊奇。

这个方法使用了一个叫“催眠热量”的小玩意，你可以在不同商店里面的魔术类中找到这种商品。催眠师从香烟包装盒上撕下一小块锡纸，揉成小球，然后让目标对象紧紧地抓在手里。锡纸在他的手里变得很烫，他不得不扔掉。这个小把戏对于目标对象来说是非常惊奇的！我发现这种“惊奇”可以提供一种极好的瞬时催眠法。

这个方法的秘密之处在于使用氯化汞。这种化学物质可以在化学药品店里买到。然后，必须警告大家的是这种物质是有剧毒的。在表演中用手指碰到不会中毒，但是决不能放入口中。

表演中，把氯化汞装在口袋里的小瓶内，需要的时候就用右手食指蘸取一点，只需要很小的分量。从香烟包装盒上撕下一小块锡纸，把氯化汞涂在锡纸上，然后揉成小球，迅速地放到目标对象的手上，并叫他抓紧。锡纸在化学作用下会迅速变热，而且变得很烫，目标对象没有办法握紧于是丢掉锡纸。

用“催眠热量”作为瞬时催眠法的诱导手段

告诉目标对象你将证明暗示会强有力地影响身体。严肃地进行解释。撕下一小块锡纸，偷偷地涂上氯化汞，然后揉成小球，叫目标对象紧紧抓住。命令他看着你的眼睛，坚定地暗示：“想象！想象热量！想象锡纸在你的手中变得滚烫。盯住我的眼睛，集中注意力听我的暗示，你会感觉到手中越来越热。你能感觉到的！体验它！锡纸变得实在太烫，你不得不丢掉它。当你丢掉锡纸时，闭上眼睛，你会立即进入催眠。”

注意：不断地暗示热量，“热。更热。更热”，持续这种高强度的暗示，直到目标对象扔掉手中的锡纸。同时大叫：“睡吧！”让目标对象的头靠在你的肩膀上，你在他耳边轻声地暗示。此刻你将成功诱导催眠。这是一种极好的快速催眠法，但是记住，氯化汞是有毒的，要小心谨慎。成功的瞬间催眠法关键在于大胆和强烈的手法。你要愿意为它的效果打赌。最重要的是，自己内心深信这个方法是有效的。换句话说，相信它能成功，它就能成功。

第38章　催眠加深法

舞台催眠是一般都希望尽可能地诱导出更深的催眠状态，这样表演中的目标对象会表现出令人震惊的反应。本章所讲的方法将会有助于加深催眠的深度。

楼梯法

催眠诱导完成了，现在暗示目标对象进入更深的催眠，用他的“心灵之眼”想象他站在一个巨大楼梯的顶部，楼梯向下延伸到底层。他要想象自己一步一步地从最顶端走下台阶，每走一步都让他掉入更深的催眠。

电梯法

这种方法与上一种类似，都是一种自我想象法。在这个方法中，目标对象在脑中看到他在顶楼进入一部电梯。电梯开始运行，他看到电梯一层一层地往下降……往下，往下，往下进入大楼的地下室……进入大脑的最底层，进入最深的催眠状态。

可以加深催眠程度的身体动作

转手法

抓住目标对象的一只手，在空中旋转画圈，同时暗示这种旋转不会减弱。当目标对象的手在旋转时，暗示每画一圈都会增加催眠的深度。

转头法

目标对象的头不断地旋转，同时给出暗示，每一次旋转头部都在不断加深催眠。

转身法

目标对象坐在椅子上，站到他身后，抓住他的肩膀。转动他腰部以上的身体，同时暗示更深的催眠。

敲头法

暗示目标对象每敲一次头顶都会增加催眠的深度。催眠师有规律地轻敲目标对象的头顶。主观反应上，每一次头顶的敲打在潜意识里都被认为是："你进入了越来越深的催眠。"这是一种有效的加深催眠的方法。

呼吸法

在这个方法中，目标对象催眠的加深与他的呼吸相关，暗示："每呼吸一次你都进入更深的催眠。"这种方法在保持催眠深度的同时，不断加深催眠。因为呼吸是一个连续的过程，类似的，催眠也会保持连续。

分步催眠法

催眠师会发现这种方法在加深催眠方面非常有效。它通过一连串快速连续的再催眠达到加深催眠的效果。这种方法可以有效地用在舞台上的一组人身上，每一次短暂的诱导催眠都让目标对象们反应更加积极。连续的催眠帮助加深了其深度。

在专业运用中，先把目标对象用传统的方法催眠。然后暗示："过会儿，我会叫你醒来，你会醒过来，但是你立即又感到很困。你会发现很难睁开眼睛，保持清醒。当你看着我的时候，你又慢慢地闭上了眼睛，进入了深深的催眠，甚至比以前更深。准备好，当我数到3时，你就醒过来。1，2，3！醒来吧！"

舞台上的目标对象会在第一次诱导下醒来。然后当他们看向你，你继续暗示，他们又会闭上眼睛，重新进入催眠。再给一些加深催眠的暗示，然后重复上面，叫醒他们又立即催眠的过程。

这样连续重复三四次，一个极为深层的催眠就完成了。这个"催眠—叫

醒—再催眠—叫醒—再催眠”的过程是舞台催眠师的一个极好的方法。这个方法被称作“金字塔催眠”。

如何合适地使用暗示来加深催眠

如何从实现一次催眠暗示的效果到成功地实现连续多次的暗示效果是加深催眠的一项重要技术。例如，目标对象被暗示他的手臂是直直的，他不能移动手臂。他试着挪动手臂却发现手臂是僵硬的。然后暗示，当你说出“掉”，他的手臂会立即掉在大腿上，当手臂碰到大腿，他就会掉进深深的催眠。暗示的反应出现了，目标对象也进入了一个更深的迷睡状态。

另外一个加深催眠的过程是，给目标对象足够的时间来适应催眠诱导过程和催眠状态下对暗示做出反应。如果暗示较为复杂，这个适应过程是相当正确的。不要要求目标对象过快地完成暗示。最好慢慢地、逐步地完成复杂的过程。

表演的时间不是让目标对象适应的唯一因素；有时，要熟练地控制情况本身。舞台催眠师要认清这个事实，当两个或者多个暗示冲突时，首先给出的那个，在催眠的最深处，是最有可能被接受并反应的那个。有了这个认识，舞台催眠师必须时刻谨记，在进行新的暗示反应之前要完全清除目标对象对之前的暗示所做的行为。如果不能这样做，会造成目标对象心理上的困难，同时影响舞台表演的流畅性。更为重要的是，这关系到目标对象的健康。

舞台催眠师要一直把目标对象的要求融入所给的暗示中，因为暗示越满足他的要求，得到的反应就会越好。这种相关联暗示带来的可能的好处，就是加强目标对象对暗示的反应。这个原则的实际使用就是暗示目标对象，如果他按照暗示来做，他会得到某种好处。例如给出这样的暗示：“如果你能够减少你身体的感觉，进入深层的催眠，你将拥有一种神奇的能力，在下次去看牙医的时候能够移走你牙痛的感觉。”

如果听从这个暗示，这种有益的结果可以在加深催眠的过程中一直发挥作用。从这个意义上说，舞台催眠师可以给出与目标对象熟悉的经历相关的暗示，来帮助目标对象接受暗示，这样暗示就可以在较熟悉的领域内被实现。在实际运用中，有不少这样的暗示例子，比如“你一生中不断在重复的是什么事情”或者“你就像在某个派对上一样开心”。

在进入下一个实验之前，催眠师让目标对象充分地完成暗示（用他最大的潜能），可以达到更深的催眠状态。这样，目标对象被“训练”用最好的效果完成暗示，而不是暗示给得太快，目标对象没有足够的时间来充分地完成暗示，只能含糊地对一个接一个的暗示做出反应。

> 注意：之前也解释过，必须要认识到深层催眠是处于一个很不稳定的状态，因此即使目标对象已经进入深层的迷睡，他也经常会从当中出来，通常是进入一个较浅的催眠状态，有时也会醒过来。维持催眠的深度需要把注意力集中在目标对象身上。因此，舞台催眠师在表演过程中，要时不时地关注每一个目标对象，进行增强催眠的暗示，来保持催眠的深度。

梦游状态

梦游状态是一种精神状态，在自然情况下也会发生。当通过催眠诱导出的这种现象，叫作“人为梦游”。与催眠相关，这是一种深层的状态。

大卫·埃尔曼用下面的方法在目标对象身上制造梦游状态：“暗示目标对象，他将大声地从 100 开始倒数，数字会慢慢地消失直到完全没有（不能回忆起更多的数字了）。命令目标对象开始数：‘100，99，98……’。”一般情况下，数字很快就会消失。如果有需要，你可以在他数的时候增加暗示的影响：“数字慢慢消散了，你回忆不出更多的数字了。它们消失了！”

> 注意：催眠状态是人的一种精神状态，特点是非常容易受到暗示影响，这一点再强调都不为过。暗示从定义上来讲是观点在潜意识中的实现。作为一个舞台催眠师，如果你想在你的表演中表现什么，不要迟疑，呼唤它吧。例如，如果你想目标对象在催眠完成之后完全忘掉舞台上的表演，当他离开舞台时暗示：“当你离开舞台，你将完全忘记你所做的一切。当你的朋友告诉你你做了些什么，你会认为他们在拿你开玩笑。”有时候梦游版的失忆效果是自然的。然而，如果你想让它切实有效，暗示吧！

第五部分

丰富你的催眠知识

第39章　儿童催眠术

儿童都喜欢看催眠表演，也喜欢到台上当志愿者。舞台催眠师必须要小心这一点，因为坐在一群孩子中间，成人在台上会感到不自然。除非这个表演是专门为年轻观众准备的，最好不要让小孩当志愿者。你可以在开场的时候做出一些陈述来策略性地处理这种情况，比如："正如大家在以往的催眠实验中所见的一样，这个表演需要成人的专注，所以我不能邀请小孩到台上来。不过，如果你是高中生，或者大学生，非常欢迎你的加入。"

这可以很好帮你处理问题，高中生是最受欢迎的。他们是最好的目标对象，你可以肯定他们不会认为自己是小孩子。年龄要求明确了，如果有小孩跑到台上来，你可以微笑地拒绝他们。

> 注意：参与者年龄的选择对于舞台催眠师是很重要的，因为大人不喜欢在观众面前与小孩做出同样的反应。

一般来说，小孩是很好的催眠对象，但是要有效地催眠他们，你必须用小孩的口气来进行暗示。例如，让小孩放松眼部肌肉的说法，对于他们毫无意义，你必须用他们的语言。

要催眠小孩，最好是通过游戏。小孩通常会把自己扮作牛仔、印第安人，或者警察、强盗，等等，所以如果你叫一个小孩扮角色，他立即就会明白你是什么意思。你可以用这种方法来快速催眠小孩。

问这个小孩他是否喜欢玩游戏。如果答案是肯定的，你就说："那好，我们来玩一个游戏，如果你玩得很好，它就会变成一个'魔法游戏'，你的身上会发生最好的事情。你想知道怎么玩吗？"小孩会做出反应。

"这是一个扮演角色的游戏。你玩过这个，对吧？假设你是一个牛仔，或者警察、强盗。你玩过这个，是吧？那好，我将告诉你怎么玩这个游戏，你根据我的指示做就可以了。

“睁大你的眼睛，我会用手指拂过你的前额和眼睛，用大拇指和中指让它们闭上。现在，你假装睁不开眼睛，用最大的力气假装。你尽最大的力气了吗？好，我一打响指，你就开始假装。”打响指。

“现在，即使你想把眼睛睁开，你也假装它们也睁不开 。试试看，是吧，你越用力想睁开，它们就越睁不开。现在，继续假装，你身上就会发生很好的事情了。”

小孩已经很快地进入了催眠。现在是时候暗示他的态度、言行举止都进步了，他的成绩变好了，或者其他有帮助的事情。因为如果你暗示他在扮演一个游戏中的角色，他将会在台上做各种有趣的事情。

对于小孩来说，他好像是在扮演角色，其实他已经被催眠了，会根据你的暗示做出反应。小孩会很快进入催眠，并且一般不需要加深。一旦他们开始扮演，他们就会忽略判断意识，他们可以接受暗示了。你可以试试这个：“约翰尼（或者任何一个小孩的名字），当我让你睁开眼睛，你就睁开眼睛，而且会发生一件奇怪的事情。你会发现，你想走开却不能把脚抬离现在的地点。你会更加用力尝试，但是你越用力就发现脚黏在地板上黏得越紧。我一打响指，你的脚就又会恢复自由。这很有趣，是吧？现在睁开眼睛吧。感觉怎么样？”

小孩说：“还好。”

“很好。现在，约翰尼，你能不能把那边桌上的碟子递给我？”

小孩想走过去，却发现挪不动脚。要取消这个暗示的时候，就打响指，并说：“现在，你能够去拿那个碟子给我了。”

小孩把碟子拿给你，又坐下。你再一次用手指拂过他的眼睛，让他的眼睛闭上。然后告诉他假装眼睛黏住了，睁不开。小孩就会睁不开眼睛。

现在暗示：“约翰尼，我下次让你睁开眼睛的时候，我们的游戏里又会发生一件奇怪的事情。每次你看到我梳头，你的后背都会发痒，你想要抓痒。但是你越抓越痒；你会大笑起来，因为这很搞笑。然后我一击掌，你就不会再痒了。你可以这么做，对吧？”小孩会做出反应。

“准备好了吗？我们来玩这个游戏吧。睁开眼睛！”

抓住小孩的注意力之后，你就开始梳头发。他会开始发痒，大笑，抓他的后背。再梳头，他会更加觉得痒，直到你击掌结束这次暗示。

让小孩走出催眠状态，你可以就简单地说：“好了，我们的扮演游戏结束

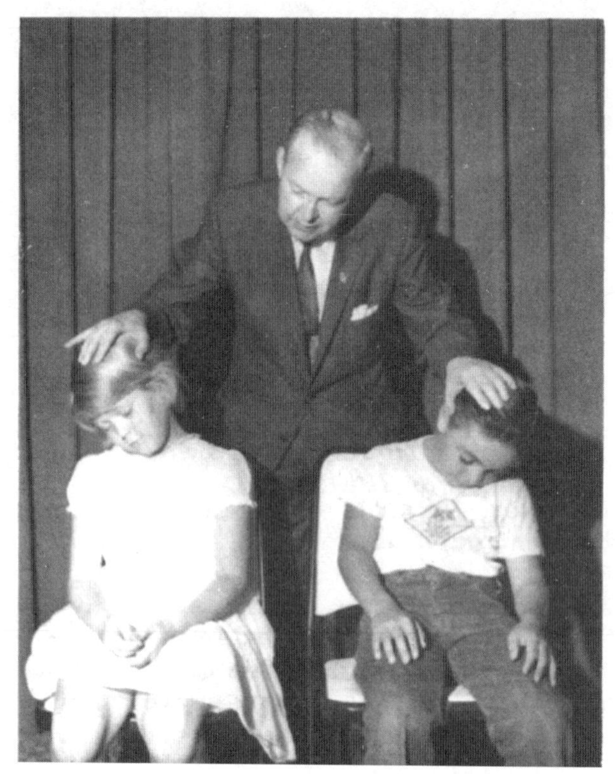

儿童催眠

儿童是极好的催眠对象，但是要用对方法

了。我会从 1 数到 3，当我数到 3 的时候，你就睁开眼睛，回到聪明快乐的自己，感觉美妙。”

如果你的暗示表达得正确，小孩会一直被催眠，做出反应。如果你能让小孩（或者一群小孩）觉得你的暗示有趣，你就可以毫无限制地展现那些吸引人的绝招。

第40章　催眠术与时间概念

有些人在晚上临睡时，能够把他们精神上的“闹钟”定在早上某个特定的时刻。然后在那个时刻就醒过来。

看起来大脑有时间概念。它很像是一个已经进入潜意识的学习模式，在与钟表长期的关联中变成一种习惯。不管是什么原理，舞台催眠师都可以用它来加强催眠示范的效果。下面是几种测试方法：

暗示目标对象，3 分钟后他的鞋会很挤，他会脱掉鞋。

暗示目标对象，5 分钟后他的椅子会变得很烫，他会从上面跳起来。

暗示目标对象，8 分 30 秒后，他会转向坐在他右边的人，把手放在他的头顶，然后被黏在那里。

这些“时间概念”的实验可以类似地在后催眠方法中运用，像下面这些例子：

暗示被催眠者，你叫醒他 10 分钟后，他又会睡着。

暗示被催眠者，你叫醒他 14 分 15 秒后，他会突然大叫：“爱尔兰人万岁！”

显然催眠师可以在任何试验中运用“时间概念”的暗示。为了创造戏剧性，可以让观众拿出手表给目标对象计时。当动作正好发生在那个时间点上，他们会印象深刻的。

> 注意：你会发现有些目标对象的时间概念比别人要好。

另外一种与催眠和时间概念有关的现象叫作“时间扭曲”。林恩·F·库珀博士和米尔顿·H·埃里克森博士在这方面做了很多研究。

简单来说，催眠中的时间扭曲可以让被催眠者用 10 秒钟去体验原本需要 10 分钟的经历，并感受到所有的细节，感觉跟正常的时间一样。

这种效果的重要性是显而易见的，正如库珀和埃里克森所言：“时间认知上的显著变化让精神活动的加速成为可能。”

可以尝试很多关于这方面的实验，比如目标对象在 1 分钟内看到自己：

- 走了 10 分钟。
- 用斧子砍树砍了 5 分钟。
- 听音乐听了 15 分钟。
- 学习了半个小时。
- 跟朋友说了一个小时的话，等等。

人的大脑功能跟电脑很像，它可以通过想法的闪现来超越时间。

> 注意：为了更深入地学习这个领域，推荐医学博士林恩·F·库珀和米尔顿·H·埃里克森合著的《催眠中的时间扭曲：试验和临床研究》，由纽约欧文顿出版社于1982年出版。

第41章　神奇的催眠效果

这里介绍了一些非常有趣，甚至是神奇的催眠现象。由于这些神奇的精神力量还处于试验中，并不适合在一般的舞台催眠术表演中使用。但是它非常适合取悦于人，尤其是取悦那些对探索大脑奇迹感兴趣的人们。

梅斯迈尔学说与催眠术

催眠理论可分为两大类：梅斯迈尔的生物能方法（生理磁性说）和心理催眠法（暗示）。对于那些寻找催眠神奇效果的人来说，梅斯迈尔方法看起来更加有效。为什么？因为创造非同寻常的催眠效果需要能量，而在梅斯迈尔方法中，催眠师把自己的能量叠加到目标对象身上，组合起来发挥作用，达到意识上的飞跃。然后神奇的事情就发生了。下面介绍两种很好的方法。

磁力法 / 梅斯迈尔法

让目标对象坐在你面前，你们面对着面。用你的左手抓住他的右手，右手抓住他的左手。然后拉紧双手，两人的大拇指碰在一起。前倾身体，两个人的膝盖靠在一起，你的脸离他的脸大概 30 厘米远。

让目标对象直直地盯住你的眼睛，你也这样盯住他。你会感觉到两只手像有电流流过一样。然后解释："当我抓着你的手，你很快会感觉到你的手发麻。这种发麻的感觉会逐渐地延伸到你的手臂，肩膀，然后蔓延到你的全身。不管感觉到什么都不要紧张，不要试图去想象还会发生什么。仅仅接受我传递到你脑中和身上的超自然影响。当发麻的感觉继续扩散，你会发现自己开始睁不开眼睛，那就闭上吧，再不要睁开。你会进入一个深层的睡眠，你全身感觉温暖，

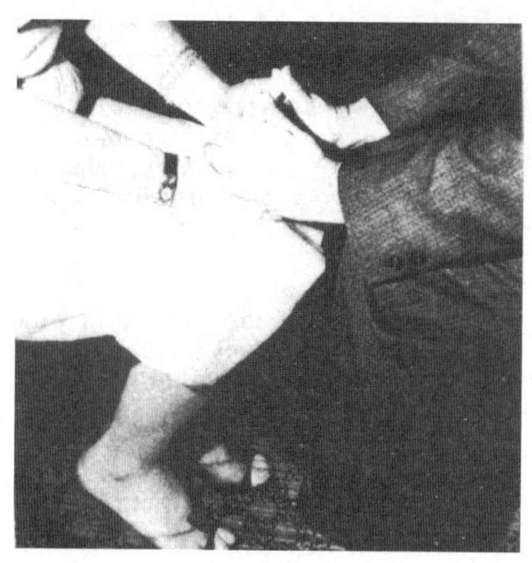

并感到一股轻微的能量流动，就好像一股身体的电流。你会感觉到你大拇指内脉搏的跳动。”

当你进行暗示时，想象他们就真的发生在目标对象身上。继续暗示：“当你闭上眼睛，我会传递给你一种能力，让你充满生物能、动物的磁性。你感觉起来就像一股暖流流进体内，你会深深地陷入催眠状态。”

现在站在目标对象面前，长长地拂过他前面的身体。这样做是为了增加梅斯迈尔的影响，并且把它均匀地分布到目标对象的全身。

磁力 / 梅斯迈尔催眠法仅需要少量的口头暗示。让你的大脑给出大部分的暗示，而不是用你的声音。想象目标对象坐在椅子上是多么的舒服。多么的充满睡意。闭上你的眼睛，想象自己睡着。想象目标对象也睡着。

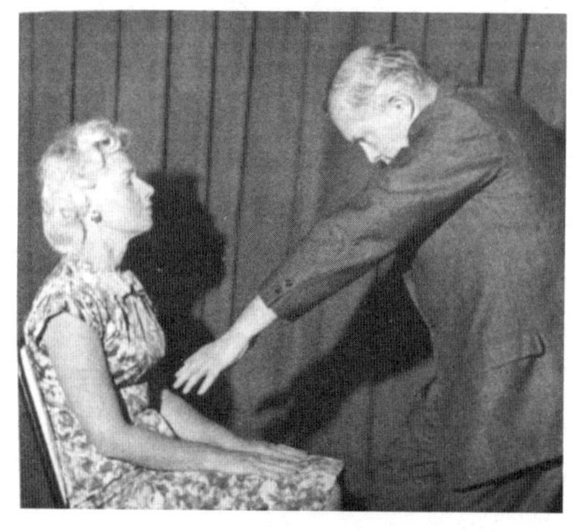

继续慢慢向下拂过目标对象的身体，到膝盖处停止。结束之后，双手掌心向外转，摇一摇。然后又把双手掌心转向内，继续在目标对象身体前面经过。重复这个过程 10 分钟，一直把你的注意力集中在“超自然能量”上。你的目的是进入目标对象，用生命的能量给他“充电”。这在超感觉的知觉试验中是有必要的。

在你的手经过目标对象前面时，观察目标对象，你会看到他的呼吸加深，有时甚至会发生痉挛。你可以停止手上的动作了，现在可以进行大脑的神奇试验了。

需要结束试验时，用向下移动的反动作叫醒目标对象。用手向上从目标对象前面划过，释放能量。想象苏醒。在目标对象前额吹气，他就会醒过来了。

蓝光术

这种用能量催眠的方法对于创造催眠的神奇效果是很有益的。让目标对象躺在沙发上，在他的上面布置光源，照在他的前额上。你坐在他旁边，然后让他放松，盯住你的眼睛。

跟磁力 / 梅斯迈尔催眠法类似，这种方法很少用到口头的暗示，而是强调精神上的指令。从目标对象的头部开始，手轻轻地拂过，轻声地暗示他的眼睛变得很沉，闭上眼睛。当他闭上眼睛，手从他的脸上拂过，想象他进入深深的

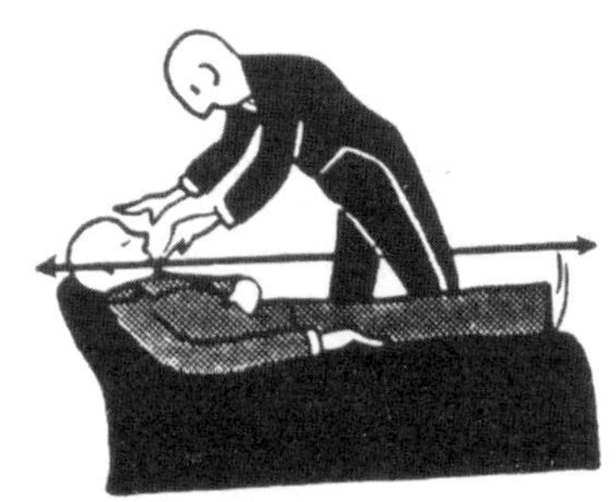

沉睡。

接下来，站在目标对象的旁边，身子倾向他，双手从他的头部开始，慢慢地经过他的整个身体。做这个动作的时候，手指要绷紧、张开，想象“磁力流”从你的手上流进目标对象的身体里。其间，你会感觉到你的手指尖有一种磁力的发麻的感觉。

接着在目标对象的眼睛周围划圈。当你的手这样转动时，集中你的精神暗示，想象他进入深层的催眠。然后慢慢把你的手笔直地向下移动，在心脏的位置停住。在心脏上方划圈。这些划圈不能接触到目标对象，要在他身体表面上面大概 15 厘米的地方。然后继续移动手，直到他的脚部。

当你的手完全拂过目标对象的全身，到达他脚的上方，猛地翻转掌心，就好像要甩掉黏在手指上的东西一样。然后再一次把手放到目标对象的头部上方，掌心向内，重复这个长长的传递过程。

持续这种“磁力传递”大概 10 分钟，当你感到目标对象已经到达足够的深度，就可以进行超感觉的知觉试验了。反方向经过目标对象的身体，从脚到头，这样就可以把他从催眠状态中唤醒了。

超自然现象

感官超敏

尝试下面的试验：催眠一个敏感的目标对象，蒙住他的眼睛。让你的手靠近目标对象身体或头部的任何一部分，不要碰到他，那个部位会慢慢地跟着手指移动的方向运动。用一个马蹄形的磁铁代替手，可以取得类似的效果。有些目标对象会对磁铁的磁场极为敏感，即使不知道房间里有一块磁铁，当有磁铁靠近他的头部后面，他就会抱怨感到不舒服。

布拉姆威尔评论这一点说：“即使许多人声称磁铁神奇的功效归功于催眠师无意识的暗示，但是这肯定与被催眠者的超感知能力有关。催眠师尽可能地隐藏磁铁进入演示的时刻，但是目标对象还是在那时发现了。”

霍兰德说：我毫不怀疑磁铁可以发散出让被催眠的目标对象感知的能量，而且我们的身体，尤其是指尖也可以发挥类似的作用。我通过一个试验确认了这一点。我让一个目标对象置身于全黑的房间里，然后让他睁开眼睛，描述他所看到的东西。我把磁铁悬在手上，他在磁铁的端部看到了散发的光线。他能够通过他看到的“磁力光”在黑暗中找到磁铁的位置。他描述我的指尖也散发出类似的光线。

为了看到“磁力光”，目标对象必须非常敏感，房间必须绝对的黑暗。如果第一次没有成功，目标对象需要在黑暗中待上1小时。观众在整个过程中不能离开或进来，因为如果门打开，即使是很微弱的光线也会破坏整个表演。

人体组织似乎被一种叫“气”的东西包围着，身体向外产生某种电磁场，并随着距离的拉大逐渐消失。每个人的气看起来都是独特的，能够把他同别人区别开来。你可以进行这个小组试验：催眠一个人，蒙住他的眼睛，让他坐在椅子上。让目标对象记住你的手（散发）的感觉。然后告诉他不同的人会把他们的手放在他的颈后，当你的手靠近他时，他会立即告诉你。

让试验者排在目标对象的后面，轮流把他们的手靠近目标对象。当你的手靠近时，目标对象会认出他们。进行几次这样的试验，每次你的手靠近，都会被认出来。

视觉超敏

这是个奇妙的催眠演示，你可以展现视力的超感知能力。取出一副纸牌，从中抽取一张。记住纸牌的内容。然后把纸牌背面向上递给目标对象，告诉他上面是他母亲的照片，他在任何情况下都将能够辨认出这张牌，找到它。

然后把这张牌洗到整副牌中，把整副牌背面向上递给目标对象。他将会一张一张地观察纸牌背面，直到最后停在一张牌上，他会宣称这是他母亲的照片。把牌翻转过来，你会发现这就是你刚才抽取的那张牌。

这个惊人的试验说明了，不管一张牌有多新，看起来没有被标记，它与别的牌相比都有一点小小的差别。试验中，目标对象在观察抽取的那张牌时，记住了那些微小的差别。通过催眠诱导的超感知能力，目标对象能够在一副牌中，观察牌的背面，把那张牌找出来。这确实是一个了不起的试验。

催眠中的超感知试验

心灵感应

你可以在目标对象身上尝试很多有趣的超感知试验。暗示目标对象，当你的手指经过他的手臂，注意并不接触，他会有一种触电般发麻的感觉。当他感觉到发麻，就把手从大腿上慢慢举起来。对你的手的感觉，在这个阶段的试验中与超感知试验中其他阶段是类似的。这个开始可以让目标对象变得敏感，为后面的超感知试验做准备。继续从他右手手臂的肘部移动到指尖，他的手臂会慢慢地抬起来。在目标对象的左手手臂上重复。

现在告诉目标对象，你不会告诉他你将经过哪条手臂，但是他哪只手感觉到发麻，就把那只手举起来。进行几次这种测试，确定目标对象的敏感程度。

然后暗示，即使你仅仅是思考他的一只手抬起来，他也会有这种感觉——然后把感到发麻的那只手抬起来。

现在把注意力集中在目标对象抬起的那只手上，根据你的指示可以是左手或是右手，然后进行超感知试验。传播一个心灵感应波，比如说让他举起一只手，你只需要在脑中想象目标对象举起某一只手就可以了。进行试验。

你现在可以通过心灵感应来完成整个身体的移动了。让被催眠的目标对象双脚并拢站着，告诉他他将感觉到一股能量，让他向前或者向后迈步。然后抛一枚硬币，如果是“字”向上，就想象他向前迈步，如果是“花”就向上，就想象他向后迈步。关注试验的结果。

心灵之眼

这是你在催眠中可以测试的另外一种超感知能力。灵眼的意思是“清晰地看到”。这是一种通灵的视觉。让目标对象进入深度催眠，你拿着手表，用手摇晃，这样你就看不到手表上设定的时间。告诉目标对象你要他说出手表上设定的时间；他将在脑中清晰地看到手表的表面。如果他说他看不到，问他你需要做些什么可以让他看得清楚些。根据他的指示照做。如果目标对象没有告诉你该做些什么，在他的前额向他传递能量，坚持要他说出手表设定的时间。强迫他去看。

这是另一个你可以尝试的灵眼试验。在不同的卡片上写上不同的数字。把卡片翻转过来，洗乱，这样你就不知道哪张是哪张。抽取一张卡片，不要看它，把它放在目标对象前额的上方。让他告诉你上面的数字是多少。进行灵眼试验。

灵体飞行

用梅斯迈尔方法催眠目标对象，然后告诉他他的灵魂可以离开身体，飞到任何你说的地方。让他飞到一个你熟悉的地方，然后描述他看到了什么。你可以检验他告诉你的东西。

注意：在催眠中进行的超感知试验是十分神奇的，但是不要期望每次尝试都能成功。你在和“大脑中的原始天赋”打交道。它们是不可预测的。你必须发展目标对象进行这种试验的潜质。催眠神奇现象就好像你在玩的一个游戏。有时候你会赢，有时候你会输。人类的大脑是奇迹的宝库。当你从事舞台催眠，你就成了奇迹的实现者。

第42章　催眠小知识

本章是各方面小知识的汇总，为你提供这门艺术的专业知识，给你充电。

初步试验

一般来说，对于一组参与者，在你进行深层催眠之前，最好进行一些清醒暗示试验，比如“向后倒”“锁手术”等。你可以解释，这样做是为了在催眠之前确定哪些人能集中注意力。在准备催眠前，在尽可能多的目标对象身上进行这些初步试验。这是专业的做法，可以让你有机会知道小组当中哪些人比较敏感。这是一个很好的心理暗示，成功地催眠第一个目标对象可以让你成功地催眠其他人。

建立信心

在你试图影响一个新的目标对象前，一有机会，就让他看你催眠一个你曾经催眠过的人。这立即就增加了潜在目标对象对你的信心，并且让他对这门艺术有更好的理解。成功带来了成功！

不要自夸

没有人喜欢自大者。要一直保持谦虚，用自信的态度来表演催眠。吹嘘你的能力让目标对象形成一种挑战的心理，会破坏你表演的成功。采纳成功催眠师那样的态度。

信守承诺

永远不要让目标对象做你承诺过不会让他们做的事情。一些人会要求，在他们被催眠后不要让他们做一些尴尬的事情。当你承诺满足他们的愿望，就要一直信守承诺。

加深催眠技巧

参考第 34 章中介绍的加深催眠方法，诸如转头、复合暗示、分布催眠等过程；这是非常有价值的。把这些过程结合到你所挑选的催眠方法中。

反应的渐变

欺骗味觉比欺骗视觉和欺骗听觉要容易得多。暗示目标对象嘴里会有一点苦味，比暗示他将看到眼前展开一片风景要确切得多。安排幻觉从简单逐渐变到复杂幻觉，这个原则对于催眠新的目标对象是非常重要的。

错觉和幻觉

让目标对象相信一个东西是另外一个东西（错觉），比让他相信没有的东西存在（幻觉）要容易得多。例如，你可以容易地让他把一块蓝色的地毯看成是一池水，而不能让他在空房间里看到一只大象。可以利用这种看起来像暗示的对象的物体，来实现视觉欺骗。

制造麻木感

如果你用针来刺目标对象，他会感到疼，并且做出反应，除非你暗示他皮肤的一块区域对疼痛免疫。用你的手指在他的手臂上圈出一块区域，暗示：“所有的感觉都远离了手臂。它是麻木而冰冷的。你什么都感觉不到。”然后用针头刺他，如果目标对象被深度催眠，他将完全忽视这个针刺。

完全身体僵硬

大的肌肉群可以向小的肌肉群一样变得僵硬。演示的时候，当你把目标对象催眠，让他直直地站着，告诉他全身的肌肉都变得僵硬，僵硬得不能弯曲。当你做这些暗示的时候，用手在他的全身按压这里，按压那里，按他手臂上，腿上，胸部的肌肉，就好像在收紧这些肌肉。然后说："你完全僵硬了！"强调暗示："僵硬了！"目标对象会像一个灯柱一样挺直，不能弯向任何方向。你创造了一个完全身体僵硬的情况。

当你准备好消除这种僵硬的状态，暗示他的肌肉开始变松，变得有弹性，跟平常完全一样了。当他的肌肉再次放松，叫醒他，试验完成了。关于表演这个方法的详细过程，可以参考本书第二部分。

压住眼睑，诱导催眠

当目标对象闭上双眼，在他的内眼角，靠近鼻梁根部的地方施加稳定的压力。这样可以帮助诱导催眠。

综合方法，诱导催眠

催眠可以用暗示、闪亮的物体、传递能量等方法来诱导。把这些方法综合起来使用，通常比仅使用一种方法更容易获得成功。参考前文介绍的 95 种催眠方法。

不要让别人影响你的目标对象

如果你不希望目标对象被别人催眠，可以在他陷入沉睡时暗示他——除了你，别人不可能将他催眠，除非他先说出"赞姆，赞姆，赞姆"（或者别的什么复杂晦涩的暗号）。这就是目标对象下意识里在等待打开催眠之门的暗号。不要直接告诉目标对象他不能再被催眠，因为这样可能导致他在所有以后的催眠试验中都不会被催眠。如果他认为自己特别容易被影响，你可以告诉他不会被催眠，除非自己有这样的愿望。

阻止别人的催眠

如果别人想要催眠你，而你想要完全阻止这种影响，你可以这样做：卷起舌头，用力顶住上腭。把你的注意力集中在舌头上，所有催眠影响都会离你而去。

如何传递催眠控制

如果你愿意，你可以把你对目标对象的催眠控制传递给别人。你可以这样做，当目标对象被催眠后，暗示："你现在将会听从某某先生（那个人的名字）的暗示，你将会对他的暗示做出反应，就好像你对我的一样。"

当你把这些"传递控制的暗示"告诉目标对象，让你要传递给他控制力的人把手放在目标对象的前额上；这标明了他的身份，增强了传递的力量。

催眠的细微表现

你可以通过细微的观察来确认即将发生的催眠。仔细地观察目标对象。一般当他被催眠，嘴角都会在某种程度上下沉。通常还伴随着小口的倒吸气。随着催眠的加深，他的呼吸也会加深。揭开一个被催眠了的人的眼皮，通常他的眼球都是向上翻转的。这个过程可以加深催眠的程度。

当你已经把目标对象深深地催眠，然后肯定地告诉他在某个特定的时刻他会做某件特别的事情。例如，你可以暗示："下午1点钟，你会想要换双更舒服的鞋。你不会记得我给过你这个暗示，但是到了那个时间点，你就会换上另外一双鞋。如果有人问你为什么这样做，你会直接说：'换的这双比较舒服。"

下午1点的时候，目标对象就会有种冲动，然后换鞋。如果被问到为什么要这样做，他会给出合理的解释，就像你暗示的那样。类似的试验体现了对于后催眠暗示反应的自然性质。

对于给目标对象的延迟暗示要小心，要确保实现它们并不困难，或者不需要太依靠运气。这个催眠的秘密就是当目标对象在催眠中时，告诉他你希望他醒来后要做的事情。跟前面提到的一样，最好把延迟暗示内容重复几次，这样可以有力地强化暗示效果。如果他没有能够按照暗示行动，你可以肯定这是由

于你对自己给出暗示的方式缺乏信心，或者目标对象催眠的深度不够，不能成功地实行延迟催眠。

通过延迟暗示增强目标对象的易催眠性

在叫醒目标对象之前，暗示他下次你要催眠他的时候，他会立即进入催眠；当他看向你的眼睛，他会立即进入催眠的恍惚状态。这种催眠暗示可以让你在以后的催眠中更加轻松。

用电话催眠

挑选一个之前被你催眠过的目标对象，让他把听筒放在耳边。让他坐好，这样可以舒服地睡去。然后暗示："半分钟内，你会深深地睡着。你的头已经感到很沉，你感觉好累。你的眼皮变得沉重，闭上眼睛。你无法让自己醒着，你进入了深深的睡眠。现在你熟睡了。睡吧。睡吧。睡吧。"这个时候，目标对象一般已经进入了深层的睡眠。在这个试验中，要有力肯定地给出第一个暗示："半分钟内，你会深深地睡着！"

用信件催眠

挑选一个对你的指示响应度较好的目标对象。然后在纸上大大地写上："读完这封信几分钟后，你将会深深地睡着。你已经感觉到睡意了。你无法保持清醒。你陷入了沉睡。现在睡去吧！"然后大大地签上你的名字。当目标对象打开信件，读你的信，他会掉进昏睡当中。如果你之前催眠过他，并且给他一个后催眠暗示，当他收到你的催眠信的时候，这封信会让他立即陷入沉睡。不必说，这会让你的试验增加百倍的效果。

水晶球催眠法

这个有趣的催眠方法可以用来取悦于人，尤其是那些对超感知感兴趣的人们。挑选这样一个目标对象，告诉他神秘的人用水晶球占卜。许多人都相信水晶球能发挥微妙的作用，创造出超自然的力量。

接下来，暗示目标对象他将使用这个水晶球来创造神奇的事情，比如：他将把水晶球放在他面前的桌上，舒服地坐在椅子上，盯住水晶球的中心。

目标对象要直接盯住球，透过水晶球表面的反光，看向水晶球的深处。告诉他，如果他正确地进行试验，水晶球会慢慢地变暗，他的眼前会浮起白色的迷雾。迷雾会渐渐变多，扩散开来。然后让他的大脑进入迷雾，直到黑暗慢慢把他包围。随着黑暗的降临，他将被催眠。

当目标对象理解了试验，跃跃欲试，想要使用水晶球来进行试验，把他带到一个昏暗房间，关上门。在寂静中，他将独自进行试验。

大概 20 分钟后，悄悄地进入房间，大多数时候你会发现目标对象坐在椅子上，眼睛闭着，或者空白地盯着空中，精神恍惚。轻声地和他说话，如果他感觉没有被打扰，跟你说话，你就可以很快地把他催眠了。

在舞台上进行群体催眠

让目标对象围成半圆形坐着，你站在他们面前，这样他们可以很清楚地看到你。让目标对象们盯着你。你的眼睛转过半圆，每个目标对象都感觉你在直接看着他一样。

当你这么做的时候，让你的眼睛盯住中间目标对象头顶约 30 厘米的地方，朝着这个方向有力地给出你的暗示。然后就像催眠一个人一样，催眠整个小组。文中描述的许多方法在舞台上都可以完美地发挥作用。

让目标对象脸红

让目标对象进入深层的催眠，然后暗示他将脸红。然后重复讲一些让他尴尬的小事让他脸红，描述现在他周围的情况就是这样，会让他脸红。这种心理

试验非常强大，可以使心存怀疑的目标对象相信你所说的是事实。

自然睡眠中的催眠

可以用这个方法把自然的睡眠转变成催眠。轻轻地走近睡觉的人，轻声地对他低语："你深深地熟睡着。睡着。你深深地熟睡着。你睡得很沉，什么都不能打扰你。当我跟你说话的时候你不会醒来，因为你陷入了更深更深的沉睡。睡吧。睡吧。睡吧。"

重复几次这种催眠暗示。如果你看到目标对象有任何醒来的迹象，立即停止；不然就这样暗示三四分钟。然后把你的手放在目标对象的头上，对他说："你陷入沉睡，除了我的声音，你听不到别的任何声音。"

现在问他几个简单的问题，比如："你感觉怎么样？"或者暗示他闻到了玫瑰的香味，问他是否闻到了玫瑰美妙的芳香？坚持要他回答你的问题。当他在睡觉中回答你的问题，你几乎可以肯定他进入催眠状态了。你已经把自然睡眠转变为催眠。

现在你可以给出任何你觉得有用的暗示。一般在夜里会给出对目标对象健康有益的暗示。当你结束催眠，告诉目标对象返回到他正常健康的睡眠中，他就像没有被打扰过一样，他不会记得从普通的睡眠进入过催眠。当他第二天醒来，他将不会记得这段经历。这是个很好的方法，尤其适合那些想把有帮助的暗示传递给孩子的父母。

手势的运用

向下的手势可以用来诱导催眠，向上的手势则用来消除催眠。把目标对象从催眠状态中唤醒时，让你的掌心向上，从目标对象腹部开始，向上移动到他的脸部。将这种上移动作重复几次，同时结合唤醒的暗示。向目标对象闭着的眼睛吹气，同样有助于唤醒目标对象。

加强暗示的效果

任何可以增加暗示影响的方法对催眠师都是有用的。有的设备有时可以发挥作用。当暗示手臂变沉时，用力地按压目标对象的手臂会增加暗示的影响，或者，例如，暗示目标对象周围变暗时，用手挡在他的眼前，加强变暗的暗示。

处理难以唤醒的目标对象

很少情况下，你会在唤醒目标对象的时候遇到困难。但是如果遇到这种情况："好了，我希望你现在醒来。我知道你很困、很累，但是你必须醒过来了。你已经睡了足够长的时间了。告诉你我会怎么做。我将慢慢地从 1 数到 10，当我数到 10 的时候，你就醒过来。公平吧？数到 10 的时候你能醒过来吗？"如果目标对象不回答，坚持让他回答，并让他保证当你数到 10 的时候就醒过来。然后继续暗示："那好，我们开始吧。1，2，3，4，5，6，7，8，9，10！"当你数到 10 的时候，大声地击掌（对于这种目标对象，你不用担心噪音会震惊他的神经系统，因为他是那种昏睡型的）并说："醒过来！醒过来！好，完全醒过来！"继续击掌，然后向上移动，给出唤醒暗示，直到目标对象完全醒来。

这个过程可以唤醒最难叫醒的目标对象。

用自信唤醒目标对象

目标对象不能从催眠中醒来有两个主要原因：（1）因为目标对象很享受催眠的状态，不愿意醒过来；（2）他缺乏信心来执行醒来这件事情。一个被催眠的人通常是很困的；让他马上从催眠中醒过来有时候是很难的，因此目标对象并不想立即听从你的指示。但是绝不要对你唤醒目标对象的能力失去信心。记住，被催眠的人是很容易被影响的，你过于担心不能叫醒他而露出紧张，会形成对他的暗示，他很难醒过来。目标对象就会对这个暗示做出反应。要一直冷静、镇定地进行催眠，记住缺乏自信对于成功地唤醒目标对象和催眠都是不利的。

唤醒被别人催眠的目标对象

有时你会被请去叫醒一个目标对象，他被某个缺乏经验的催眠师催眠。方法就是用你的方法把他重新催眠，尽管他已经处于催眠当中，这样你会与目标对象建立密切的关系。你可以这样做，把一只手放在他的头上，进行"催眠配方"，然后测试他对你的暗示的反应情况。当他对你的暗示做出反应后，果断地对他说："现在，我让你做什么事情，你就立即做什么。"然后给出一个移动身体某个部位的暗示。当他做出反应后，使用前面所讲的方法对付很难被叫醒的目标对象，他就会在你的指示下轻松地醒过来。

自我诱导的歇斯底里

有一个与催眠唤醒相关的因素，你必须理解，那就是自我诱导的歇斯底里。有时候一些青年在摇滚演唱会现场会让他们自己进入一种狂乱的状态，然后会昏倒，我们对于这种情况并不陌生。这种情况下，催眠师与目标对象几乎不能心意相通，因为他变得以自我为中心。换句话说，目标对象诱导了他自己的情况。有时候，这种“精神设置”是非常强大的，即使听到指示，他也拒绝从里面走出来。如果目标对象处于这种状态，立即把注意力从他的身上移开，并说：“好，去吧，去做你想做的任何事情。没有人会注意你。”你会惊奇地发现，这个简单的陈述就可以很快把目标对象从他自己诱导的幻觉中带出来。

元气催眠

这是一种通过提升目标对象元气（个人能量）来进行催眠的方法。可以按照下面的步骤来做。

简介

不管你在哪里，在一间私人房间中或者在闹市中间，你都可以使用这种方法进行催眠。你甚至可以试着对一群观众使用。它对每个人都是有益的。这种方法提升了人体的元气，让人充满振奋的力量。

催眠方法

让目标对象或者一群目标对象坐在你面前。给出这样的指示：“现在放松全身，安静下来。闭上眼睛，进入自己最私密的内心。这是你私人的地方。让你的思想进入这里，保持安静。片刻之后，你就变得安静，进入了内心的寂静。寂静。寂静。寂静。”

在你的录音机里准备一首有节奏的轻音乐。沉默大概 3 分钟后，轻轻地开启音乐，作为你声音的背景音乐。继续：“现在，让这轻柔的音乐流进你寂静的内心。强弱的音符流动的时候，专注地听它的节拍。强弱音符保持着节奏。听音乐的时候，让你的呼吸与音乐同步；强音的时候吸气，弱音的时候吐气……吸气，吐气。吸气，吐气。吸气，吐气。跟着节奏。让这个节奏成为你自然呼吸的节奏，慢慢地你感到昏昏欲睡，进入了愉快的想入非非的白日梦。嗯……感觉多好啊。”

“你感觉如此的美好，安静……音乐的节奏慢慢消退在背景中。（调低音乐）但是它一直在那里引导你呼吸的节奏，吸气，吐气。吸气，吐气。你全身放松，进入深深的精神冥想状态。”

“现在把注意力转移到自己身上，想象自己绝对的放松，没有丝毫的压力。当你的身体进入这种超级放松的状态，你的大脑也同样进入了这样的状态……你的大脑变得越来越放松，跟你的身体一样。你已经进行了一轮完全的放松，它将会带你进入更深、更深的催眠领域……任何时候你的呼吸都与背景音乐中的节奏保持一致……你往下，往下掉进无力的睡眠。现在放松。放松。放松。享受绝对的自由。现在按这个顺序放松身体的每个部分……”

“想象你的脚放松。（暂停片刻）想象你的脚踝放松。（暂停片刻）想象你的小腿放松。（暂停片刻）想象你的膝盖放松。（暂停片刻）想象你的大腿放松。（暂停片刻）一步步向上，你想象自己的身体放松。向上到你的躯干……想象你身上的每一块肌肉都放松。”（暂停片刻）

“你腹部和胸部的肌肉全都放松。你身体所有中间的部分都放松。放松。放松。”（暂停片刻）

“继续向上放松，想象你的肩膀放松。”（暂停片刻）

“现在想象放松流向手臂，手掌。放松你的手臂，双手。”（暂停片刻）

“现在想象你的脸……想象你脸上所有的肌肉放松。（暂停片刻）放松下巴的肌肉……放松闭着的眼睛……脸上所有的肌肉都放松。放松。放松。放松。这感觉多好。”（暂停片刻）

“现在让你的思想盘旋在头顶，想象头皮放松。（暂停片刻）你的整个身体……从脚趾到头顶……完全彻底地放松。完全地放开自己！放开。放开。放开。放开一切的感觉多好啊！”（暂停片刻）

“当你跟着音乐的节奏吸气，呼气。你听到自己轻轻的呼吸声。你变得非常困。这样漫无目的地飘走，感觉真好。就这样放松地飘走，梦幻般地漫游。”（暂停片刻）

“现在慢慢举起你的双手，打开手掌，放在脸的两边，轻抚你的脸颊。感觉多么好啊……你的大脑和身体放松得更彻底了。”（暂停片刻）

“现在把你的手掌放在两只眼睛上。静静地盖住它们一会儿，感觉热量进入你的眼睛，让你的眼睛更加放松。这感觉多么好啊！”（暂停片刻）

“现在把你的手移到下面，轻抚你的下巴，按摩你的脖子。这感觉多么好啊！”（暂停片刻）

“往下，往下到你的肩膀，现在移动你的手……先是这只手，然后另外一只手，轻轻地按摩你的肩膀，你的手臂。先用你的右手按摩左臂，往下到左手。然后用左手按摩右臂，往下到右手。这感觉多好啊。停住一会儿，体验这种美妙的感觉。是的，这感觉多么好啊！”（暂停片刻）

“现在把你的手放在胸部肋骨开始的地方，一只手放一边……张开的手指，直到它们恰好放在肋骨的空隙中。然后轻轻向外向内按摩。不断地按摩。这感觉多么好啊！”（暂停片刻）

“现在把你的双手放在腹部，你身体里已经建立起深层的放松，想象一股能量从你的手上进入你的腹部。想象它，你就会感受得到。你会感觉到一股舒适温暖的能量从你的手上进入你的腹腔……力量流进你体内，你感觉越来越放松，进入催眠的状态。你的潜意识开始感受到体内元气的苏醒。”（暂停片刻）

“先休息一会儿，进入体内最深的安静中。安静。安静。安静。让安静在你身体的最中央，你的潜意识层开始接受你给它的指示，把这些指示当作无价的珍宝。”（音乐逐渐完全消退）

“当你静静地在这冥想中休息……双手平放在腹部，让能量进入你身体最重要的中心。把你的注意力集中在你脑中的视觉想象，想象一股能量像一个发光的灯泡在你的脊椎根部形成。把它想象成发光的灯泡。在你的脑中看到它的光芒。同时感觉身体的那个部位在灯光的照射下变得温暖起来。”（暂停片刻）

“深刻地感受这热烈的光。全身心地去体验。它给你的身体带来充满生机的元气。现在你可以将这光线扩散到全身，从一个组织到一个组织，给你带来健康、力量、福祉。准备好，让我们开始。1，2，3……”

“现在想象能量从脊柱延伸到头顶。体验这种感觉！”（暂停片刻）

“现在深呼吸，把光线吸进你的鼻子。（暂停片刻）想象光线进入你的喉咙，你的肺。（暂停片刻）你的脑中看到肺部发光，充满生机。体验这种感觉！”（暂停片刻）

“想象能量的光线充满你的肺部……填满你腋窝之间的所有空间。你的肺充满光线的生机。你的肺充满元气。去体验吧。”（暂停片刻）

“现在用你的大脑让这元气之光从你的腋窝扩散到你的手臂，直到手指。感觉你的大拇指变得温暖，感觉到它的脉搏。然后，想象能量从你的大拇指通过虎口进入食指，就像电流那样，直到你的手都像充满电那样充满能量。体验手上发麻的感觉。”（暂停片刻）

“现在把能量从你的手上返回到手臂，直到肩膀。（暂停片刻）然后能量从肩膀流进脖子，进入下巴和脸颊的结合处。感受血液涌到你的脸上，脸颊变得温暖。去体验吧。”

“现在让这元气之光的能量从你的脸上流进你的身体，流进你的肚脐……到你腹部上的一点，肚脐那一点。去体验吧。”（暂停片刻）

“现在让能量流到腹部的右侧，进入结肠……用这光线来清洁结肠。”（暂停片刻）

“现在让能量从你的结肠流进直肠。”（暂停片刻）

“想象这温暖的能量流进你的性器官，激起你的性欲。去体验吧。”（暂停片刻）

“现在让能量从性器官直接流到身体的前面，向上，向上，直到它覆盖你的脸颊。现在让能量分成两股，分别流到两边的脸颊上。”（暂停片刻）

“现在想象能量在你的脸颊上向下流动，经过下巴，又往下进入你的胃部。用这股能量之光清洁你的胃部，帮助每一个消化吸收的过程。感觉你的胃部发光……充满元气和健康。去体验吧。”（暂停片刻）

“现在让能量从腹部的两侧向下流动，经过你的腹股沟……继续流动，沿着腿部的前侧，流向双脚，把能量集中在大脚趾上。”（暂停片刻）

“现在让能量流向每只脚的第二个脚趾。（暂停片刻）让能量一个接一个地流进脚趾，直到所有的脚趾都充满能量。慢慢来，不要着急。充分地体验它。想象，然后你就能体验到。你会感觉到脚上脉搏的跳动。”（暂停片刻）

“现在让能量从你的脚内侧流向脚踝，流向腿的后侧。去体验吧。”（暂停片刻）

“现在让能量流进大腿的内侧。”（暂停片刻）

“现在让光之能量重新流进腹股沟，分成两股，进入两侧的身体，向上到达两边的腋窝。去体验吧。”（暂停片刻）

“现在让能量进入位于你腹部左侧，肋骨底部的下方的胰脏。感觉整个胰脏区域都变得温暖，充满光线。去体验吧。”（暂停片刻）

“现在让能量，你的生命力，流进身体的中心，流进心脏。感觉你的心脏充满了光亮……治愈你心脏所有的病痛，打开心扉，热爱所有的人和物。让这神

奇的能量清洁你的心脏。去体验吧。”（暂停片刻）

“现在让能量流回腋窝……向下流动，进入两只手臂的内侧……流向手掌，直到手指。感觉你的手指发麻。”（暂停片刻）

“现在让能量向上返回到手臂中……流向手臂的外侧手肘……回到腋窝，流向肩膀。去体验吧。”（暂停片刻）

“现在让能量从肩膀向上流动，经过下腭骨，流向脸颊深处。（暂停片刻）想象能量在两只耳朵的中部深处显露。体验耳朵发麻的感觉。”（暂停片刻）

“现在让能量流进你眉毛中心的‘第三只眼’。想象此处发光，就像迸发出一颗亮星。让这光亮移动到头顶。这股能量让你的整个头发热。（暂停片刻）然后用你想象中的眼睛让这光亮像探照灯一样从你的头顶远远地照向宇宙空间。你的整个头都充满能量，熠熠发光。你的大脑充满能量……这股能量让你认识自己真实的本性，隐藏起来的真相，认清自己是谁。它激发了你的超感知和直觉的能量。好好体验吧！”（暂停片刻）

“现在你知道你已经让全身各处都受益了。你让全身充满元气，成为你自己的主人。深深地体验，感觉你的整个身体都在发光。”（暂停片刻）……（慢慢地，轻轻地，逐渐又响起音乐的节拍）

“现在休息吧……在最深的地方放松下休息，几乎就要睡着……感受着你的全身充满元气，充满发光的能量。深深地呼吸，完全放松，让体内生命能量的元气从头到脚都在澎湃。”（暂停片刻）

“慢慢地，慢慢地，慢慢地让你体内的能量平息下来，陷入深深的休息。你将恢复充分的敏感度，成为生命的主人。”（音乐声音渐强）

“整个过程结束了。充满元气的感觉多好啊。多美妙的生命啊！再多休息一会儿。此时此刻你可以根据意愿恢复所有的意识。站起来尽情闪耀吧，感受生机勃勃的生命吧！”

现在，练习，练习，练习！

现在你拥有成为专业催眠师的诀窍了，但是如何运用这些知识完全取决于你自己。催眠和其他表演艺术一样：你如何演绎，如何表演是最重要的。就像那些在剧院的人所说的：“重要的不是你做了什么，而是你如何去做！”

所以……

勤奋地练习吧。熟能生巧。练习催眠一个目标对象。练习催眠一群人。在私人空间练习。在公共场合练习。

彻底熟练地使用你的催眠方法，让它成为你的第二本能。让你的技术像你最熟悉的动作一样成为你的一部分，这样它们才能顺利简单地表现出来。当你做的时候，清楚地知道你将要做什么。只有很好地了解催眠，你才能把注意力集中在舞台催眠表演的娱乐上。一直牢记，表演秀中，娱乐最重要！

现在，读书，读书，读书！

这个再推荐都不为过。阅读你手上关于催眠的所有书。精通催眠是一个终身学习的过程。

第 六 部 分

催眠术表演的前期准备

诺尔斯夫人催眠术表演（1901年）

不管过去还是现在，用催眠娱乐大众。随着查考克的死亡
和南希学校的衰败，只剩下舞台催眠师让催眠在
公众视野中发挥活力

奥蒙德·麦吉尔的“催眠合奏”表演（1991年）

第43章　成为舞台催眠师

当一个人想要在舞台上娱乐观众半个小时甚至是整个晚上，却没有其他的道具，只有一排空椅子，这会是一项艰巨的任务，即使是最坚定的表演者也要停下来反思一下了。确实，正是进行舞台催眠表演需要掌握的技术让它成为一门艺术。

舞台催眠师的标准

舞台催眠师最重要的标准是专业娱乐技能，因为舞台催眠术是所有娱乐项目中最复杂的一种。因为它要同时进行两场表演（一个是对台上的目标对象，一个是对观众）要同时吻合，并且催眠师要能够精确地知道将会发生什么，来控制观众参与的情况下的不确定性。

跟其他表演者（比如歌手、舞者、魔术师等）不同的是，催眠师的表演要依赖于对陌生志愿者的引导。如果到台上来的人对他的催眠指示反应和行为都很好，他就成功创造了最好的娱乐，他的表演就是成功的。相反，如果志愿者表现不好，他的表演就失败了。

正常情况下，表演者都会觉得，把表演的成功与否依赖于志愿者的反应，要冒很大的风险。其实，这可以保证百分之百的成功。

在你对之前材料的学习中，你已经知道如何催眠并控制情况。你现在将会学到如何让舞台催眠表演获得成功，将失败的可能降至最低。实话实说，虽然催眠必须一直与人类这个难题打交道，但是让事情都最大程度上对你有利，在很大程度上你就成功了。

催眠作为一种娱乐包含各方面内容：喜剧、奥秘、戏剧、伴随着思想激发的有教育意义的现象。每场秀都是独一无二的！如果催眠表演的感染力被表现

得淋漓尽致，几乎没有其他娱乐项目能创造出更多自然的乐趣和激情。

一场成功的催眠术表演需要丰富的催眠知识以及对表演方法的理解。既然秀的主要目的就是娱乐，后者才是最重要的。

成功舞台催眠的三个原则

1. 你必须完全熟悉催眠诱导方法，并且知道如何制作各种催眠现象，从而熟练地给出从清醒催眠试验的暗示到深层催眠的暗示。

2. 你必须成为表演艺术家。表演艺术家意味着优秀的娱乐者。表演才能是不管做什么，而是都能够给观众展现出最大的娱乐效果的能力。

3. 催眠表演必须有精确的程序。舞台催眠师要清楚地知道他将要做什么。表演从开始到结束都按照一个模式，精确地依程序进行。

催眠表演与舞台剧类似：它有开始、主体、高潮以及结束。你的特别表演的戏剧效果是根据你要如何表现它的想法来实现的。然而，你要完全掌握它的表现方法，让它成为你的第二本能。

催眠术表演的优势

催眠表演有很多优势，因为它是基于人的兴趣的，而人的兴趣是娱乐首要的形式。同时它作为一种艺术形式的事实也提升了它的声望和娱乐感染力。这种表演是精彩的，整个舞台都是你表演的范围；你不需要携带什么装备，观众本身就是你的装备。然而你可以详细地说明某个因素，然后根据你的意愿，把它变成一场盛大的舞台奇观。毕竟，你有一大群演员跟你一起工作。

催眠师的外表

你的长相，你的穿着，你说话行动的方式，形成了你作为一名催眠师的形象。你在观众面前的形象取决于你在舞台上如何表现自己。这样考虑的话，成功的催眠师绝不吹嘘或者质疑。他拥有成功医生的性格：安静、矜持、高贵、对自己的工作有信心。最重要的是不要让你的表演成为一场以自我为中心的漫游。你的表演的目的是促进催眠的艺术性，娱乐大众，而不是谄媚你自己。

舞台催眠行业有它自己的魅力。舞台催眠师是艺术家，他熟练地演奏世上最奇妙的乐器——人。催眠师有责任在所有方面都做到精确无误。

关于说话，要说得清晰明白，时刻使用完美的语言。每句话都要说得完美，你的催眠术表演才会完美。对观众演讲时，你的陈述要专业、得体，更像是一个权威的演讲。对你的目标对象讲话时，你必须果断、直接。考虑到这一点，当你轻声地传递你的暗示的时候，让你的表达毋庸置疑，就像权威所说的那样，只需服从就行了！

表演态度

表演态度对于成功的舞台催眠至关重要。舞台催眠术表演中有一种趋势，放大催眠师的作用，从而轻视目标对象。换句话说，就是催眠师占主导地位，而目标对象仅仅是顺从地位。这种表演态度对于秀的娱乐价值是非常有害的，必须小心地抵制这种行为。

记住，观众的心理定位趋向于把自己看成目标对象；因此，嘲弄目标对象就是嘲弄观众。要制止这种情况，在任何情况下都把目标对象放在观众接受范围的顶端。按照下面的五条指示来做：

1. 每次有掌声的时候，都指向完成表演的目标对象，而不是诱导表演的催眠师。

2. 解释所有的催眠效果都是目标对象专注的结果，而不是催眠师独特的能力。

3. 解释任何看起来有些荒唐的试验，根本上的意义都是为了说明一个有趣的行为。

4. 强调催眠情况中的动态事实，因为催眠需要催眠师与目标对象的合作和相互信任，为了成功达到催眠，他们在其中要扮演好自己的角色。

5. 不要抢目标对象的镜头，换句话说，就是当你在舞台上与他们合作的时候不要站在他们的前面。催眠术表演中常常看到催眠师背对着观众，遮住了目标对象一半的身体。

> 注意：要一直记住你在舞台上的位置，这样观众可以更好地看到目标对象。

观众接受度

对于成功的舞台催眠来讲，在表演技巧方面，恐怕没有什么比观众接受度更重要的了。催眠师必须尽全力让他的表演在观众眼中是成功的。

用催眠的话说，就是观众越喜欢你的表演，你在舞台上就会得到越好的催眠结果。目标对象们喜欢这种成功参与表演，做出反应的感觉。相反，他们不会喜欢参与了一个失败的表演的感觉。

观众接受的原则再强调都不为过。因为这不是舞台上与你合作的目标对象的数量问题，或者是你有一个特别容易受影响的目标对象就可以高枕无忧了，其实是很多志愿者都想要成为这场表演的一部分，接受你的暗示。事实上，目标对象越天生地容易受影响，他对于不利的观众反应就会有更差的回应。

出于同样的原因，当观众喜欢你的表演时，相反的情况才是正确的。志愿者无法足够快地做出反应来同时满足你和观众。

心理学家R·W·怀特提出："我建议，开始的时候，催眠行为都是有意义的，朝着某个目标的。一般最主要的目标就是表现得像个被催眠的人，它由催眠师提出来，被目标对象所理解。目标对象被一种愿望管理，他希望表现得像个被催眠的人，他的动机就是服从催眠师的指示，他的行为就是一种将意图实施的努力。"

上面的观点基本上是正确的，但是在舞台催眠的情况中，目标对象的动力不仅仅是为了取悦催眠师，更多的是取悦观众。

> 注意：认识到观众满意的因素在舞台催眠中的作用是很重要的。主要影响目标对象的是观众，这可能就是为什么相比其他控制较为严密的情况，舞台上有更多惊人的催眠效果。这是一种"群众心理"产生的强烈催眠效果，影响观众的接受度和愉悦性。

舞台催眠师要一直让他的观众做出反应，表现出他们对目标对象的赞赏。当一个或者一组目标对象表现得非常好，引导观众鼓掌，并说："台上的成员都集中注意力，出色地完成了表演，让我们用热烈的掌声表达我们的赞赏。"可以训练观众鼓掌。特别是要他们对目标对象做出反应。记住，强大的观众反应可以给台上的目标对象带来强大的催眠效应。

注意：催眠师让他的表演成功对于取悦目标对象和观众是非常重要的。考虑到这一点，催眠过程要温柔、亲切。粗鲁的手段，比如推目标对象，要坚决杜绝。尽量避免不恰当的身体接触。毕竟，催眠是一种精神现象，用你的精神去做。最重要的是保持警惕，不要让台上的目标对象在对暗示的反应中受到伤害。你曾经承诺过当他们离开舞台的时候感觉要比他们上来的时候好得多。

第44章　舞台催眠的成功秘诀

这里考虑的原则是基于整个催眠领域的。作为一名催眠师，你可能已经学习过这些了。那就再学一遍吧。

期望

舞台催眠的一个重要秘诀就是目标对象想要被你催眠的期望。如果目标对象期待被催眠，在表演开始之前他们当中的三分之二就已经进入催眠状态了。因此，你所做的每次刺激，都要把他们的期望抬得越来越高。

这个过程从广告宣传阶段就开始了，持续到他们来参加表演的时候。每·步都发展得更深，在目标对象被催眠的时候达到顶峰。注意所有这些期望的因素都对你有帮助，并在你的控制范围内。

舞台环境

相比其他类型的催眠师而言，舞台催眠师拥有一项优势，那就是，舞台上有一种有助于成功表演催眠的氛围。舞台是表演的地方，每一个参加演出的人都本能地知道这一点。此刻，舞台是你的王国，它是你的家。你是主人，目标对象是客人。你有指示客人的权利。

灯光，音乐，幕布，前面的观众，都是有利于创造催眠的舞台环境。正是由于这种“舞台环境”，可以比在其他环境下更快地诱导催眠。

“重要性”的重要性

你让你的工作显得越重要，你就能取得越大的成功。基于这一点，请看下面的原则：

1. 让催眠创造的大脑状态变得重要。

2. 让观众尊敬你的催眠表演。这很重要。要让观众明白他们在见证精神的奇迹。

3. 让你的目标对象感觉被催眠是很重要的。让每个人都意识到他们所学习的精神上的技巧是很重要的。

社会认可

你越是能说服观众相信催眠的价值，你就越能感染你的目标对象们。他们变成了大脑潜意识王国的探险者。你所有的工作都要目标明确，为了建立社会认可以及让目标对象进入催眠。

参与者的人数、年龄和性别

大部分的催眠表演使用的椅子都不要少于 10 张，也不要多于 25 张。对于标准的舞台，大概 12 张椅子是理想的。夜总会的环境下可以根据空间的限制少用一些。

尽量让志愿者的年龄差不多。不要有小孩。主要的成员应该是年轻人，他们是很好的合作对象，高中生和大学生是最好的。

谈到性别，让志愿者来决定吧。男女比例 1:1 是理想的状况。有时候，你有大量的志愿者，所有的椅子都被坐满了；你可以让多余的人站在椅子的后面。解释你希望所有的人都有相等的机会来参与，但是很明显台上的人比你需要的要多。你提议进行一个小组的测试，所有人都可以参加。那些反应较好的你会留下来；那些反应不那么好的你会微笑着让他们下去。很快，你就可以让所有的椅子上都坐着最适合催眠的人。

评估你的目标对象

找到你最好的目标对象的最好方法就是观察；这是靠经验积累的本领。一般来说，最好的目标对象是严肃的，可能有点紧张，有自我意识的行为，坐着时双脚着地。一般你会看到他们脸上有“期盼”的神情。

你需要避免和遣散的目标对象是那些敏捷圆滑的，交叉着腿坐着的，或者有着“演示给我看”神情的。还有那些坚持要相互说话，嚼口香糖、吸烟，或者闻起来有酒味的人。要当心那些一直咧着嘴笑的人。他可能不是有意要破坏，但是他的傻笑会破坏你的表演。

通过一瞥来分辨目标对象是否适合接受催眠是一种能力，是舞台催眠师首先要学的事情。

组合目标对象成员

如果方便，你可以让几个曾表示过愿意当志愿者的人坐在观众里。当你召集志愿者的时候，把他们叫上来。这可以带动其他人。

你可以顺便告诉目标对象，你的表演将要怎样进行。如果他们蜂拥上来，这会很好秀。如果他们慢慢地上来，就会有些困难了。目标对象身上这种含蓄的因素有时候变成自愿上来，这对于表演者来说是非常重要的。不得不靠乞求来得到志愿者是很不好的。

一群充满热情的志愿者是表演成功的良好开端。要让每个人都知道这个表演得到大家的认可，有一个有用的小技巧可以组合你的成员，那就是把一起上来的人分开，让他们在台上坐在陌生人的旁边；这可以避免他们说话或者做其他分心的事。

群体催眠

群体催眠对于舞台催眠师很重要，因为通过它催眠师可以很快分辨一组人中反应较好的目标对象所占的比例。事实上，催眠一组目标对象一般要比催眠一个人更加容易。一个小组似乎可以建立起共同的合作精神，从一个目标对象到另外一个，直到所有人都一起表演。

渐进式推销

舞台催眠术其实很像是一项推销工作。你所有的手段都是为了安排这场表演，这样每个试验都向目标对象卖出了对下一个指示做出的反应。在整场表演中制造了一个连锁反应。考虑到这一点，一般来说，你的表演项目要按照逻辑顺序从不太复杂到比较复杂。“渐进式推销”就是成功的催眠表演的答案。

高压力舞台催眠

“高压力”这个词用来形容舞台催眠师的技能很合适。催眠师把可以使用的所有手段都连续地丢向目标对象，来诱导形成催眠的合适的条件。然而“高压力”这个词要运用得巧妙，它隐藏得越好，方法就越有效。

暗示的重复和澄清

为了让催眠状态的大脑更好地理解暗示，需要清楚地给出暗示，并且重复给出暗示。让重复成为你的习惯，这不是个坏主意。至少重复两次暗示，这样就不会对需要完成的事情有疑惑。

一心一意

记住，给出暗示的一个基本的原则就是一次只给出一个暗示或者一组暗示，这样大脑会工作得比较好。而且，在你给出下一个暗示之前，要把上一个暗示的影响完全消除。这不仅仅让你的表演变得流畅，也是为了目标对象的健康。

不要期待太多

在给出暗示让目标对象执行的时候，不要给一些太远离他们本性的暗示。在目标对象身上尝试某个试验的时候要度量是否在他的能力范围内。如果你坚持这个原则，你会在创造惊人的催眠现象方面得到普遍的成功。

利用最合适的目标对象

当表演继续，你总是可以找出最合适的目标对象。观众也会。在最重要的试验中使用这些目标对象。这样做观众会很开心，因为他们是最想看到催眠反应的。

舞台催眠的深度

自然地，不同的目标对象催眠深度会不同，但总的来说，快速的舞台催眠达到的深度没有长时间有条理进行诱导的催眠深。

催眠深度对于舞台催眠师并不是特别的重要，除了在控制目标对象的时候要考虑到这一点。一般来说，在舞台上尽量让你的试验足够简单，目标对象可以实行。

从观众的角度来讲，浅催眠（包括清醒催眠）试验跟其他更高级的试验一样令人印象深刻。所以，除非你确信目标对象的催眠深度，不要超过他的承受范围。

保持催眠状态

由于舞台催眠术的节奏比较快，催眠效果有时候会不太稳定，所以除非压力可以维持，如果空闲太久，有些目标对象会跳出催眠状态。为了让他们保持催眠状态，让他们忙着做某件事。换句话说，给他们一个注意力集中的地方。大部分时候，让目标对象保持活跃，忙于回应一连串的暗示。除非有什么理由，最好不要在试验中间叫醒目标对象。

在间歇的时候给出“睡觉”的加强暗示是很重要的。比如：“随着每一次呼吸，你将会越来越深地往下进入催眠。”他们要呼吸，这是一个很好的加强暗示。或者你可以暗示：“除了我没有人能够打扰你或者叫醒你。”这些暗示可以有力地维持催眠。

冒充

当面对台上一大群目标对象的时候，经常可以发现有些人假装被催眠而不是真正被催眠。

这种冒充不是必然的自愿的欺骗，而是常常伴随着想要配合催眠师的愿望。换句话说，目标对象没有能够进入真正的催眠状态，只好尽力模仿那种情况。

认清这个因素对目标对象来说非常重要，这样可以增加舞台上令人愉快的目标对象的人数。然而，他却要从那些假装的人里面挑出真正被催眠的人，进行更深的催眠试验。这需要长期实践的观察，这也意味着你要紧密关注你在表演中所做的一切。事实上，如果这种模仿是好意的，你也不用太担心，因为在一场秀中，目标对象的精神状态没有他的外在表现重要。在舞台上，秀是最重要的，只要观众是满意的，你可以这样做。但是要清楚，观众里面会有一些聪明人，他们也能识别冒充的人，因为真正的催眠现象有某种强烈的气场，而冒充的没有。

然而，开始是假装的催眠经常可以转变为真正的催眠。对你的表演中发生的一切要保持警惕。这样你就可以控制情况。

蓄意的伪装

目标对象为了配合表演的假装和目标对象蓄意假装被催眠来愚弄你是完全不同的。后者是危险的，因为他会想要愚弄你。

要一直对这种顽劣的人保持谨慎，因为他们会破坏你的秀。当你看着他们的时候，这种目标对象就会假装睡觉；当你转过去的时候，他们就会睁开眼睛，朝你扮鬼脸；在你看到他们之前又假装睡着。

当你的表演中有笑声传出来而没有明显的原因，注意有人在伪装，尽快找出捣乱者，立即把他们从舞台上赶走。不要犹豫——让他们走！观众会敬佩你的察觉力和命令。

一种抓出这些捣乱者的方法是突然转过身，或者让一个人在舞台侧面一直观察目标对象。如果他看到某个目标对象在伪装，用手指告诉你那个目标对象所坐的椅子的编号。正是关注这些细节让你的催眠术表演从普通变得杰出！

个性化表演

当目标对象走上台的时候，尽量和他们打招呼。有时候你甚至可以走到椅子旁和他们握手。要友好些。有可能的话要记住目标对象们的姓名（名字就够了），在你对这个人进行试验、给出暗示的时候，叫他的名字。舞台上可以使用

名字标签，目标对象们写出他们的名字，贴在外套或者衣服上。在目标对象身上使用个性化的手段，通常可以增加他对于催眠诱导的个性化反应。

保持警惕——永远如此

永远不要不假思索地表演。任何时候都要保持警惕，一直观察目标对象。然后你就能辨别他们进入的层次，结合他们的需求给出暗示。你可以计划你的秀了，就像真的在进行一样，决定在某某试验中用哪些人，等等。在表演中考虑得越周全，你就能展示出越好的秀。

第45章　现代舞台催眠术的原则

在过去，催眠术表演的目的是为了塑造表演者的高大形象，证明他们可以控制目标对象的意志。今天的催眠表演则正好相反。它推崇催眠现象以及目标对象掌握这项艺术所用的技能，而不是试图给催眠师增辉。同样的原因，观众不会因为你的“催眠力量”（催眠技能）而敬仰你，可以肯定的是他们不会把你看作一个很值得崇拜的人。

在当代的催眠表演中，催眠师充当的是指引者的角色。这个转变体现了深层的心理变化，变革催眠表演的陈旧模式，根据新的定位使它现代化，从心理科学的一个分支提升到艺术的高度。

每个表演者都有自己的风格。有些使用说服型的催眠，有些则使用更有主动性的方法。同样的程序，不同的催眠师会产生不同的效果。但是舞台催眠最根本的结构都符合下面的六个原则。

原则 1：不要成为小丑

从表演者的角度来讲，催眠是一件严肃的事情。这并不是说你在表演中要郁郁寡欢。事实上，你要有生机，有活力。但是刻意的幽默在舞台催眠中没有什么意义。让幽默感从目标对象身上自然得出来。

原则 2：不要嘲弄你的目标对象

脑中记住，你的成员是从观众中挑选的志愿者组成的，嘲弄他们就相当于嘲弄全体观众。永远用最大的谦恭和尊敬来对待目标对象。尽管你的有些试验会很搞笑，要让他们根据催眠的原则坚持到最后；永远不要让目标对象看起来很荒唐。

原则 3：在你的表演中融入科学

你能在你的表演中结合多少对于催眠的科学解释，取决于你作为一名娱乐者的个性和观众的类型。但是，某种程度上，在你的工作中保留科学试验的背景。

原则 4：对观众坦诚相待

很长时间以来，催眠都被认为是神秘的事情。你没有必要再去延续这种神秘。你会发现关于催眠现象的坦白的解释，就像你做的那样，只会增加催眠的奇迹程度。人类的大脑是世上最神奇的东西。

不要害怕承认你没有控制目标对象大脑的特殊力量。不要害怕解释催眠根本的原则是利用心理的法则，而没有一点点超自然的东西。你会发现你的坦白，根本不会破坏观众眼中你的威望，而是增加了威望。我们生活在一个感激解释的时代。

现代的大众喜欢认为他们自己够聪明去考虑科学问题，关于他们的大脑是如何运行的问题，每个人都很有兴趣。说到减少神秘感，一个人可能会问，解释电能做些什么可以降低电的神秘感吗？事实上，你解释得越多，就越能增加大家的惊叹。催眠也是类似的。

原则 5：激起参与者的兴趣

作为一名催眠师，你真正重要的道具其实是人。因此，你要对所有观众集中精力，保持他们的兴趣。你的表演既是为了参与者，也是为了台下观众。

第46章　五条重要提示

这一章列出的五条提示内容可以帮助你改善催眠表演的效果，所以值得仔细研读。

提示 1：目标对象正在聆听

记住，催眠术的作用是让目标对象进入极其容易受到暗示影响的精神状态，所以在表演过程中，目标对象无时无刻不在专注地聆听你的每一句话，即使你讲话的对象并不是他们。你对别人所说的话会间接影响目标对象的行为。

当你直接对目标对象说话时，可以用直接暗示的方式提高他们集中注意的程度，例如“你必须全神贯注听我接下来要说的话”。反过来，你也可以暗示“现在不要听我说话，我的每一句话都和你没有任何关系”。无论给出什么样的暗示，都要记得在催眠表演结束之前抵消掉暗示的影响。这一条提示的内容和下一条提示直接相关。

提示 2：语言的双关性

一场催眠术表演事实上是两场重叠在一起的表演，面对的观众分别是台下观众与台上的参与者，也就是催眠对象。如果催眠师在说话时能兼顾二者，就可以达到最好的效果。

例如，当你告诉台下观众，你打算对目标对象进行某些方式的催眠时，由于目标对象也在聆听，所以也会受到暗示影响。要想让表演达到最佳效果，催眠师必须懂得如何合理安排语言。

提示 3：目标对象的同意

每个表演项目开始之前，催眠师都可以把将要进行的内容告诉目标对象，征求他们的同意，例如“同意的话就点点头”。目标对象总是会点头表示同意，这是由催眠状态的本质所决定的。

征求目标对象同意的过程，有助于让催眠术表演达到最佳效果，因为目标对象点头同意的过程本身就是自我暗示的过程。这样的做法无论对单一的目标对象还是参与者群体都同样有效，并且因为带有“尊重个人意愿”的色彩，所以更容易得到台下观众的认同。

> 注意：杰瑞·瓦利在进行催眠术表演的时候，几乎每次都会利用“征得目标对象同意”的过程来达到最佳效果。他首先对目标对象解释接下来的项目内容，然后问他们是否能够理解，如果理解就点点头。因为目标对象在心中对即将发生的事情有所期待，所以就更容易受到相应的暗示影响。

提示 4：成为表演的一部分

催眠术表演经常需要目标对象扮演某些想象中的角色，这时如果催眠师能融入其中，成为表演的“配角”，就可以让目标对象的表演显得更真实、更具有娱乐性。

例如，你可以首先暗示目标对象，他们回到了自己的童年时代，正处于八九岁刚上学时的阶段。为了强化这一想象场景的真实性，你可以进一步暗示，他们的老师非常严厉，他们很不喜欢这位老师，总是借一切可能的机会调皮捣蛋。之后再暗示：“我就是那位严厉的老师。当我转身背对你们的时候，乘机对我做鬼脸，越夸张越好，但我一转回身，你们就要重新做出严肃的表情，不然就会有麻烦。”

这样，你不仅构建出了想象中的场景，让目标对象进入角色，并且自己也参与了表演过程。现在你可以开始扮演严厉的老师，一方面努力管教“学生”们，另一方面又为他们的调皮淘气而头痛不已。

你的表演技巧越高超，就越能达到良好的效果。这样不仅能提高表演本身的娱乐性，还能增强目标对象的专注和投入程度。

提示 5：哑剧表演的暗示作用

催眠师在参与表演内容的时候，可以利用类似哑剧表演的形式达到暗示效果。我自己在进行催眠术表演的时候，就曾经利用过这样的方法。首先告诉台下观众（以表演中角色的口吻，同时也要注意你说的话对催眠对象的影响），你发明了一种非常强效的药剂，能够彻底改变一个人的性情。然后拿出一个瓶子，喝掉里面的东西，假装自己身上发生了非常剧烈的变化。你可以弯腰弓背，做出扭曲的表情，双手乱抓乱挠，动作越夸张越好。你表演得越逼真，对催眠对象（台上参与者）的暗示作用就越强烈。

之后你可以告诉目标对象："现在我会让你们喝下这种药剂，让你变成某某角色。"（这一角色必须是目标对象所知道的。）把瓶子递给目标对象，让他们喝下去，然后他们就会模仿你之前的表现，在"药剂"的作用下发生"变化"。由于他们处于催眠状态中，所以表演得往往会比你更逼真。某些情况下，这一项目也会被用于测试演员的表演天赋。需要结束项目的时候，只要暗示"药效已过，现在你们将会逐渐恢复原状"就可以了。

第47章　舞台催眠术的节奏

由于娱乐表演对节奏的要求，现代的催眠术表演节目通常会以直接的群体催眠开场，然后再进行其他项目。如果催眠师已经具有了一定的名气，在观众中间有较高的认同度，或是连续为同一批观众进行多场表演，这样的开场方法就较为有效。但在观众对催眠师不够认同，并且每场表演观众均不同的情况下，就需要用更多的时间进行开场催眠以保证效果，从清醒催眠开始，之后再过渡到深度催眠。

清醒催眠不仅可以作为深度催眠的过渡，而且其过程本身就具有一定的娱乐价值。催眠师必须自己决定如何安排表演项目，因为每个人最拿手的催眠手段都不一样。表演时间、具体情况和需要的节奏，都会影响表演项目的安排。

我会在下面给出两个例子，我自己的“催眠合奏”和乔治·辛格尔教授的“神奇催眠”。由于表演过程有中场休息，所以在休息前安排延迟暗示的项目，这样在观众重新进场入座时，延迟暗示的内容就会发挥作用。

表演分为上下两半场，上半场内容是清醒催眠和进入深度催眠状态的过程，下半场内容则是深度催眠状态下的表现。

表演开场后，首先进行一系列的清醒催眠项目示例，然后再诱导参与者进入深度催眠状态。中场休息之前，对参与者发出“一旦听到某段音乐旋律就会重新进入深度催眠状态”的延迟暗示，然后让他们脱离催眠状态。下半场开场时播放这段音乐旋律，让参与者恢复深度催眠状态，然后再继续表演。

催眠术的研究是一门科学，而催眠术表演则是一门艺术——一门非常个性化的艺术。或许你从来没有想过，催眠术的关键其实在于催眠师与参与者之间的配合与信任，只有当二者的精神状态能够协调一致时，才能达到真正意义上的催眠效果。

奥蒙德·麦吉尔倾力推出：

催眠合奏

表演

上半场：清醒催眠与深度催眠的诱导

简介：思想的探险

参与者自愿上台

（每个在场观众都可以上台接受催眠）

冥想/催眠情绪

身体摇摆示例

锁手术表演

失忆术表演

通过清醒暗示控制参与者的肌肉与感官反应

进入深度催眠

体验东方式的群体催眠

中场休息

下半场：进阶催眠术表演

参与观众归场

催眠练习与梦游状态

你也能成为好莱坞明星

超感官体验

1. 催眠聚会
2. 瞬间催眠
3. 自动动作
4. X光眼镜
5. 幻觉与幻象

世界催眠之旅

1. 美丽的夏威夷
2. 神奇的印度
3. 遥远的火星

时光转移

1. 回到童年
2. 最爱的宠物
3. 青春之泉
4. 娱乐与惊喜

群体延迟催眠反应

表演结束

（表演项目随时可能发生变化，因为催眠术表演是一项创造性的项目，无论是参与者还是催眠师，都无法预料在舞台上究竟会发生哪些奇迹。）

利用特定的音乐旋律触发延迟暗示反应的做法，最初是由英国舞台催眠师彼得·卡森发明的，其巧妙之处在于不仅可以让参与者瞬间回归深度催眠状态，而且也可以让台下观众目睹整个过程。

中场休息结束之后，首先等待观众落座，然后再播放音乐，上半场的参与者会从观众席回到台上，之后就可以继续表演了。

下半场表演内容有的是通用的套路，也有的是我自己发明的项目。具体项目安排会在后面的章节中详细描述。

总之，催眠术表演的结构安排通常会遵循舞台表演的一般原则，开场抓住观众的注意力，表演过程注意张弛相济，逐渐将气氛推向高潮。由于舞台催眠术涵盖的范围非常广，所以具体表演内容并没有一定之规，催眠师需要自己设计表演结构，安排最合适的项目。永远记住，表演成功的关键不在于你安排了哪些项目，而在于如何去进行这些项目。

下面是乔治·辛格尔教授的表演项目安排，同样符合舞台表演的一般原则。他的表演在纽约取得了相当大的成功。

表演：神奇催眠

上半场

项目 1：催眠术简介

用详尽而幽默的口吻讲述催眠术的历史、背景和内容。

项目 2：大家参与进来

对全体观众进行催眠暗示，让所有人放松下来。

项目 3：不要数羊，直接入睡！

部分观众上台参与表演，接受深度催眠。

项目 4：疯狂的“电椅”

让一名目标对象坐在椅子上，尽管椅子实际上并没有通电，也没有任何加热或其他装置，但在催眠师的暗示下，目标对象会在听到某个指令的时候从椅子上弹跳起来，仿佛触电一样。

项目 5：键盘天才

催眠师通过暗示让目标对象想象自己变成了一名伟大的钢琴师，倾力弹奏优美的乐曲。

项目 6：左右倒置

催眠师通过暗示让目标对象把左右脚的鞋子反过来穿，否则就无法穿上。

项目 7：周六冲凉

催眠师通过暗示让目标对象想象自己正在淋浴喷头下冲凉，需要调整水温冷热，使用毛巾和肥皂。

项目 8：开心的一天

催眠师在想象中邀请目标对象乘着豪华轿车出去兜风，去电影院看电影。

下半场

项目 1：速度大赛

催眠师让目标对象在想象中参与一场别开生面的比赛：看谁能用最短的时间吃完一支蛋筒冰激凌，不准用牙齿咬或嚼。

项目 2：你有多强壮?

催眠师通过暗示让原本很强壮的目标对象无力举起一把椅子，甚至一支铅笔。

项目 3：甜如蜜

催眠师通过暗示让目标对象觉得原本很酸的柠檬像蜜糖一样甜。

项目 4：很久很久以前

催眠师让目标对象在想象中回到童年时代。

项目 5：人体桥梁

肌肉僵硬现象的演示：目标对象的身体变成一座桥梁，搭在两把椅子之间，可以承受 100 千克的重压。

项目 6：快乐收场

催眠师对每一名参与者分别施以不同的延迟暗示，让他们脱离深度催眠状态，离台归位，之后再按暗示内容做出反应。

（具体表演内容可能发生变化）

> 注意：辛格尔教授的表演节目单中包括了很多前面章节介绍过的内容，这份节目单可以作为很好的参考，让你了解如何把不同的项目整合成一场表演。我要再次强调的是，催眠师在舞台表演中应该尽量发挥创造力，让每场表演都尽可能独一无二，而不是模仿别人的表演模式。这样不仅能让表演取得更大的成功，而且也能使观众满意，因为人们都希望看到新东西，而不是旧东西的重复。创造力是娱乐活动的关键。

第七部分

舞台催眠术表演

第48章　开场

音乐响起。顶灯关闭。落地灯打开。幕布拉开，露出红蓝灯光映照下的舞台，以及台上摆着的一排排椅子。聚光灯照在舞台右侧，催眠师从这里入场。

现代的舞台表演总是遵循这样的套路。催眠师入场之后，在掌声中走到舞台中央的麦克风前，停顿片刻，扫视观众席，然后开始致开场辞。

奥蒙德·麦吉尔开场辞

"女士们，先生们，晚上好。我们很快就会邀请你们中的一部分人到台上来，坐在这些椅子上（伸手指指台上的椅子）。衷心欢迎各位上台来参与表演，亲身体验一下人类思想的魔术——催眠术。让我们首先简单介绍一下催眠术这门科学。

"催眠术绝不仅仅是舞台上的表演，而是心理科学的一门分支，同时也是一种得到美国医学学会承认的心理疗法，为许多医师、牙医和心理治疗师所广泛采用。

"心理暗示是催眠术的基础。按照科学上的定义，暗示是指人的潜意识直接受到外来影响而付诸行动的过程。换句话说，暗示能够越过人的意识，直接作用于潜意识，所以才能产生许多出乎人们意料的结果。

"现在，我就会向你们展示，潜意识是如何把它所受到的暗示影响付诸行动的。这是一项非常简单的练习，我们大家都可以参与进来。

"这里有一个柠檬和一把刀（把柠檬和刀举起来给观众看）。看到柠檬，你们就会想起它的酸味，这就是一种心理暗示。想一想吧，想想柠檬有多酸。现在看……

"我用刀把柠檬切开，挤出里面的汁液……非常酸的汁液。我会吮吸挤出来的汁液，感受柠檬又苦又酸的味道。”

把柠檬放在唇边，吮吸里面的汁液。尽量发出吮吸的声音，同时做出撅嘴皱眉的表情，用你的表情和动作来强化“柠檬是酸的”这条暗示。全体观众都会受到暗示效果的影响。

“在我吮吸柠檬的时候，你们每个人的嘴里都会分泌唾液。这就是潜意识的作用，是潜意识在暗示的影响之下把你们曾经的反应重新表现出来。尽管吮吸柠檬的是我，但你们嘴里同样会分泌唾液。”

这样的话能够进一步加强暗示的效力，使观众更明显地感觉到“酸柠檬”反应。

“这一实验尽管简单，却揭示了催眠术的基础。你们越是把全部精神都集中到暗示内容上，就越能体验深度催眠的境界。

“由于接下来的实验内容需要成年人才具备的精神集中能力，所以我无法邀请小朋友们到台上来，但如果你的年龄超过高中学龄，对催眠术实验很感兴趣，愿意把精神集中在我将要发出的各种暗示内容上，就欢迎到台上来。

“我的要求只有两点：你必须用严肃的态度对待实验内容，并且愿意把精神集中在我发出的暗示内容上。只要你能满足这两点要求，就可以参与接下来的表演。

“现在就上台来吧，坐在椅子上。你会体验一段非常奇妙的历程，并且我保证你在离开这里的时候，感觉会比现在更好。上台来吧。欢迎每一个人的参与。”

如果有条件搭配背景音乐，可以在自愿参与表演的观众们上台时播放激昂的进行曲。

有的催眠师喜欢在邀请观众上台之前再多做几次实验或练习，这样有助于选择更合适的参与者。下一章将详述选择参与者的方法。

要想让表演取得成功，开场辞非常重要，因为观众会通过开场辞认识你这个人，了解催眠术的基本原理，并且亲身体验其效力。开场辞是你对观众造成影响的第一个机会，一定要好好把握。

通常情况下，催眠术表演的观众包括三种人：不相信催眠术的人，对催眠术满怀神秘感和敬畏之心的人以及寻求乐趣的人。开场辞需要兼顾这三种人的特点，说服第一类人相信催眠术是真实的，让第二类人对催眠术有所了解，为第三类人提供新鲜的体验。整个过程中都要表现出充分的自信，展露友好的微笑。

注意：开场辞往往可以决定整场表演是否顺利。如果致完开场辞之后，主动上台来参与的观众络绎不绝，就说明后面的表演会一帆风顺，你可以很快进入正题。如果只有寥寥几个观众上台，那你就需要采用更保守的方式，确保达到良好的催眠效果。下面是帕特·柯林斯常用的开场辞内容，与我的较为正式的开场辞相比，她的开场辞更为轻松朴素，但二者均可达到相同的目的。

帕特·柯林斯开场辞

“晚上好。这是一场表演，所以请做好开心一把的准备。你们中有些人是第一次观看催眠术表演，我会用非常简单的方式介绍一下表演内容。

“几分钟之后，我会从你们中间邀请五六个人上台来接受催眠。这是真正的催眠术表演，如果你上台来的话，就会进入如假包换的催眠状态，但是催眠你的人并不是我，而是你自己。只有当你把精神集中在我的暗示内容上，相信和接受我说的每一句话时，才能体验到被催眠的感觉。关键在于你们怎么做，而不是我怎么做……我只不过是负责在合适的时间以合适的方式提出合适的暗示，如果你愿意接受暗示，并且能够把精神集中在暗示内容上，那你就会自然而然地体验到催眠的感觉。

“在催眠状态下，你所能体验到的只有彻底放松的感觉。我的意思是说，催眠术并不会让你失去意识，你仍然会保持清醒，仍然能看到周围发生的每一件事情，听到周围的每一丝声音。你并不会错过表演内容，而是可以更加享受表演的全过程，因为你自己就是表演的一部分。

“所以不必担心，你会体验一段非常愉快的经历，因为你会和我一起睡。如果你很害羞，没关系，保持原样就好。如果你很外向，那就保持外向。总之，做你真实的自己就可以了。在催眠过程中，你会感到非常开心，并且在你从催眠状态下恢复过来之后，也就是 45 分钟到一个小时之后，你会像刚刚睡了 8 ~ 10 个小时一样放松。这可以说是享受的最佳方式了。

“催眠术也有严肃的一面：如果你处于催眠状态的时候，有什么事情需要我的帮助，不管大事小情，表演结束之后我都会专门为你提供帮助，所以有什么需求就尽管说出来。我喜欢帮助别人，这是我表示感谢的方式。

“例如，假设你的名字叫凯西，表演结束之后，你希望我能帮你戒烟。我会对凯西暗示，烟味非常难闻，只要凯西能接受这样的暗示内容，就能成功戒烟。另一方面，如果凯西不接受暗示内容，就不会有任何效果。所以说，我并不希望误导任何人。无论你受催眠的程度如何，都只能对那些你所接受的暗示内容做出反应。

“表演结束之后，只要跟我说一声，我就会尽可能地帮助你。在台上，我会对你进行催眠，但是否接受催眠取决于你自己。只要你肯尝试，就欢迎上台来。”

感兴趣的观众会上台来，帕特开始对这些人进行催眠。背景音乐采用欢快的节奏，因为表演的重点在于娱乐。

> 注意：帕特·柯林斯的开场辞结构安排十分巧妙，非常值得研究。这一开场辞具有四个方面的特点：
>
> 1. 形式上的非正式性，与表演场合（晚间俱乐部）十分贴合。
> 2. 从一开始就解释清楚了催眠术的基本作用机制，并且告诉观众，催眠师自己并不具备任何“超能力”，催眠作用主要取决于参与者对暗示内容的接受程度和精神的集中程度。
> 3. 指明了“催眠”与“放松”之间的相关性，以及“催眠”与“睡眠”之间的区别。每个人都喜欢放松的感觉，但许多人都担心失去意识，如果能消除这种担心的情绪，就可以让催眠过程变得更加容易。鼓励每个人表现出真实的自己也很重要，因为这样可以让每场表演都具备独特性。
> 4. “有什么需求就说出来，我会尽可能帮助你”这样的“奖励”，让参与者们对催眠的效果充满了期待，此时再邀请感兴趣的人上台，就可以达到观众踊跃参与的效果。
>
> 这里给出的两种开场辞只是例子，你需要自己设计自己的开场辞。永远不要简单模仿别人的东西，因为适合别人的内容并不一定适合你。

第49章　参与者的动机

舞台催眠师需要了解观众们上台参与表演的动机。有些人是为了迎接挑战，试图表现得比催眠师更聪明（尽量不要让这些人留在台上）。除此之外，参与者的动机一般分为四类：

动机 1：追求新体验带来的兴奋

任何表演节目的观众所追求的，或多或少都是新的体验带来的兴奋，这就是娱乐行业的意义所在。催眠术表演是一种非常具有娱乐性的活动，许多人正是因此才来观看表演，而他们之所以会上台参与，也是为了追求刺激与兴奋。

动机 2：探索未知

人的思想是未知性最强的领域之一，探索这片领域是许多人的夙愿，而催眠术表演正好能满足这种夙愿。许多人之所以上台来参与表演，是为了亲自体验催眠术所揭示的各种与人类精神世界有关的奥秘。

动机 3：寻求内心的安宁

生活中往往会出现各种矛盾与纠结，很难得到长久的安宁。上台参与催眠术表演提供了一个机会，可以让参与者暂时从生活中解脱出来，体验催眠状态下的宁静与轻松，恢复内心的生命力，让身心都得到宝贵的休息。

动机 4：只是为了好玩

催眠术表演既然是娱乐性的，其重心自然就在于为参与者提供娱乐体验，让他们玩得开心。许多人上台来的目的，就只是为了开心一把而已，而催眠术可以让他们抛开所有的顾虑，把所有的开心都表现出来。

舞台催眠师可以在开场辞中强调表演的娱乐目的。澳大利亚著名催眠师马丁·圣·詹姆斯就惯于这样做。在每场表演的开场辞阶段，他都会对观众强调，接下来的表演将会充满乐趣，让所有人都非常开心，特别是那些上台来参与表演的观众。这其实也是一种直接暗示，能够影响观众的反应和看待整场表演的态度。

这一章列出了上台参与表演者常见的四种动机。催眠师在邀请观众上台参与时，可以把四种动机都提及一遍："我邀请你们上台来体验一段激动人心的经历，让你们探索未知的精神世界，从兴奋中获得享受。当你们意识到你们自己才是自己精神世界的主人时，就会获得内心的安宁与平和。那么，现在就上台来坐下吧。我们都会非常开心的！"

第50章　选择最合适的参与者

所有人都能接受某种程度的催眠，但一些人对催眠术的反应比其他人更为强烈，更容易进入深度催眠状态。在舞台催眠术表演中，你当然希望参与者都是这样的人。平均而言，约有 20% 的人比较适合接受催眠，这一比例已经相当高了，所以选择最合适的观众来参与表演并不是一件很难的事。这一章介绍了一些选择方法。

要想让最合适的人上台参与，开场辞的内容非常重要，一定要解释清楚上台来的人会经历什么样的体验，然后再发出邀请。把类似前文提到的“柠檬测试”这样的表演项目整合到开场辞之中，可以让观众对暗示的作用机制有一个直观的认识，在多年的表演生涯中我一直采用这样的方式安排开场辞，每次总能取得很好的效果。下面列出的六种开场测试方式也同样有效。

模仿骗局

1. 告诉观众按你说的去做。

2. 右手握拳。观众会照做。

3. 右手拇指抬起，食指伸直，做出“握枪”的姿势。然后把“枪”指向各个不同的方向，做出开枪的姿势，同时嘴里喊“砰！砰！”观众会照做。这样的游戏会让他们非常开心。

4. 右手拇指和食指形成一个圈，观众会照做。现在告诉他们把拇指和食指形成的圈贴在下巴上，同时把你自己的拇指和食指形成的圈贴在右侧脸颊上。

绝大多数观众会本能地模仿你的动作，而不是按你说的去做。当他们意识到这一点时，会发生短暂的沉默，然后所有人都会大笑起来，因为他们意识到了暗示对他们造成的影响。

铅笔魔术

所有观众都可以参与这项测试，当他们发现自己无法丢下手中的铅笔时，会感到惊讶不已。让每个人在拇指和食指之间捏一支铅笔，笔尖朝下，捏住铅笔的手向前伸出。

告诉观众们，尽管在正常情况下，要丢掉手中的铅笔是一件很容易的事情，但暗示的力量可以让他们无法主动做到这一点。让他们首先下定决心，把精神集中在你将要发出的暗示内容上，因为只有这样测试才能成功。

让所有人紧盯住手中的铅笔尖，尽量不眨眼，坚持一分钟。

让他们心中重复这样的念头："我可以把它丢掉。我可以把它丢掉。"让他们不要有杂念，反复默念这几个字，这时他们会发现，即使他们努力尝试，也无法真的把铅笔丢掉。暗示："事实上，你们越是努力想丢掉铅笔，手指捏得反而越紧。你们会发现自己根本无法丢掉手中的铅笔，直到我命令你们丢掉。"

继续暗示："无论你们怎么努力尝试，都无法丢掉铅笔。但是当我数到 3 时，铅笔就会自动从你们指间掉下去。1，2，3！铅笔掉下去了！"

当你数到 3 时，所有人指间的铅笔都会掉落下去。

这一实验非常有趣，因为观众会发现，当他们的全部注意力都集中在某种行为上时，反而难以做出这样的行为。

那些成功接受暗示（没有提前丢掉铅笔）的人是最佳的参与者人选。测试结束之后，你可以邀请这样的人上台。

"如果测试在你身上取得了成功，你发现自己无论如何努力都无法丢掉铅笔，那么恭喜你，因为你集中精神的能力很强，并且能够接受我的指示，所以欢迎上台来参与接下来的表演，亲身体验催眠术的神奇之处。"

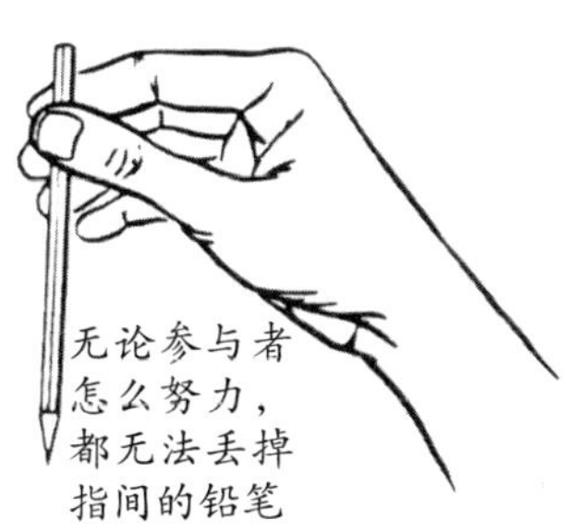

想象中的橡胶圈

这一测试与“铅笔魔术”类似，可以反映观众对暗示的接纳程度，帮助你选出最适合上台参与表演的人。让所有人把左手放在面前，距离眼睛约 30 厘米，掌心朝前，眼睛紧盯手背和手指部位，想象除拇指之外的四指上套着一道有弹性的橡胶圈（你可以在自己的手指上套一个橡胶圈，为他们提供想象的素材）。现在，让他们试图对抗橡胶圈的收束力，尽量把手指张开。

当他们努力尝试的时候，反复暗示橡胶圈非常紧，产生的阻力非常大，他们手指的张力难以抗拒。暗示：“在脑海中一再重复这样的念头：你越是努力张开手指，橡胶圈就收得越紧，让你的手指不但无法张开，反而间距越来越近。闭上眼睛，想象这一幕的图景。橡胶圈非常紧，压迫得你的手指根本无法张开，不管你怎么努力尝试，都无法张开手指，只会让手指被橡胶圈收束得越来越紧，间距越来越近，最终合在一起。手指合上之后，你根本无法让它们再度张开，无论怎么努力都不行。”

想象中的
橡胶圈

“但是现在，想象手指外面的橡胶圈忽然被摘掉了，不见了！睁开眼睛，你会发现橡胶圈其实根本就不存在，完全是你的想象。现在你可以自由地张开手指了。你们都展示了想象的强大力量。想象力是人类思想创造性的源泉。如果实验在你身上取得了成功，你就可以上台来参与接下来的表演项目了。”

群体锁手术

德国著名催眠师康拉德·莱特纳（Konrad Leitner）用“群体锁手术”的测试来选择最适合参与表演的观众。测试对全体观众同时进行。

首先让观众起立，等到所有人都站起来时，用较慢的语速说：“站直，放松下来。深吸一口气——屏住呼吸——吐气。”

与观众一起深呼吸，让他们模仿你的呼吸节奏。深呼吸三次，然后继续：“现在用双臂去配合呼吸的节奏。吸气时双臂向前伸展，屏息时双臂保持伸展状态，吐气时双臂放下。准备好了就开始吧。”

一边讲解，一边用双臂做出相应的动作。双臂的运行节奏必须与呼吸节奏保持一致。与观众一起重复三次动作过程。

“现在双臂向前平展，双掌相对，手指分开。双手手指交叉相锁，同时继续深呼吸。保持双手相锁的状态，双臂向上伸展，掌心翻转朝上。”同时做出相应的动作。

继续暗示：“对了，就是这样。双臂向上伸展，掌心朝上，双手相锁。手指彼此锁紧、非常紧！看着我，集中注意力听我说话。你的胳膊越来越僵硬。非常僵硬！非常僵硬！你的胳膊变得非常僵硬，非常紧张，双手紧紧锁在一起，无论怎样都没法分开。你的双手锁得实在太紧了，无论你怎么努力都没法分开。试试看，你会发现双手根本无法分开。无论怎么努力都没有用！你的双手像被胶水黏在一起一样！无论怎样都没法分开！”

注意观众的反应。有些人在你说“试试看”的时候，很容易就可以把双手分开，有些人需要非常努力才能把双手分开，还有些人无论怎么努力都难以成功。这最后一种人最适合接受催眠。对他们发出暗示：

“那些无论如何都没法分开双手的人，你们已经体验到了暗示的力量，并且已经掌握了接受暗示的技巧。来吧，到台上来，我会帮助你们把双手分开。”

那些无法分开双手的观众会上台来，一直保持着双臂上举、双手交叉相锁的姿势。依次注视每个人的眼睛，同时用毋庸置疑的语气发出命令：“一切都结束了。你的胳膊重新放松下来，双手彼此分开。现在你的双手可以自如活动了，

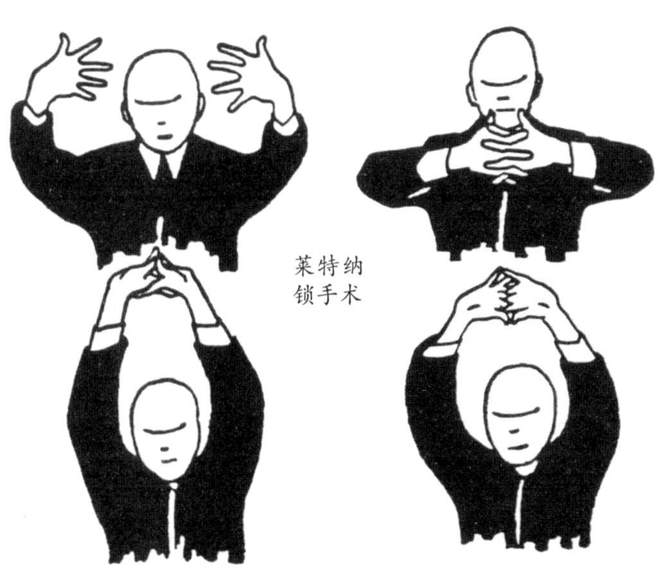

你的双手自由了！”

等到所有人的双手都分开之后，不要让他们回归原位，而是邀请这些人在台上坐下，参与接下来的表演内容。如果有人不愿意参与，就让他们回到观众席坐下。表演过程中一定要从始至终尊重参与者的主观意愿，这样不仅是对参与者的尊重，也会让台下观众感到放心。

这一测试通常非常有效，因为当人们做出双臂向上伸展，双手掌心向上，手指相锁的姿势时，只要双臂不放松下来，双手本来就很难分开，这时再佐以暗示，就可以收到最好的“锁手”效果。

“水下的火焰”视觉意象法

这种测试参与者对暗示反应程度的独特方法最初是由心理学家兼催眠师格尔哈特·沃尔特发明的。这种方法利用了视觉意象的心理机制，需要的道具包括一杯清水和一支燃烧的蜡烛。面向观众席，右手持蜡烛，左手拿水杯。告诉观众：“接下来我们会进行一项测试，看看每个人构建视觉意象的能力如何。换句话说，我们要看看哪些人最能在脑海中构建出生动形象的图景。我手上有一杯水和一支燃烧的蜡烛。我们有什么办法能让蜡烛在水中燃烧？你的意识肯定会说，那绝对不可能。然而，对你的潜意识来说，没有什么是不可能的。你可以让任何事情在潜意识中发生。”

“首先，我把蜡烛放在杯子后面，这样你们可以透过杯中的水看见蜡烛的火焰……仔细看，让这一幕深深印在脑海里。”把蜡烛放在杯子后面，展示给观众看。

“等到这一幕已经在你的脑海里形成了足够深刻的印象，就闭上眼睛，想象蜡烛是在杯子里的水中燃烧。想象这一幕！想象这一幕！当你能在脑海中清楚地‘看见’蜡烛在水中燃烧时，就举手向我示意。”一些人会举手。

“很好。这证明你们都拥有构建视觉意象的能力。现在睁开眼睛，尽管脑海中的视觉意象消失了，但你们仍然能回想起那一幕。”

刚才举手的观众会睁开眼睛，放下手。继续说：“那些构建视觉意象能力较强的人，可以运用这种能力让潜意识做出一些奇妙的事情。如果你能在脑海中清楚地看见蜡烛在水下燃烧，就可以上台来参与接下来的项目，亲自体验更多的头脑魔术。”

许多人都会主动上台来，这样你就选出了一批构建视觉意象能力较强的参与者。这样的测试不仅能起到遴选参与者的作用，而且测试内容本身非常有趣，可以让所有观众都体验到暗示的作用。

无预兆群体催眠

这是一项非常适合全体观众参与的测试，可以放在上面介绍的测试内容之后进行。由于你在测试过程中全程都不会提到“催眠”这个字眼，所以参与者会在毫无预兆的情况下“意外”进入催眠状态，这样不仅可以起到遴选作用，而且可以让之后的催眠过程变得更容易。首先让全体观众采取舒适的姿势坐在椅子上，双腿前伸，双手放在腿上。

告诉观众：“现在闭上眼睛，放松下来。不要专注于任何想法和念头，只要聆听我的声音，按我说的去做就好。所有人都感到舒适吗！所有人都闭上眼睛了吗！很好。闭紧眼睛，眼球向上转，仿佛要透视自己的大脑一样。透视你自己的大脑。闭上眼睛，眼球向上转，透视你自己的大脑。放松下来，让自己处于彻底的放松状态，什么都不要想，除了我告诉你的内容。

“我会数到6，在我数数的过程中，你会发现双眼越来越难以睁开。你已经彻底放松下来，合上了眼睛，眼球向上转，试图透视你自己的大脑。眼睛要紧紧合上。

“1……你没法睁开眼睛，越是努力尝试，眼睛就合得越紧。

“2……你的眼睛合得非常紧，无论怎么努力都没法睁开。试试看，你会发现无论怎么努力，你都没法睁开眼睛。

“3……你没法睁开眼睛，仿佛上下眼皮已经黏在了一起。保持放松和舒适的状态。不要听任何声音，除了我说的话。不要想任何事情，除了我说的内容。合紧眼睛。

“4……你仍然没法睁开眼睛，并且也不愿意尝试，因为你的姿势非常舒适，非常放松，什么也听不到，什么也看不到。舒适，放松，除了我的声音，什么也听不到。

“5……你无法睁开眼睛，因为你的姿势非常舒适，非常放松，让你情不自禁地睡着了。如此舒适，如此放松，让你睡得非常深，非常熟。什么都不想，什么都听不到，除了我的声音。非常舒适，非常放松，睡得越来越深，越来越熟。

“6……现在你已经陷入了非常深沉的梦乡。非常舒适，非常放松。你不愿意睁开眼睛，因为你喜欢这样睡着的感觉，喜欢这样的舒适和放松。睡吧，沉睡吧。

“现在我会唤醒你们，让那些最享受这种感觉的人上台来参与接下来的项目，体验更多更良好的感觉。

“好了，准备从梦乡中醒过来吧……你们的身体开始移动了。你们醒过来了。都醒过来吧。你们都非常享受刚才的睡眠。这种感觉非常好……不久之后，那些上台来参与表演的人就可以继续体验这种感觉，同时也洞悉催眠术的奥秘。”

这样的群体催眠手段的效果非常好，因为观众只知道这是一项“放松练习”，并不会意识到自己已经被催眠了，直到他们从催眠状态中恢复过来。

观众中有许多人都会通过这样的过程体验到深度催眠的感觉，这些人不仅天生更加适合接受催眠，而且因为刚刚进行过练习，所以更容易重新进入催眠状态。邀请这些人上台，可以让之后的表演容易很多。

第51章　邀请观众上台

邀请部分观众上台参与时，最好一直进行口头暗示，例如“对了，上来吧。快速把台上的椅子坐满。你们会体验一段无比奇妙的经历。台上的地方足够容纳所有的人。上来吧。如果需要，我们还可以增加更多的席位。上来吧。欢迎每个人参与！”然后开始播放音乐。

这样的暗示内容加上恰当的音乐配合，可以确保足够数量的观众自愿参与，并且吸引上来的都是那些容易为暗示所影响的人。

某些情况下，在参与者鱼贯上台的同时，你可以介绍一些关于催眠术的内容，例如：“人们经常会问，‘被催眠是什么样的感觉？’事实上，被催眠的感觉非常接近于做梦。大家都知道梦是什么样子的：有的梦非常生动鲜明，会在脑海中停留很长一段时间；有的梦很难把握，会快速从脑海中消失。然而，无论是什么样的梦，总能让我们感到非常有趣，因为梦是潜意识层面上的体验。催眠也是一样。你们会像享受梦境一样享受被催眠的过程。”

在心理学上，催眠状态和梦境确实有很多相通之处。如果你的表演有助手配合的话，在你介绍这些内容时，助手可以负责引导参与者落座。

如果上台的观众太多，椅子坐不下，可以让部分人在椅子后面站成一排。在这种情况下，你可以告诉他们，你会对他们进行测试，只有那些对暗示的反应最强烈的人才能留在台上。

> 注意：邀请观众上台参与的过程需要技巧。你可以通过经验判断观众的反应。如果观众很乐意上台来参与表演，你就可以对他们提出较高的要求，只留下那些最合适的人选。如果观众普遍不愿意参与，你就需要调动起他们的热情，同时放宽选择条件。

通常情况下，最适合接受催眠的是正在读高中或大学的年轻人，这样的人不仅对暗示的反应最强烈，而且在台上的表现也最好。

舞台催眠术是一种表演活动，表演的宗旨是尽量给观众留下深刻印象，所以选择参与者时应尽量考虑那些形象好、气质佳的人选。

现在表演马上就要开始了，你需要站在台上参与表演的观众们面前，轮流跟每个人进行目光接触。如果需要，可以趁这个时机调整参与者的座次，如果有几个人是一同上台来的，或是正在交谈，可以让他们分开来坐。尽量让男士与女士相间就座。记住，你是舞台的主人，而参与者是你的客人，你有权安排他们的座次，并且他们在服从你安排的同时，也可以为接纳你后面的暗示内容做好准备。现在可以引导参与者们进入催眠状态了。

第52章　引导

冥想情绪法

我经常在舞台表演中使用这种方法。因为“催眠”一词可能让某些人感觉到恐惧，所以我用“冥想”一词替代，因为没有人会对冥想感到恐惧，而催眠与冥想的实际机制非常相似，甚至可以说，冥想和催眠是东西方对同一种过程的不同称呼。以下是“冥想情绪法”的具体步骤：

告诉参与者们：“非常感谢你们上台来参与表演。我们进行的第一项实验将不是催眠，而是冥想。你们都知道，冥想是一种放松身心的有效方式，可以让人达到心灵的宁静。冥想术起源于印度，近年来在西方各国都非常流行，不少高校都开设了专门的冥想课程。

“开始冥想之前，首先采取舒适的姿势坐在椅子上，双脚平放在地板上，双手放在腿上，手指分开。我会像印度的冥想师一样，用水晶球来引导你们进入冥想状态。”

拿起作为道具的水晶球，把它展示给参与者和台下观众们看。继续说：“水晶球是瑜伽师的常用道具，他们把它作为集中精神的媒介。我们也将用同样的方式使用它。”

站在舞台中央，面对坐成一横排的参与者们，告诉他们：“我会把水晶球举在你们面前，从一边走到另一边，让每个人都能清楚地看到它的样子。把你们的全部注意力都集中在移动的水晶球上，观察里面光线的变化。”

把水晶球从横排的一头拿到另一头，再拿回来。“随着水晶球的移动，你们要集中精神，让自己的身体一步步放松下来。

“我会引导你们依次放松身体的各个部位，当我告诉你们合眼时，就闭上眼睛，进入自己的内心世界。这就是冥想。首先放松头顶的肌肉。放松头部和面部。放松双肩，让放松的感觉向下流转到双臂和双手。彻底放松下来。

“现在放松胸部的肌肉。随着水晶球的移动，让放松的感觉向下蔓延，放松腹部，大腿，双膝和小腿。放松双脚。你的全身都处于放松状态。

“闭上眼睛，彻底放松下来。抛开一切，深深沉浸在你自己的内心世界中。你会感觉到非常安详，非常宁静。你的头开始不由自主地垂下来，你感到一阵困意袭来。”

从横排一端开始，依次走过每个人身边，轻轻把他们的头向前推，同时暗示：“你们感到非常放松，非常愉快。你们会发现，你们集中精神的能力比以往任何时候都要强。你们可以通过潜意识直接控制身体。让我们体验一下这种感觉吧。”

到这时，你应该已经走到了横排的另一端，此时所有人都处于放松状态，头松松地垂在胸前。台下观众会觉得他们都已经睡着了。继续暗示：“你们的眼睛已经合上了，并且合得很紧，仿佛眼皮已经黏住了一样。你们的眼睛合得如此之紧，你们无论如何努力也无法睁眼。尝试一下吧，无论你们怎么尝试，都无法睁开双眼。”

这就是舞台催眠术中常用的“锁眼术”。观察参与者们的反应。大多数人都无法睁开眼睛。如果有人睁开了眼睛，就礼貌地请他们下台，因为他们对暗示的反应能力较弱，不适合参加接下来的项目。继续暗示：“现在忘了眼睛的事情，让自己进入更深一层的放松状态。现在你们可以随意集中精神，让接下来的所有项目都取得成功。我会让你们结束冥想，当你们清醒过来时，会感觉无比良好，浑身精力充沛。然后我会进一步向你们展示暗示的力量。准备好从内心世界中脱离出来，重新回归现实世界。我会从 1 数到 5，等我数到 5，你们就会完全清醒过来，充满活力，准备好了体验真正的催眠术实验。”

慢慢从 1 数到 5，参与者们会逐渐清醒过来。继续说：

“你们的眼睛可以睁开了，你们会感到无比清醒，无比精神。感受一下你们全身上下散发的活力。现在我们可以开始进行清醒催眠练习了。”

就这样，你利用冥想情绪法让参与者们做好了准备，可以继续进行下面的项目了。

> 注意：引导练习可以让参与者们做好准备，接受进一步的催眠暗示。练习过程中应考虑这一目的，安排合适的暗示内容。因为参与者在这一过程中主要

把注意力集中在“冥想”的概念上，所以不会产生较强的抗拒性，这样当他们开始接受接下来的“催眠”时，抗拒性也会相对弱一些。

快速引导法

这一方法经常在电视直播的催眠术表演节目中应用。让参与者们站在各自的椅子前，排成一横排，抬头仰望上方的灯光，同时双手放在头部两侧，按压太阳穴。暗示：“当你们凝视上方的灯光时，眼睛很快就会感到疲劳，你们情不自禁地想把眼睛合上。我会从 1 数到 3，数到 3 时你们就可以合眼了。

“1，2，3！闭上眼睛吧，同时把眼球向上翻，仿佛在直接观察你们自己的大脑一样。你们会发现，无论怎么努力尝试，你们都无法把眼睛睁开。”

参与者们无论如何努力，都无法睁开眼睛，因为在眼球上翻的状态下，眼睛本来就很难睁开。继续暗示：“现在既然你们已经合上了眼睛，并且无法睁开，那就睡吧。你们的身体正在迅速放松下来，所以你们会不由自主地坐在椅子上，陷入深深的睡眠之中。我会扶你们每一个人坐回椅子上，坐下之后就可以入睡了。你们的双手会垂到腿上，你们会陷入深度催眠的状态。”

从横排一端开始，扶每个人向后坐到椅子上。如果有助手协助，你可以轻推每个人的额头，让他不由自主地向后倒，同时助手扶他坐在椅子上。坐下之后，他的双手会自然下垂到腿上。

等你到达横排另一端时，所有参与者就已经进入了催眠状态。

注意：这一引导过程与上一章介绍的“无预兆催眠法”非常相似，可以快速让所有参与者进入催眠状态。

手势法

这一方法完全不借助语言，就可以引导参与者们进入催眠状态，所以具有很好的观赏性和娱乐性。告诉参与者们，你将用完全不借助语言的方式引导他们进入催眠状态。你会控制他们的双手摆出某些手势，这样就可以让他们进入深度催眠的状态。这样的解释过程可以加深参与者们心中的期待，从而让引导过程更容易取得成功。

告诉他们，由于引导过程中完全不需要语言，所以这一方法对聋人同样适

用。为了让他们体验聋人的感觉，给每个人发一副耳塞，让他们把耳朵堵住。

播放一些舒缓的轻音乐给台下观众听，同时依次走到每一位参与者面前，进行如下内容：用一只手轻轻从他眼前拂过，示意他闭上眼睛，然后把他的双臂向上抬举，使双手置于比头高的位置。让每个人都做出这样的姿势。

回到第一个人那里，开始缓慢地控制他的手指摆出各种各样的手势，例如手指分开，双手摆成各种不同的角度，拇指指向不同方向等。具体摆出什么样的手势并不重要，重要的是你在全过程中保持安静，同时目标对象也保持安静，在安静中体验你的动作。对不同人不必重复同一套手势套路，而是可以随意变化，这样可以让台下观众感到有趣，甚至可以营造出一种神秘感。动作要准确娴熟，仿佛你的一举一动都有明确的目的。

控制每个人都摆出一系列的手势之后，再回到第一个人那里，让他把手放回腿上，头垂到胸前。摘下他的耳塞。对每个人重复这样的过程，然后开始用轻柔的声音暗示："现在你们处于绝对放松的状态，正在安宁地沉睡。在宁静中陷入这样的催眠状态，对你们每个人来说都是一场愉悦的体验。现在我已经摘掉了你们的耳塞，你们可以非常清楚地听见周围一切最细微的声音，也可以准确无误地按我说的话去做。"停止播放音乐。引导过程已经完成了。

这种方法非常适合舞台表演。尽量采用类似舞姿的动作，如果需要营造更神秘的感觉，可以调暗灯光，或是采用绿光。记住，舞台催眠术表演的成功秘诀就在于让表演充满观赏性。

> 注意：后面的章节还会介绍另一些引导参与者进入催眠状态的方式，你可以尝试各种不同的方式，选择最适合你的那一种，或是设计专属于你自己的方式。

第53章　表演项目大全

这里列出的所有项目都是我曾在世界各地的催眠术表演中广泛应用的，包含了许多上文中曾经介绍过的清醒催眠和深度催眠练习，以及将这些练习应用到舞台表演中的具体方法。这一章详细介绍了表演过程的每一个细节，包括一些需要注意的元素，以帮助你了解实际的催眠术表演应该如何策划和进行。

开始表演

对上台参与表演的观众进行合适的引导，遴选出最适合接受催眠的参与者之后，告诉这些参与者："女士们，先生们，我代表全场观众感谢你们的参与。我会尽可能给你们一段无比精彩的体验，让你们自己和台下观众都非常开心，同时也让你们得以窥见催眠术这门古老艺术的奥妙。"

然后转身面对台下观众说："台下的女士们，先生们，请诸位原谅我有时背对着你们，因为在即将进行的催眠术实验中，我必须面对受试者才能达到目标效果。在实验的开始阶段，请尽可能保持安静，让台上的受试者们能够集中注意力。在表演进行了一段时间之后，你们就可以随心所欲，但在开始阶段，请务必保持安静，这不仅仅能帮助我，也能帮助台上的诸位参与者，如果你们处在他们的位置，也同样需要这样的安静。"

群体实验 1：催眠情绪测试

转身面对台上的参与者，告诉他们："在第一项实验中，我会引导你们进入所谓的'催眠情绪'。这是一种非常放松、非常安宁的精神状态。现在采取尽可

能用舒服的姿势坐在椅子上，双脚平放在地板上，双手放在腿上。”

“很好，姿势要尽可能舒适，如果觉得姿势不够理想，可以调整一下。现在，把你的所有注意力集中在我这里，细心聆听我所说的每一句话、每一个字。”

“进入催眠状态需要技巧，这技巧在很大程度上取决于天赋，但也可以通过练习来掌握。我现在就会帮助你们开发自己身上的这种天赋。”

仔细观察所有的参与者，确保每个人的全部注意力都集中在你身上。这一点非常重要：在进行下一步内容之前，一定要确保所有人的注意力都集中在你身上，并且所有人都能严肃对待实验内容，精神集中，保持专注。

“要想进入催眠状态，你们必须学会在精神集中的同时让身心进入彻底放松的状态，那么就让我们按部就班，一步步让自己放松下来。把全部精神都集中在我说的内容上，例如，如果我说你的肩膀越来越沉，双手对双腿的压力越来越大，那你就要想象自己的肩膀越来越沉，双手压迫着双腿，力道越来越大……在集中精神想象这一幕的同时，你会发现自己的双臂和双手果然感到越来越沉重，如同你想象的内容一样。”

“好了，现在首先集中精神，放松你头顶部位的皮肤和肌肉。集中注意力放松头顶的皮肤和肌肉，你会感到头顶传来一股麻刺感。让你注意力的集中点向下转移，放松脸上的肌肉，放松嘴巴周围的肌肉。彻底放松下来。放松脖子和肩膀部位的肌肉，然后是胸部的肌肉。放松全身的每一块肌肉，从胸部到腹部，到大腿，双膝，小腿，再到双脚。全身彻底放松下来的感觉非常好。随着身体的放松，你的思想也逐渐放松下来，变得宛如止水一样宁静。你的眼皮开始发沉，你的眼睛开始感到疲劳，眼皮越来越沉。你情不自禁地想要闭上眼睛。我会从 1 数到 3，等我数到 3 时，你的眼皮就会合上，而你则会彻底放松下来。准备好了吗？ 1……2……3。闭上眼睛吧。每个人都要紧紧闭上眼睛。”

仔细观察参与者的反应。如果有人没有闭上眼睛，就命令他们：“闭上眼睛。紧紧闭上眼睛。”确保台上的每个人都已经闭上了眼睛，然后再继续下去。

“现在你的眼睛已经紧紧闭上了。维持这样的姿势，眼球向上转动，仿佛想要透视你自己的大脑一般。眼球向上转动，向上翻。你的上下眼皮已经紧紧黏在了一起，无论如何都没法睁开眼睛，不管你怎么努力都没有用。你可以努力尝试睁开眼睛，却怎么也睁不开。”这就是“锁眼术”的应用，你应该已经对此非常熟悉了。

参与者们会努力睁开眼睛，却睁不开，这样可以让他们更加确信，他们身上已经发生了某种神奇的事情。继续暗示："现在忘记眼睛的事情吧，让自己充分放松下来，让放松的感觉渗透你身体的每一个细胞。这样的感觉非常好，非常安详，非常舒适。你感到非常困。我会从1数到10，每数一个数字，你的困倦就会加深一分。放松下来，抛开一切，让你自己静静地飘荡下去，飘进甜美的梦乡。1……2……你感到非常困，非常疲倦。3……你感到非常放松。让你的头垂到胸前吧。让你全身的每一块肌肉都放松下来。4……5……6……你感到非常放松，非常安详。你困了，想要睡了。任由你自己陷入深深的梦乡吧，睡眠是一件非常舒服的事情。7……8……9……深深陷进梦乡之中。你全身的每一块肌肉都已经彻底放松下来。10！"

"现在把全部注意力都集中在我所说的每一句话上。当你处于彻底放松的状态时，你的精神活动会得到相当程度的增强，所有的感官都会变得非常敏锐，很容易就能集中精神，准确地照我说的去做，把我所提出的所有观点和念头都变成现实。你正处于完全放松的状态，非常安详，非常宁静。任何外在的事物都无法影响到你，因为你的全部精神都集中在我所说的内容上。"

讲话的同时可以用手势作为辅助，动作要尽量优雅，富有节奏感，这样不仅可以增强对参与者的暗示效果，也可以吸引台下观众。

"好了，现在我会慢慢从1数到5，每数一个数字，你就会清醒一分，等我数到5时，你就会彻底清醒过来。准备好了吧，1，2，3……对了，就是这样，睁开眼睛……4……你感到精力充沛，已经准备好了参与接下来的项目……5！所有人都睁开眼睛。"

这一项实验内容非常关键，可以决定整场表演的成败。在场下观众看来，你似乎只是让参与者们简单体验了一下放松的感觉而已。然而，实际的效果却远非这么简单。

注意，在整个实验过程中，你都没有把催眠本身作为明确的目的公布出来，而只是告诉参与者们，你会引导他们在集中精神的过程中体验催眠情绪。这样可以避免让参与者产生抵触心理，从而影响暗示效果。事实上，你发出的每一项暗示都在推动参与者们进入越来越深的催眠状态，从身体的放松到眼皮的闭合，再到暗示作用下的睡眠。

在实验过程中，你可以判断哪些参与者更适合接受催眠，哪些人相对比较不合适，根据具体情况决定让哪些人留下，哪些人下台归席。

除此之外，这一实验还可以缓解参与者的紧张和焦虑情绪，并让他们习惯听从你的指令，把注意力集中在你的暗示内容上，从而使接下来的项目变得更容易。

因为这第一项实验的内容如此重要，所以一定不要操之过急，每一步都要确保达到效果。尽管台下观众会认为你已经对所有参与者进行了催眠，但在这一阶段，只有很少的人能够真正进入深度催眠状态。这并不重要，重要的是你已经增强了所有参与者对暗示的反应能力。

表演只是刚刚开始，你所做的事情相当于前期准备，对之后项目的成败会产生相当大的影响。现在告诉台下观众："下面我们将会进行一些心理学实验，证明即使在清醒状态下，暗示也具有强大的力量，例如能够影响人的平衡感。谁愿意第一个参加实验？"（在前面的章节里，你已经学会了相关练习的基本方法，现在就可以把这些练习应用到舞台表演中去了）

个体实验 1："身体摇摆"示例

"向后倒"练习

在参与者中选出对你的暗示内容反应最强烈的一位，以确保练习能够取得成功。这是你在整场表演中进行的第一项个体练习，所以成功与否非常重要。

一定要选择对暗示反应足够强烈的人作为目标对象。让他迈上前来，用亲切的口气问他愿不愿意参与练习。当他点头答应的时候，练习就可以开始了。"好，站在舞台中央，面对着我，双脚并拢。这样很好。接下来的实验会证明，当你集中精神的时候，思想确实能够直接影响身体的平衡感。我会站在你身后，让你产生一种向后倒下去的强烈冲动。不要担心摔倒，因为我会及时扶住你。准备好了吗？"

发出暗示的过程中要凝视目标对象的眼睛，说完刚才的内容之后，再用私下交流的语气小声告诉他，一定要把全部注意力集中在你所说的内容上。让目标对象的目光与你的目光保持接触，同时暗示："很好，你的注意力已经很集中了。"告诉他闭上眼睛，让身体放松下来。用手扶在他肩上，带动他的身体前后摇摆，以确定他确实处于放松状态。让目标对象想象自己的身体仿佛一块木板，通过活动的轴栓连接在地板上，可以自由地前后摆动。然后说："好了，我会绕到你身后，你会感觉到一种强大的吸引力，牵动你向后、向我的方向倒下去。

不要担心摔倒，我会及时扶住你的。准备好了吧，闭上眼睛，放松下来，集中精神。”

换成私下交流的语气小声暗示：“抛开一切，不要抗拒。集中注意力想象那股吸引力，那股牵动着你向后倒的吸引力。”

像这样对目标对象“单独”进行小声的暗示，可以对表演过程起到非常重要的推动作用。台下观众只会听到你大声说出的介绍内容，而目标对象则可以听到你说的每一个字，并且他自己也知道这一点，这就可以让他觉得自己有责任集中精神，让每一项实验取得成功。这样也可以增加你的暗示影响力。许多舞台催眠师都会通过各种不同的方式利用这一原理。

现在绕到目标对象身后，轻触他的后颈，让他知道你已经就位，然后开始暗示：“你感觉到一股强大的吸引力，带动着你不由自主向后倒。把全部注意力都集中在向后倒的过程上。向后倒。向后倒。你在不停地向后倒，向后倒，朝我的方向倒来。不要害怕摔倒，我会及时扶住你。”

一边暗示，一边把双手从靠近他身体的位置往回拉，在台下观众看来，你的双手似乎散发出无形的吸引力，吸引着目标对象直直向后倒来。很快，目标对象就会真的向后倒，而你则需要立即扶住他，帮助他重新恢复平衡。

这里还有一项细节需要注意。假如你从一开始就站在目标对象身后，双手做出“吸引”的动作，那如果他没有向后倒，你就等于是彻底失败了，这样的情况尽管很少发生，但后果却非常严重。为了确保万无一失，可以在发出暗示的同时站在目标对象的侧后方甚至侧面，故意盘起胳膊，做出事不关己的样子，同时不停地发出暗示。等到目标对象显露出向后倒的迹象，再快步迈到他身后，开始做出“吸引”的动作，在他向后倒的时候及时扶住。

正是这样的细节才能让舞台催眠师在观众心目中建立起足够的威信，因为

在观众看来，当你站在目标对象身体侧面时，实验其实并没有开始，而当你绕到他身后时，只消一两个手势就足以把他向后“吸引”，这实在是一件神奇的事情。同时，这样也可以给你自己留出更多的时间，观察目标对象对暗示的反应情况。如果目标对象没有充分放松，或是对你的暗示内容有所抵触，那你就可以先暂停暗示，重新解释放松和集中注意的必要性。如果他仍然表现出强烈的抗拒（这样的可能性非常小，因为你之前应该有机会选择最合适的参与者人选），那你甚至可以另选别人参加实验。

随时都要记住，你同时进行的是两场表演，一场面对台下观众，一场面对台上的参与者。只有同时照顾到两者的需求，才能让表演取得最大程度的成功。这是专业舞台催眠师需要具备的基本素养之一。

例如，当第一名参与者成功完成了“向后倒”的练习，回到座位上时，你可以问他：“刚才的感觉就好像真有一股吸引力，牵引着你的身体直直朝后倒去，对不对？”参与者会表示同意，这样就更能让台下观众觉得，是你的双手散发出了这股无形的吸引力。台上的其他人也会对这种吸引力充满期待，从而更容易接受暗示，这样每次成功的实验都会让接下来的实验变得更容易。

第一次实验成功之后，可以换另一名参与者进行同样的实验。参与者最好至少包括一名年轻女性，这样可以让实验过程更具有观赏性。

进行过几次成功的实验之后，可以告诉全体观众：“有些人在观看过这样的实验之后会说，人本来就有自动向后倒的倾向。事实当然不是这样。作为证明，让我们尝试一下相反的实验，这一次参与者会不由自主地向前倒。暗示的力量非常强大，既可以让人向后倒，也可以让人向前倒，或是倒向任何方向。”

“向前倒”练习

让刚刚参与过“向后倒”练习的目标对象直接进入“向前倒”的练习。让

他站在你对面，双脚并拢，紧盯你的眼睛，而你则盯住他双眼之间的部位。举起双手，放在目标对象头部两侧，同时暗示："你会感觉到一股强大的吸引力，吸引着你向前倒……朝我的方向倒过来。不必担心，我会扶住你。你正在向前倒，向前倒。向前倒过来！"

一边暗示，一边做出与刚才相似的"吸引"手势，同时慢慢把身体向后向下倾斜。目标对象会跟随你的视线，随着你的眼睛越挪越远，他会不自觉地身体前倾，朝你的方向倒来。及时扶住他，帮助他恢复平衡。

"向后坐"练习

"向前倒"和"向后倒"练习已经证明了目标对象对暗示做出反应的能力，所以可以直接让他继续参与"向后坐"的练习。在舞台中央放一把椅子，让目标对象坐在上面。告诉所有观众："接下来，我不会让你们每个人分别参与练习，而是会让所有人一起参与进来。首先仔细观察练习内容，然后大家一起做。"

转身面对坐在椅子上的目标对象，让他站起来，双脚并拢。小声解释："在这一实验中，你会感觉到有一股推力不仅把你向后推，而且同时还让你的膝盖向前顶，迫使你不得不坐回椅子上。"

让目标对象闭上眼睛，双手做"向前推"的手势，同时暗示："你已经感觉到那股把你向后推的推力了。你不由自主地向后倒去，同时另一股力量把你的膝盖向前顶，逼你不得不坐回椅子上。坐回椅子上。坐下。你已经在往后坐了。坐下。坐下。坐下！"一边暗示，一边逐渐贴近目标对象，他很快就会向后倒去，坐回椅子上。感谢他的配合，让他重新回到原来的位子上。

群体实验 2：群体“向后坐”练习

面对所有参与者宣布：“好了，现在就让我们大家一起尝试一下刚才的练习。所有人起立，双脚并拢，双臂放松，自然垂于体侧。很好。现在要确认最重要的一点：椅子就在你身后。”

“现在放松下来，因为你们人数很多，所以我不可能对每个人分别进行暗示，但你们每个人都可以听我说话，按我说的去做。忘记身边的其他人，忘记台下的观众，忘记周围的一切，把全部注意力都集中在我所说的每一句话上。好，现在闭上眼睛。”

测试过程中，你需要背对观众席，面朝台上的参与者。一边做手势表示你的话对全体参与者都同样有效，一边暗示：“你们很快就会感觉到一股强大的推力，推动着你们不由自主地向后倒去，让你们坐回椅子上。准备好了吧，你们已经可以感觉到这股推力了。你们正在向后倒，正在丧失平衡，不由自主地向后倒。向后倒。向后倒。向后倒。不要抗拒这股推力，放任你的身体向后倒去。你的膝盖正在向前顶。你的身体继续向后倒。你不由自主地坐回椅子上。坐下。坐下。在椅子上坐下。坐下！”

到这时，大多数参与者应该已经摇摇欲倒了，只要有一两个人倒下去，坐回椅子上，就会引发连锁反应，让剩下的人接连坐回椅子上去。偶尔会有一两个人仍然站着，如果发生这样的情况，就有礼貌地让这些人睁开眼睛，坐回椅子上，同时向他们解释：希望下次他们能够更加集中注意力。当他们睁开眼睛看到只有自己还站着时，通常会感到比较尴尬，迅速找地方坐下。你立刻转身面对台下观众，大声告诉他们：“女士们，先生们，你们刚才所目睹的正是暗示的力量。一些人对暗示的反应非常强烈，另一些人则较为迟钝，甚至有人完全没有反应。为什么会这样？原因主要在于不同人集中注意的程度不同。”

半转过身，侧面对着参与者，让参与者和台下观众都能听清楚你的话：“由此可见，要想用思想直接控制身体，就必须学会完全集中注意力。”通过这样一句简单的定论，你就对参与者们再次强调了集中精神、集中注意力的重要性，这样可以让接下来的项目更顺利。

现在，你的“身体摇摆示例”练习已经取得了非常好的娱乐效果，并且也顺便对所有参与者受到暗示影响的程度进行了测试。注意参与者坐回椅子上的先后顺序，那些最先坐下的人通常是最容易受到暗示影响的人，在接下来的项目中应尽量选择这些人作为目标对象。

个体实验 2：“肌肉僵硬”

锁手术

这项经典催眠术练习非常适合舞台表演，作为开始阶段与进阶练习内容之间的衔接。

告诉台下观众：“我们将会用进一步的实验来证明，暗示具有直接影响身体肌肉的力量。”

转身面对台上的参与者们，问“向后坐”练习中最先坐回椅子上的那个人，用礼貌的口吻问：“请问你愿意配合我的实验吗？”

目标对象同意之后，让他站在靠近舞台边缘的位置，侧身面对观众席。告诉他：“现在我会运用暗示的力量，让你的双手十指交叉相锁，无论你怎么努力都无法分开。”

然后告诉其他参与者：“请大家仔细观察实验过程，因为不久之后，我们将会一起尝试同样的实验。”

我之前已经提到过，不同的练习项目之间要尽量做到环环相扣。以“肌肉僵硬”练习为例，首先参与实验的人会觉得自己是其他参与者的榜样，有责任尽量让实验成功，而其他参与者则会期待着自己也能参加实验，如果最初的实验取得了成功，就会进一步增强他们的期待。

让目标对象跟你面对面站立，盯住彼此的眼睛。注意目标对象的视线，如果他的视线有丝毫游移，就提醒他一定要把全部注意力都集中在你身上，紧紧盯住你的眼睛。等到他的视线稳定下来之后，可以小声表扬一句：“很好，你的注意力集中程度非常不错。”

大声暗示：“好了，双臂向前平举，掌心外翻，朝着我的方向，双手手指交

叉相锁，就像这样。”做出动作演示，让目标对象模仿你的动作。

等到目标对象做出正确的动作之后，走到他身边，从臂肘开始抚摸他的前臂，不时按压他的臂部肌肉，同时暗示：“你的双手处于绷紧状态，手指紧紧地锁在一起。所有的肌肉都处于绷紧状态。”双手握住目标对象的双手，让他的手指锁得更紧，同时继续暗示：“你的双手锁得如此之紧，无论你怎么努力也无法分开。我会从1数到3，等我数到3时，你就会发现双手根本无法分开，无论你怎么努力都没有用。”

紧盯目标对象的眼睛，从他面前缓缓退开，同时开始数“1……2……3！”然后加快节奏，加大音量，重复之前的暗示内容：“你的双手已经紧紧锁在了一起，无论你怎么努力都无法分开。不信就尝试一下！努力把双手分开！把全身力气都用上！但仍然没有用！你无法把双手分开！你的双手已经紧紧锁在一起了！无论你怎么努力都分不开！”

目标对象会努力试图把双手分开，但无论怎么努力都无法成功，哪怕是涨红了脸，满头大汗也没有用。一开始，你必须盯住目标对象的眼睛，注意他的反应，但等到目标对象的双手确实已经“锁紧”之后，你就可以把注意力转移到别的地方了。

目标对象努力了一段时间之后，在他耳旁说：“好了，我会在你耳边打个响指，这时你的双手就会恢复自由。准备好了吧。”在目标对象耳边打个响指，他的双手就会自然分开。感谢目标对象的参与，让他回到位子上坐下。

群体实验3：群体锁手术

“在台上的诸位，现在请把所有注意力集中在我要说的内容上。我们将会一起尝试刚才的实验。如果实验能够成功，就说明你们在注意力集中的程度上又上了一个新的台阶。让我们一起努力，争取达到100%的成功效果。”

“都准备好了吗？很好。坐在椅子上，双手放在腿上，直视我的眼睛。双臂朝我的方向伸展，肘关节要伸直，不能弯曲。很好。双手手指交叉相锁，就像这样。”做出动作演示，让参与者们模仿你的动作，然后继续暗示：“很好。双臂一定要保持笔直，掌心朝外，双手彼此锁紧。盯住我的眼睛，集中注意力构建这样的意象：你的双手和双臂都变得非常僵硬，双手手指紧紧锁在一起。”

轮流跟每一名参与者的目光相会，然后把目光聚焦在中间位置的人头顶上方约30厘米处，这样可以让所有参与者都觉得你的注意力正放在他们身上，从而达到更好的暗示效果。确定了所有参与者的注意力都集中在你身上之后，就可以开始发出暗示了。暗示内容与个体实验相同，首先营造气氛，然后通过数“1，2，3”来达到高潮。暗示过程中可以做出双臂由内向外挥动的手势，进一步吸引参与者们的注意力。

所有参与者都会发现自己的双手无法分开，越是努力就锁得越紧。最后，你依次走过每一位参与者身边，在他们耳边打个响指，同时暗示：“好了，实验结束了。放松下来吧，你的双手已经可以分开了。”

我通常把“群体锁手术”视为整场表演的转折点，如果参与者们能够成功完成这一实验，就说明他们对暗示的反应程度已经足够，可以开始接下来的项目了。你可以根据不同人在实验中的不同反应，选择最适合参与后续项目的目标对象。

群体实验 4

“指尖相连”与“指尖相错”测试

这一项目可以自然承接之前的项目，让表演保持合适的节奏，不至于冷场。让参与者们双手平端在胸前，食指彼此紧密相抵，眼睛紧盯食指尖的位置。

暗示：“把注意力集中在彼此相抵的指尖上。你的双手食指尖已经紧紧锁在了一起，就像刚才两只手的手指锁在一起那样。你的指尖锁得非常紧，无论你怎么努力，也无法把它们分开。”语速要快，富有张力和节奏感。参与者们尽管努力尝试，却无法让指尖分开，这一幕在台下观众看来非常神奇。

参与者们尝试了一段时间之后，暗示：“好了，所有人抬起头看着我。你们

的手指已经自由了，指尖又可以分开了。”击掌，随着掌声，所有人的指尖都会重新分开。

你在表演过程中会注意到，随着表演内容的进展，每一项需要的时间越来越短，节奏越来越快，并且你也可以采用更加直接、更富有命令性的语气。参与者们的指尖分开之后，立即开始下一个项目："现在把你们的双手端在胸前，食指相对，指尖相距约 15 厘米。你们会发现，无论怎么努力，都没法让双手指尖相触。无论你们怎么努力尝试，双手指尖都无法彼此接触，而是总会错开一段距离。你们无论如何都没有办法让双手指尖刚好彼此相对，每次尝试让指尖相触的时候，都会错开一段距离，永远无法成功！”

一边发出暗示，一边故意做出类似的动作，为参与者们提供模仿的素材。等到他们尝试了一段时间之后，击掌，同时大声说："好了，一切都结束了。现在你们的双手指尖又可以相触了。”

其他个体清醒催眠实验

现在，你可以继续对参与者中最适合接受催眠的人进行其他清醒催眠实验。

“沉重的烧杯——颤抖的双手——苦水——地上的老鼠”

这一系列练习应用的是之前描述过的“困惑机制”。通过快节奏的暗示，你可以让目标对象没有时间反应，从而保持在困惑状态，这样的状态最适合

接受暗示。这种方法最初是由丹麦催眠师德·瓦多萨发明的，作为他每场表演的高潮。

首先从参与者中选择之前对暗示反应最强烈的一位，作为实验的目标对象。让他坐在舞台中央，盯住你的眼睛，告诉他按你说的去做。当目标对象的视线变得均一而专注时，就让他到舞台旁边去，那里放着一张桌子，桌面上有一个装着水的烧杯和一个玻璃杯。让目标对象一手拿烧杯，一手拿玻璃杯。

目标对象会照你说的去做。让他重新把烧杯和玻璃杯放在桌面上，但是手不要松开，同时把注意力集中在你要说的内容上。暗示："你手里的烧杯和玻璃杯都变得非常沉重，你无论如何都没法把它们从桌面上拿起来。你可以努力尝试，但怎么都没法把它们拿起来。"

目标对象会努力尝试把杯子从桌面上拿起来，但是无法取得成功。继续暗示："好了，现在你可以把烧杯和玻璃杯都拿起来了。把两个杯子都举起来，把烧杯里的水倒进玻璃杯里。"

目标对象会照你说的去做，你则继续暗示："看着你自己的双手……你的手正在颤抖。你的双手颤抖得很厉害，越来越厉害，把杯子里的水都洒了出来。"

一边发出暗示，一边故意抖动自己的双手和身体，做出精神十分紧张的样子，同时语气也变得紧张而神经质，这样可以增强暗示效果。

目标对象会模仿你的动作，双手开始颤抖，让杯子里的水洒出来。继续暗示："为什么你这么紧张？这两个杯子有什么问题吗？为什么你不能控制自己的双手？究竟怎么了？你把水洒得满身都是。"

等到杯子里的水大部分已经洒出来的时候，让目标对象恢复平静："好了，现在你已经重新平静下来了。把烧杯里剩下的水倒进玻璃杯里吧。没错。这其实很容易。拿着玻璃杯回到座位上吧。"

跟目标对象一起走到椅子旁边，站在他侧前方，以免挡住台下观众的视线。让目标对象尝一口杯子里的水，问他味道如何。目标对象会说水没有什么味道。这时立刻盯住他的眼睛，用强势的语气暗示："水并不是没有味道的。杯子里的水已经存放了很久，变得非常苦，上面还漂浮着绿色的脏东西。水的味道非常难闻，尝起来非常苦。你简直没法容忍这种味道！再喝一口水，一小口就好，因为水的味道太苦，你喝下去会马上吐出来。"

等到目标对象再次喝下一小口水，立刻暗示："水的味道是这么苦，你根本没法忍受。把嘴里的水吐出来吧！快！"目标对象会做出非常恶心的表情，把嘴里的水拼命吐干净。

再度盯住目标对象的眼睛，暗示："好了，水里的苦味已经完全消失了。杯子里的水恢复了纯净。水的味道其实非常好。"

这一系列的暗示节奏非常快，彼此之间不留空隙，所以目标对象没有反应的时间，只能被动地接纳你的暗示内容。节奏和语气是实验成功的关键。

把杯子从目标对象手里拿开，同时朝空中随便什么方向一指："看那里，看到那一团明亮的光芒了吧……就在那里。看哪！看那团明亮的光芒！"

目标对象会望向你所指的方向，你则继续暗示："看，那团光芒变得越来越大，离我们越来越近。"双手做出合适的手势配合，仿佛真有什么东西穿过空气飞向舞台一样。然后指向目标对象脚下："它飞过来了，在你脚边停下来了。原来不是一团光芒，是一只老鼠！老鼠正在你脚边乱窜。"

故意表现出很激动的情绪，继续暗示："老鼠沿着你的腿爬上来了！钻进裤管里去了！快把它弄出来！把它弄出来！"快速弯下腰，手指在台面上快速移动，仿佛在抓逃跑的老鼠一般，然后把手移动到目标对象裤管外面，一边继续激动地喊："爬上来了！快把它弄出来！"

目标对象会跳起来，拼命抖动裤管，试图把里面的"老鼠"抖出来。你可以让他站在椅子上，在上面抖动裤管。等到目标对象的情绪达到最高潮时，击掌，暗示："好了，一切都过去了。老鼠消失了。"这样可以让实验在高潮阶段戛然而止。目标对象会非常困惑，不知道究竟发生了什么。感谢他的参与，让他回到座位上。

通过这样循序渐进的快节奏暗示，你最终可以达到在清醒状态下创造幻觉的目的。清醒催眠状态可以看作是清醒状态与深度催眠状态之间的过渡，幻觉（想象中的老鼠）的出现，说明目标对象离深度催眠状态已经非常近了。

现在，你可以引导参与者中的某些人进入深度催眠状态了。转身面对台下观众："女士们，先生们，到现在为止，你们所目睹的都是清醒催眠的表现。现在，让我们来尝试一下深度催眠，也就是通常所说的真正意义上的催眠。"

个体深度催眠诱导

从参与者中选出一名适合深度催眠的人选，如果你愿意，可以找一位在清醒催眠测试中反应速度较慢的人，这样的人相对更适合接受深度催眠。让目标对象坐在舞台中央，侧面对着台下观众，你则站在他对面。首先问目标对象几个问题："你曾经接受过催眠吗？你是否 100% 愿意接受催眠？"如果目标对象回答"愿意"，则可以开始解释："催眠状态与睡眠非常相似，但并不完全相同。如果你正在睡觉，这时我走到你身边对你说话，那么你可能会被吵醒。但如果你处于催眠状态，我就可以随便对你说话，不必担心会吵醒你，并且你会清楚地听到我说的每一句话。事实上，人在催眠状态下的精神状态与梦游最为相近。”

转身面对台上的其他参与者：“请大家仔细观察实验的全过程，因为我们很快就会一起尝试同样的实验内容。”这样的暗示可以使之后的群体深度催眠诱导实验变得更加容易。

面对目标对象，身体稍向前倾，引导他进入深度催眠状态。我一般会使用循序渐进法，也就是前面介绍过的“奥蒙德·麦吉尔催眠术”。在舞台表演中，催眠步骤通常可以简化。例如，你可以说：“凝视我的眼睛，目光要稳定，不要游移。你的视线已经跟我的视线融合在了一起，你感到眼皮开始发沉，你的眼睛开始感到灼热，你想要闭上眼睛。但你现在还不能闭眼，因为你的视线已经跟我的视线锁在了一起。我会慢慢从 1 数到 10，我每数一个数字，你的眼皮就会变得更沉一分，等我数到 10 时，你就会闭上眼睛。准备好了吧，1……2。你的眼睛非常疲劳。非常疲劳。3……4……合上疲劳的眼睛吧，你会感到非常舒服。5……6……7。没错，合上疲劳的眼睛吧。这会让你感到非常舒服。闭紧眼睛。越紧越好。8。闭上眼睛吧。9……10。现在你的眼睛已经闭紧了。”

身体前倾，轻轻抚摸目标对象的眼皮，从鼻梁到太阳穴，同时暗示：“你的眼皮已经紧紧黏在了一起，你无论怎么努力都没法睁开眼睛。”目标对象会尝试睁开眼睛，却无法成功。继续暗示：“好了，忘记眼睛的事情吧，现在你可以睡了。睡吧，熟睡吧，陷入深深的梦乡。”

绕到目标对象身后，轻抚他的前额，然后再从头顶抚摸到后颈，同时继续暗示：“你正在陷入越来越深的梦乡。睡吧，沉睡吧！”

注意目标对象的呼吸节奏，等到他的呼吸变慢变深时，暗示：“你正在陷入越来越深的梦乡。深呼吸，自由呼吸，你的每一次呼吸都让你沉进更深的梦乡之中。”左手放在目标对象的左肩上，用力向下压，让他的身体松弛在椅子上，同时右手向前轻推他的头部，让他的头垂在胸前。

继续暗示：“一切都变得非常遥远。你正在陷入越来越深的梦乡。”

绕回目标对象面前，暗示他的全身肌肉都处于完全放松的状态，同时拉起

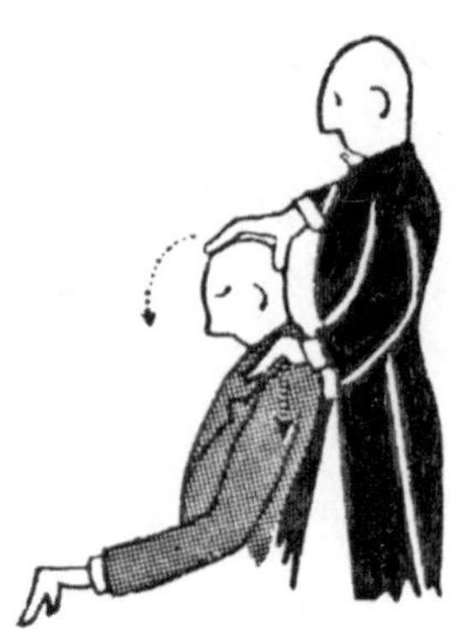

他的一只手，让这只手垂落到他体侧。用同样的方法处理另一只手。轻压目标对象的后颈部位，让他的头耷拉在膝盖上。

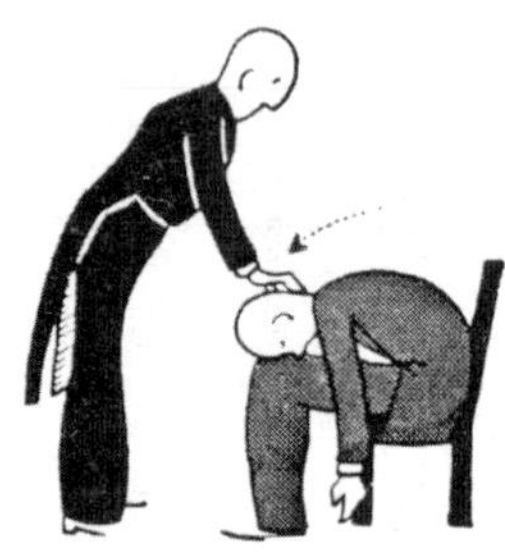

再次拉起目标对象的双手，让它们自由垂落下去，这主要是做给台下观众看的。告诉他们："女士们，先生们，你们已经注意到了，这是彻底的放松——催眠状态的特征之一。据说，催眠状态产生的放松作用是如此彻底，以至于10分钟的催眠就能抵上一整晚的正常睡眠。然而，只需要通过简单的暗示，就可以让放松的肌肉变得紧张僵硬。"

拉起目标对象的右手，让他的右臂水平前伸，同时暗示："你的肩膀和脖颈都变得越来越僵硬，完全僵硬！你会保持现在的姿势，一动不动。"你会感觉到目标对象的肌肉正在绷紧。放开他的手，右臂仍然会保持前伸的姿势。继续暗示："你的右臂已经彻底僵硬了，无论你怎么努力也无法放下，或是弯曲臂肘。无论你怎么尝试弯曲臂肘，都不可能成功！"

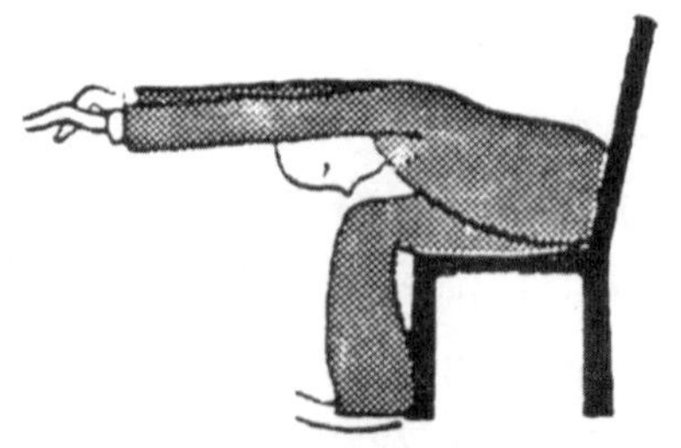

目标对象会尝试弯曲臂肘，但无论怎么努力都无法成功。用同样的方式处理目标对象的左臂，让目标对象处于双臂水平

前伸的状态。再度告诉台下观众："同样只需要一句暗示，就可以让紧张僵硬的肌肉重新进入彻底放松的状态。"

暗示："我会从 1 数到 3，等我数到 3 时，你的双臂就会突然松弛下来，垂落到身体两侧。双臂垂落下来的一瞬间，你会陷入最深的梦乡之中。准备好了吧，等我数到 3 时，你的双臂就会放松下来。"

慢慢数"1……2……3。"目标对象的双臂会立刻放松下来，垂落到身体两侧。再次把他的双手拉起再放下，向台下观众展示他放松的彻底程度。"女士们，先生们，处于催眠状态的人可以连续好几个小时维持这样的状态，但我们的表演还要继续，所以我会立刻唤醒这位先生 / 女士。我知道，许多人之所以对催眠术感到恐惧，就是因为担心在被唤醒的过程中遇到问题。事实上，这样的恐惧是完全没有道理的，只要操作得当，把被催眠的人唤醒的过程就是绝对安全的。请注意看接下来发生的事情。"

告诉目标对象："你已经体验到了深度催眠的感觉，并且享受了一场舒适而放松的梦境，这对你的身体很有好处，但现在时间到了，你需要醒过来。准备好了吧，我会从 1 数到 5，每数一个数字，你就会清醒一分，等我数到 5 时，你就会彻底清醒过来，精力充沛，感觉良好。1……2……3……4……5。好了，醒过来吧……你已经完全醒过来了，感觉非常良好。"

目标对象会醒过来，一边打量四周，一边活动肢体。感谢他的参与，同时示意观众鼓掌，然后让他回到座位上去。

在舞台表演中，催眠的节奏一定要尽可能快，因为只有这样才能吸引台下观众。由于舞台环境的特殊性，催眠过程往往只需要几秒钟的时间就足够了，有些人甚至一合上眼睛就会直接陷入深度催眠状态，你只需要命令"睡！"就可以进行接下来的放松和肌肉僵硬测试。快速催眠是舞台催眠术表演最吸引观众注目的地方之一。

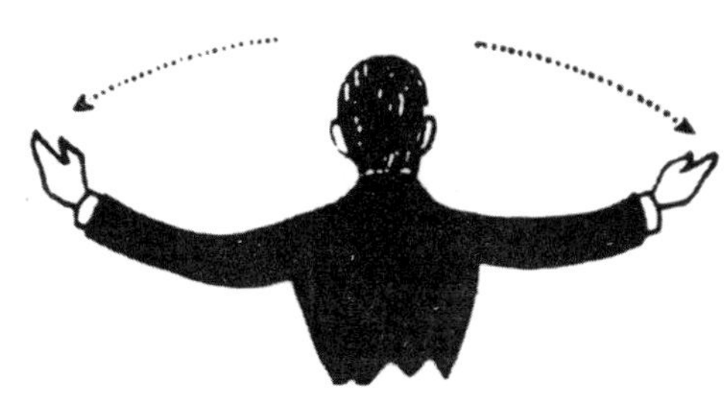

群体实验 5

群体深度催眠诱导

面对台上的参与者们："好了，现在就让我们一起来尝试深度催眠。你们上台来的目的就是为了接受催眠，现在正是机会。催眠状态是一种非常美好，非常舒适的体验，所以请把全部精神和注意力都集中起来，而我也会尽可能努力帮助你们。"

"现在采取最舒适的姿势坐在椅子上，双脚平放在地板上，双手放在腿上。对，就是这样。所有人都要盯住我的眼睛，保持目光稳定，不要游移。照我说的去做，当我说'吸气'时就深吸一口气，我说'屏住呼吸'时就屏住呼吸，我说'吐气'时就慢慢把气吐出。好。吸气。"

发出暗示的同时用合适的手势配合，例如双臂向上伸展，说"吸气"时向下移动，说"吐气"时向上移动。继续："屏住呼吸……先不要动。屏住呼吸……好，吐气。放慢速度。很好。吸气……屏住呼吸……吐气。再来一次。深吸一口气……屏住呼吸……吐气。"

"深呼吸的感觉非常好，你们已经感到心情平静了下来，身体温暖而轻松，眼皮则开始发沉。你们想要闭上眼睛。我会慢慢从 1 数到 10，每数一个数字，你们的眼睛就会合上一分，在我数到 10 之前，你们就会紧紧闭上眼睛，不让一丝光亮透进来。准备好了吧，1……2……3……4……闭上眼睛吧。5……6……7。你们的眼睛已经很疲劳了，让它们闭上休息一会儿吧。8……9……10。你们已经紧紧闭上了眼睛，透不进一丝光亮。闭紧眼睛！"

观察参与者们的反应。所有人都应该已经闭上了眼睛，如果有人还睁着眼，就告诉他们把眼睛闭上。继续："闭上眼睛的感觉非常好，非常轻松。你们的眼睛闭得非常紧，上下眼皮都黏在了一起，无论怎样都没法睁开。你们可以努力尝试，却没法睁开眼睛。"

在群体实验中，不要等待参与者们尝试睁开眼睛，而是立刻继续："忘记眼睛的事情吧，现在你们可以入睡了。睡吧，深深地睡吧，陷入越来越深的梦乡。睡吧。你们陷入了深深的梦乡。睡吧。熟睡吧。"

到现在，很多人应该已经进入了呼吸变深变慢的状态，你可以从横排一端开始，在每个人耳边轻声暗示："对了……睡吧。你的精神非常集中，这样很好。睡吧。没有任何东西能打扰你。陷入深深的梦乡吧。睡吧。"轻推每个人的后脑部位，让他们的头垂在胸前。到达横排的另一端之后，回到舞台中央，继续暗示："没有任何东西能打扰你们。你们都睡得非常沉，非常安详。睡吧，沉睡吧。你们的呼吸都非常深，非常自由，每一次呼吸都让你们沉入更深的梦乡。"

仔细观察参与者们的反应，如果有人根本没有反应，你可以借此机会礼貌地请他们回到台下观众席上去。轻轻走到那些不适合参与的人们身边，小声说："非常感谢你自愿参与，但因为你不是很容易集中注意力，所以最好还是在观众席上欣赏表演。请安静地回到观众席上去，不要影响旁边的人。"

之所以选择在这个阶段让不合适的人下台就座，是因为这时台下观众的注意力集中在被催眠的参与者身上，不会注意到这一过程。除此之外，你说的话也会被旁边的人听到，这对他们是一种间接的鼓励，可以让他们更加集中注意。对参与者的遴选很有必要，因为如果让那些没有成功进入催眠状态的人留在台上，就会对旁边的人造成不良影响。

群体举手测试

继续暗示："你们现在感到指尖传来一股麻刺感，这种感觉非常轻微，让你们觉得很舒服。这感觉在沿着胳膊向上蔓延，让你们的双手无法安静地待在腿上。你们的双手正在浮向空中，拉动着双臂向前伸展。"

注意参与者们的反应，有些人的反应可能比其他人更快，只要有足够多的人举起了双手，就可以继续表演，没有必要等待所有人都做出反应。通常情况下，只要有 2/3 的人举起手就可以继续了。

注意哪些人举手的速度最快，找出其中最快的 5 个人，走到离你最近的一个人身边，轻触他的前额，同时命令："站起来，往前走！"牵住他的手，引导他向前走。对其他4个人也做出类似的命令。5个人同时在台上梦游般地往前走，双臂僵尸状向前平举，这一幕对台下观众非常具有震撼力。

注意观察这5个人的动作，不要让他们掉到台下去。然后依次走到每个人身边，大声说："停！你的全身肌肉一下子僵硬了，你根本无法移动！只能保持现在的姿势！"5个人会分别"冻结"在台上，保持一动不动的姿势。

> 注意：要想加快进度，可以改用直接暗示的方法。告诉参与者们："把手向上举，离开腿面约15厘米（参与者会按你说的去做）。注意感觉双手周围的空气。空气的浮力越来越大，你的双手越来越轻，渐渐向上浮，直到你的双臂向前平展。"然后再继续进行下面的内容。

回到仍坐在椅子上的参与者们面前，从横排一端开始，依次快速对每个人暗示："按我说的每句话去做。"这样可以起到让他们进一步集中注意力的作用。对所有人一起暗示："我需要你们记住两件事。第一件事是，我会从1数到5，当我数到5时，你们会彻底清醒过来，但你们的双臂无论怎样都无法放下，即使你们努力尝试也不行。你们无论如何都无法放下双臂，直到我在你们耳边打响指……只有在我打出响指的时候，你们才能把双臂放下。记住，当我数到5时，你们会彻底清醒过来，但是双臂无法放下，直到我在你们耳边打响指。第二件事是，当我用手指指着你的额头时，你就会立刻重新进入梦乡，无论你当时在做什么。只要我用手指指着你的额头，你就会进入梦乡。都准备好了吧，1……2……3……4……5！"

参与者们会清醒过来，但发现自己的双臂无法放下，这会让他们感到非常惊讶。那5个被"冻结"的人清醒过来时，也会发现自己的双臂无法放下。

仔细观察参与者们的反应，因为这是一个很好的机会，可以让你辨别哪些人最容易进入梦游状态，适合参与接下来的进阶项目。

如果有人对延迟暗示的反应非常强烈，那你就可以选择这样的人作为下一步的目标对象。快速判断哪些人对暗示的反应较为强烈，哪些人适合接受催眠，是舞台催眠师必须具备的能力。

"双臂冻结"实验持续了一段时间之后，你就可以在参与者们的耳边快速打响指，让他们重新把双臂放下，同时让站在台上的五个人坐下，准备开始下一个项目。

香烟测试

转身面对台下观众："女士们，先生们，尽管刚才的几项实验都非常惊人，但催眠术真正的意义还在于其医疗价值，例如，在心理治疗中，医师可以通过催眠术来帮助患者摆脱烟瘾和酒瘾。在这里，就让我演示一下催眠术的治疗作用。"问台上的参与者："你们当中有抽烟的人吗？"

如果有人回应，就让他坐在舞台中央，然后问他几个问题，包括"你抽烟已经多久了""每天要抽多少支""是否愿意通过催眠戒烟"，等等。最后，让目标对象点燃一支香烟，问他烟味闻起来怎么样。目标对象会回答"还可以"，并且露出满意的微笑。然后让目标对象凝视你的眼睛，想象自己正在空气中飘流，飘进越来越深的梦境之中……突然用你的食指指向他的额头，由于之前的延迟暗示作用，目标对象会立刻进入深度催眠状态。台下观众会为这一幕而感到吃惊不已。

暗示："现在我会帮助你克服长久以来一直困扰你的烟瘾。下一次你闻到烟味的时候，会发现那气味是无比的难闻，又干燥又恶心，如同发了霉的稻草一样。一旦你把难闻的烟气吸进肺里，就会被呛得连连咳嗽。你根本受不了烟味，一点点都不行。"

一边暗示，一边把目标对象刚才点燃的香烟放在他鼻子下面，同时继续暗示："你非常讨厌烟味，恨不能离这种味道越远越好。把你的头扭开，避开烟味。"目标对象会马上开始咳嗽，做出恶心的表情，同时扭头避开烟味。这时你就可以暗示："好了，我会从 1 数到 3，等我数到 3 时你就会睁开眼睛，发现自己对烟味深恶痛绝，你再也不会抽烟了。1……2……3。睁开眼睛，再试着抽一口烟，看看你有什么反应！"

需要注意的是，你在实验中暗示目标对象"睁开眼睛"，而不是"清醒过来"，所以目标对象在睁眼时仍然处于部分催眠状态。尽管这一实验作为延迟暗示也同样有效，但为了舞台表演的目的，还是最好让目标对象维持这样的状态。继续："试着抽一口烟吧。"把烟塞到目标对象嘴唇之间，同时命令："吸一口烟，烟味会让你感到非常恶心。你非常讨厌这股味道。把烟扔掉吧！"目标对象会被呛得连连咳嗽，把嘴里的香烟扔到远处。

转身面对台下观众："大家已经看到，催眠术可以在极短的时间内改变一个人的习惯。这位先生/女士刚才已经承认，他已经有多年的吸烟史，但是只经过了不到两分钟的催眠，他就根本忍受不了烟味。我们可以换其他品牌的香烟来测试催眠术的疗效。谁能借我一支其他品牌的香烟？”台上或台下会有人把香烟递给你。

为目标对象点上烟，同时暗示：“你会发现这支烟的味道比刚才那支还糟糕。所有香烟的味道都无比糟糕，让你根本无法容忍。”

目标对象会再次咳嗽起来，把嘴里的烟扔掉。由于催眠术表演并不是戒烟治疗，所以你需要让他恢复原状。暗示：“盯着我的眼睛。你的眼皮感到发沉，闭上眼睛，睡吧！”目标对象本来就处于部分催眠的状态，所以会立刻对暗示内容做出反应，重新进入催眠状态。继续暗示：“我会从 1 数到 5，等我数到 5 时，你就会清醒过来，并且感觉很好。你会发现，烟味又变成了之前的样子，不再像刚才那样让你无法容忍了。好了，我现在就开始数。1……2……3……4……5。”目标对象会清醒过来，你再递给他一支烟，他就会像之前一样抽起来。这样可以让观众了解催眠术的效力，同时又不至于侵犯目标对象的个人意愿。

由于参与“香烟测试”的目标对象已经展现出了对暗示做出反应的能力，所以可以留下来参与下一个项目，同时再从参与者中间抽取几个人，让他们在舞台中央坐成一横排。

群体实验 6

从观众席上进行群体催眠

从观众席上对台上的参与者进行群体催眠，不仅可以让观众印象深刻，而且还能拉近你与观众之间的距离。告诉台下观众：“女士们，先生们，现在我会表演一项非常罕见的催眠实验：从观众席后方直接对台上的参与者们同时进行催眠。”

转回身，对舞台中央坐成一横排的参与者们解释：“我会从观众席后面对你们进行催眠。整个过程中一定要把所有注意力都集中在我身上，并且尽全力做到精神集中。”

再度转向台下观众：“这一实验的难度很大，我需要你们的帮助。方式非常简单，只要你们在脑海里想象台上的诸位陷入梦乡时的样子，就足够了。”像这样的交流可以大大提高全体观众的参与度，让表演更加成功。

离开舞台之前，再度转身面对参与者们，包括坐在舞台中央的几个人和留在原来座位上的人："我会主要把注意力集中在前排的诸位身上，但如果后排有人想要参与实验，也可以自由参与，方法非常简单，只要集中精力照我说的去做就可以了。好了，现在采取舒适的姿势坐好，双脚平放在地板上，双手放在腿上，准备好接受催眠。"

因为你已经安排所有人做好了合适的心理准备，所以这一实验的成功基本上在开始之前就已经注定了。由于坐在前排的都是对暗示反应较为强烈的参与者，所以他们很容易就会进入催眠状态。剩下的参与者中如果有人比较适合接受催眠，也可以跟前排的几人一起进入催眠状态。大部分情况下，后排都会有很多人被催眠，因为接受过催眠的人会意识到被催眠是一件很舒服的事情，所以都愿意参与。那些在之前的实验中没能成功进入催眠状态的人，因为都坐在后排，所以并不会造成负面影响，让他们坐在那里观察周围人的反应，也是很有娱乐性的一件事。现在可以开始实验了。

走下舞台，穿过观众席，站在最后排的某一张椅子上。大声告诉台上的参与者们把目光投向你的方向。

暗示："就在你们望向我这里，把注意力集中在我身上的时候，你们已经感觉到了催眠作用的影响。你们感到越来越困，不由自主想要陷入梦乡。你们的眼皮发沉，眼睛感到非常疲劳。闭上疲劳的眼睛休息吧。睡吧。"

举起右手，用食指划一道弧线，轮流指向台上每个人的额头，这样可以让之前的延迟暗示产生效果，使台上的参与者们立刻进入催眠状态。在观众们看来，这就像是瞬间催眠一样。

现在你可以一边暗示"睡吧，睡吧，陷入越来越深的梦乡"，一边穿过观众席回到舞台上，走到横排一端的参与者身边。抚摸他的额头，拉起他的双手再

让双手自然垂落，同时继续暗示：“没有任何东西能打扰你。你睡得非常沉，非常安详。睡吧，陷入更深的梦乡之中。”

然后再对下一名参与者进行类似的暗示，如此继续。可以让相邻的两名参与者头靠着头，彼此支持，这样可以达到非常有冲击力的视觉效果。

对前排参与者进行的群体实验

前臂旋转测试

前排所有参与者都进入深度催眠状态之后，观察后排参与者们的表现，如果有人已经进入了深度催眠状态，可以过去轻推他们的后颈，让他们的头垂到胸前，同时暗示他们进入更深层的睡眠（催眠）状态。

回到前排，从一端开始，把每个人的双臂拉起，让他们的前臂平放在胸前，彼此绕圈旋转，同时暗示：“让你的手臂继续旋转下去，手臂不会停下来，只会越转越快。即使你想停下来也做不到，无论怎么努力都没用。”对前排的所有参与者都进行这样的暗示，直到所有人的前臂都处于绕圈旋转的状态。

同时对所有人说：“你们的前臂越转越快，你们无论如何也没法停下，但当我数到 3 时，你们的前臂就会忽然停止旋转，维持固定的姿势，仿佛被冻结在空中一样。无论你们怎么努力，都没法改变这样的姿势。我会从 1 数到 3，等我数到 3 时，你们的前臂就会停止旋转，冻结在空中。1……2……3！”

所有参与者的前臂都会停止旋转，固定成最后一刻的姿势，无论他们怎么努力，也无法改变这样的姿势。暗示：“当我说‘继续’时，你们的前臂就会继续像先前一样旋转。”沉默片刻，然后突然大喊“继续”！参与者们的前臂会继续开始旋转，并且速度比刚才更快。

需要结束实验的时候，首先绕到一位参与者身后，在他耳边悄声暗示：“一切都结束了，你会重新陷入梦乡之中。你的胳膊会放松下来，自然垂落到体侧。你睡着了。”他的前臂会停止旋转，垂落下来。你可以拉起他的一只手，让它自然垂落，向台下观众证明他 / 他的放松程度。然后再依次用同样的方法让其他参与者恢复原状。

金丝雀测试

告诉前排的参与者们：“我会从 1 数到 3，当我数到 3 时，你们就会睁开眼睛，看见自己的左手上停着一只小小的金丝雀。金丝雀非常可爱，你们可以跟它一起玩耍。”

“准备好了吧。伸出左手，让金丝雀落在上面。”参与者们会伸出左手。再暗示一遍：“记住，当我数到 3 时，你们就会睁开眼睛，看见金丝雀停在你们的左手上。金丝雀全身的羽毛都是金色的，非常小巧可爱。你们在观赏和把玩金丝雀的时候，它会带着你们进入更深一层的催眠状态。准备好了吗？ 1……2……3！”

参与者们会睁开眼睛，看着自己的左手。继续暗示：“摸摸你手上的金丝雀。它多可爱啊！小心地捧着它。让它跳到你腿上。”参与者们会做出各种不同的动作，仿佛在同金丝雀嬉戏一样。

走到反应最强烈的参与者身旁，手指轻触他的左掌心，然后把手向空中一挥，同时暗示：“金丝雀飞走了。抓住它！抓住它！”目标对象会在空气中乱抓一团，试图抓住想象中的金丝雀，甚至起身去追，绕着舞台奔跑。

对其他几位参与者也进行相同的暗示，这样你就可以营造出非常刺激混乱的气氛，但要小心避免任何人失足掉下舞台，或是绊到落地灯而触电或摔倒。无论在什么情况下都要保证参与者的人身安全。这是舞台催眠师在表演过程中必须时刻注意的，因为被催眠者的精神高度集中，对无关的事情毫不在意，包括他们自己的安全。

混乱持续了片刻之后，走到最近的参与者身边，告诉他：“在这里，金丝雀在我这里。”同时假装抓住了金丝雀，把它递给目标对象，同时告诉他：“小心地捧着它，不要再让它飞走了。”目标对象会小心地把手合成碗状，彼此相扣。让他回到座位上去。

等到所有人都重新回到前排座位上以后，对第一个人暗示：“你又觉得困了。金丝雀不知什么时候消失了。忘了它吧，陷进深深的梦乡之中。”当目标对象的身体松弛在椅子上的时候，靠近他的耳边悄声暗示："记住，只要我用手指着你的额头，你就会再一次回到梦乡之中。"

依次对所有人进行同样的暗示，这样做是为了接下来的"瞬间催眠"实验做准备。

到最后一个人身边的时候，告诉他："现在让我表演一个小魔术。我会让你手上的金丝雀突然消失。把你的手指放在眼睛前面，让金丝雀停在上面。对，就是这样。很好。仔细盯住手指上的金丝雀，因为我会慢慢从 1 数到 3，等我数到 3 的时，金丝雀就会突然消失，你完全不知道它去了哪儿，不管怎么寻找都没有用。好了，注意力集中！ 1……2……3！ 金丝雀消失了！"

目标对象想象中的金丝雀会瞬间消失，这会让他表现得非常吃惊，到处寻找金丝雀的踪迹，却怎么都找不到。这样的表演内容可以让台下观众觉得非常有趣。观众的笑声和掌声逐渐平息的时候，就可以让目标对象坐回椅子上，重新进入深度催眠状态了。

瞬间催眠测试

唤醒所有的参与者，然后转身面对台下观众："女士们，先生们，接下来你们将目睹瞬间催眠的奇迹。台上将要发生的事情，是你们一辈子都忘不了的。"

走到一位参与者身旁，让他站起来走几圈。问："目标对象感觉是否良好？是否已经完全清醒了过来？"当他做出肯定回答的时候，就让他把椅子挪到舞台中央，站在椅子前面一点点的位置。然后突然用食指指向他的额头，同时大喊："睡吧！"目标对象会立刻坐回椅子上，重新陷入催眠状态。

之后再对目标对象暗示："当我数到 5 时，你就会重新清醒过来，感觉一切都很正常，只有屁股被黏在椅子上无法移动。无论你怎么努力，都没法从椅子上站起来，直到我击掌。等到我击掌时，你就会重新获得自由。好了，我会从 1 数到 5，那时你就会完全清醒过来。1……2……3……4……5。"

目标对象会清醒过来，发现自己无法从椅子上站起身来，无论怎么努力都无法成功。在目标对象正在用力的时候，忽然在他耳边大声击掌，他就会一下子从椅子上弹跳起来。感谢目标对象的参与，让他回到自己的座位上。

走到另一位参与者面前，用食指指着他的额头，同时命令："睡吧！"目标对象会立即进入催眠状态。用同样的方式让另两名参与者也进入催眠状态。这会给台下观众带来更多的惊讶。

失忆测试

3 名参与者目前处于深度催眠状态。告诉台下观众："你们都听说过失忆的故事：一些人忽然出现在不同的城市里，警察询问他们的时候，发现他们既不知道自己的名字，也不知道自己来自哪里，过去经历过哪些事情。这样的人被称为失忆症患者。"

"催眠术可以让人产生类似失忆症的表现，尽管只是暂时的，却仍然令人印象深刻。现在就让我们试试这样的实验。"转身面对 3 位处于催眠状态的参与者："我很快会唤醒你们，你们醒来之后，会发现一切都很正常，但你们无法记起自己的名字，不管怎么努力都没有用。你们记不起来你们在哪儿，是如何到达这里的。事实上，你们无法记起过去发生的任何事情，脑海里只有空荡荡一片……直到我在你们耳边打出响指。我一打响指，你们就会重新回忆起一切，但在此之前，你们回忆的努力只能是徒劳，不可能取得成功。"

"准备好了吧，等我数到 5，你们就会彻底清醒过来，并且感觉良好。1……2……3……4……5！"

3 个人会清醒过来，满脸茫然的神情。让其中一人站到台前，问他一些问题，例如"你现在感觉如何？"目标对象会回答："很好。""能告诉我你叫什么名字吗？"目标对象会表现出无所适从的样子。"你叫什么名字？"没有回答。"那么你能不能告诉我们，你这是在哪儿？"目标对象会仔细考虑一番，但说不出个所以然来。"仔细回忆一下，看能不能想起来。"稍等片刻之后，忽然在目标对象耳边打个响指，他脸上的茫然会立刻消失得无影无踪，代之以轻松的微笑。你再问："你叫什么名字？"目标对象会说出自己的名字。感谢他的参与，让他回到位子上坐下。

对第二名参与者重复同样的过程。不同的人在实验中的反应并不相同，有人会表现得惊慌失措，也有人会努力保持镇定。第二名参与者回到位子上坐下之后，对台下观众解释："女士们，先生们，你们已经目睹了催眠术是如何产生和消除失忆现象的。在正常生活中，失忆通常是精神矛盾的结果，当人们试图掩藏自己精神上的矛盾时，就会陷入失忆的状况。从心理学的角度看来，这样的失忆与催眠术引发的暂时性失忆并没有本质区别。现在，让我们对最后一位参与者进行实验。"

让最后一名参与者走到台前，问他类似的问题，他会表示无法回答。接下来再问他，打算如何摆脱这种状况？有些人可能会表现得非常担心。这时

为了营造气氛，你可以朝台下观众借一面小镜子，把镜子对准目标对象的脸，同时问：

“你从镜子中看见了什么？”目标对象会回答：“一张脸。”“是一张好看的脸吗？你喜欢他吗？”目标对象会摇摇头。“没有关系。仔细盯着镜子中的脸，看看究竟会发生什么。”忽然在目标对象耳边打个响指，他会倏地一惊，然后逐渐露出微笑，告诉你镜子中正是自己的脸。观众通常很喜欢这样的实验，因为实验内容验证了催眠术的科学性。

有些时候，我会为实验增加一些元素，例如在目标对象无法认出自己时，告诉他：“你现在不仅不知道自己是谁，也认不出曾经跟你很熟悉的那些人。闭上眼睛休息一会儿。”

走到舞台边缘问：“这位先生 / 女士记不得自己的名字，也记不得自己来自哪里。下面有没有人跟他很熟悉？”

如果观众席中有跟参与者很熟悉的人，就邀请他们上台来，帮助目标对象回忆起自己究竟是谁。让目标对象睁开眼睛，同时让熟悉他的人喊出他的名字，告诉他过去的一切，但无论他们怎么努力，目标对象都会保持失忆状态。

最后暗示：“当我在你耳边打响指的时候，你的所有记忆就会瞬间回归，你会重新想起自己究竟是谁，来自哪里，曾经跟哪些人熟识。”

在目标对象耳边打个响指，他会立刻恢复之前的记忆，这样一幕场景非常具有吸引力，可以给观众留下深刻的印象。

> 注意：不要对行为举止不稳定的人进行失忆实验。

群体实验 7

电影测试

你接下来要表演的是舞台催眠术中最富有娱乐性的项目之一——所谓的“电影测试”。站在参与者们面前，让他们注视你的眼睛，快速引导他们进入催眠状态，不要忘记发出“我用手按一下你的脸颊，你就会重新陷入梦乡”的延迟暗示。等到所有人进入深度催眠状态之后，暗示：

“你们很快就会睁开眼睛，看见面前是一幅银幕，上面正在放映一部非常激动人心的西部片，这部电影会让你们非常开心。你们会看见男女主角，也会看见反派角色和各路配角。这部电影无比精彩，会给你们留下深刻的印象。”

“准备好了吧，在椅子上坐直，我数到 3 就睁开眼睛，开始观看电影。好了，1……2……3！睁开眼睛开始看电影吧。”

参与者们会睁开眼睛，带着兴奋注视想象中的银幕，欣赏想象中的电影情节。继续暗示：“电影到了高潮阶段，你们非常开心，非常兴奋。头号搞笑角色出场了。天哪，这家伙真够搞笑的！你从来没有见过这么滑稽的场面。你被逗得大笑不止。那就笑吧，尽情笑出声来。”

发出这番暗示的时候，语气一定要充满兴奋，仿佛球赛解说员一样。你的情绪会直接影响参与者们的情绪。当你说“笑吧”的时候，自己也要笑出声来，并且要表现得尽量真实，让参与者们受到你情绪的感染。他们会笑得前仰后合，一发不可收拾。大笑是一种非常容易彼此感染的情绪，台下观众也会跟台上的参与者们一起大笑起来。

就在笑声达到最高潮的时候，忽然改变你自己话中的情绪，暗示：“现在电影不再幽默搞笑了，而是变得无比悲伤。看那位可怜的老妇人，在雪地里快要冻死了，她小小的孙子孙女们挤在小木屋里，没东西吃，快要饿死了。这一幕真是令人悲伤。你们都感到非常悲伤。你们从来没有因为一场电影而感到如此悲伤，如此想要哭出声来。”

参与者们会瞬间从大笑变成痛哭，这种情绪的转变非常具有震撼力。等到他们哭过一段时间，突然暗示：“现在一切都变好了。老妇人回到了小木屋里，桌子上摆满了热气腾腾的食物，孩子们都吃得很饱。片子又一次充满了欢快幽默的气息，搞笑角色又出场了，逗得你们开怀大笑。那就尽情笑吧！”

参与者们的情绪会再度从悲伤转为欢快，又一次大笑起来。依次走到每个人背后，按他们的脸颊，让他们回复催眠状态，准备进行下一个项目。

群体实验 8

高潮与结局（延迟催眠）

转身面对台下观众：“女士们，先生们，在表演的最后，我会向你们展示延迟暗示的力量，我相信这种力量会给你们留下无比深刻的印象。刚才发生的一切让你们觉得非常有趣，这当然是很好的，因为表演的目的本来就是娱乐。然而，透过表面的娱乐现象，你们应该能看到，台上的这些人表现出了非常强的精神控制力。在如此短暂的时间里，他们已经学会了控制自己的潜意识。他们可以在许多场合应用这种能力，例如在拔牙的时候用这种能力来缓解疼痛，用这种能力改掉多年的坏习惯，提高自己的记忆力，改善自信，等等。这是一种非常有价值的能力。”

“现在，我会唤醒台上的每一个人。当他们醒来的时候，会感到非常快活，全身上下都精力充沛。注意观察他们的表现，看看从催眠状态中苏醒是多么自然的一个过程。同时也看看延迟催眠是如何发生的。”

转身面对台上的参与者：“你们都体验了一段非常快活的经历，并且也学到了控制自己潜意识的能力，你们可以运用这种能力，给自己带来自信与成功。你们同时也体验到了彻底放松的感觉，这比任何形式的休息都要高效。你们很快就会苏醒过来，感觉精力充沛，仿佛睡了一整夜的好觉一样。但是还有一件非常奇怪的事情，当你们醒过来准备下台返回观众席的时候，会发现自己的左脚黏在了台面上，无论怎样都无法移动，即使你们努力尝试也不行……直到我在你们耳边打出响指……那时你们的左脚才能重新自由移动，但你们的右脚又会黏在台面上。”

“好了，我会从 1 数到 5，每数一个数字，你们就会清醒一分。等我数到 5 时，你们就会彻底清醒过来，却无法离开舞台，因为你们的左脚黏在了台面上……我打响指时，你们的左脚会恢复自由，但仍然无法离开舞台，因为你们的右脚又会黏在台面上……我打第二次响指，你们的右脚会恢复自由，左脚又会黏在台面上……如此反复，直到我击掌为止，那时你们就会完全恢复自由。”

“好了，我马上就开始数。我从 1 数到 5 的时候，你们就会清醒过来，但是无法离开舞台，因为你们的左脚会黏在台面上。准备好了吧，1……2……3……4……5！大家都醒过来吧！”

参与者们会从催眠状态中清醒过来。告诉他们：“我在此郑重感谢诸位的参与，你们每个人都表现出了良好的精神控制能力，让我印象深刻。现在请离开舞台，回到座位上去吧。”

参与者们会试图走下舞台，却无法挪动脚步，因为他们的左脚会“黏”在台面上。他们会努力想让左脚恢复自由，却无能为力。从他们面前走过，依次在每人耳边打响指，这时他们的左脚会恢复自由，但右脚又会“黏”在台面上。反复几轮，参与者们总有一只脚无法离开台面，所以总是无法挪动。最后，在其中一人耳边大声击掌，告诉他：“好了，一切都结束了。现在你可以自由行动了。”他会小心地抬起脚，尝试迈出一步，两步，然后再走下舞台回到观众席上，示意台下观众为他鼓掌。

用同样的方式让下一位参与者恢复自由，然后是再下一位。到第四个人的时候，陪他走到舞台旁边，就在他打算迈下舞台的时候，忽然把他的一只手贴在旁边的墙上，同时大声暗示："你的手黏在了墙上，无论怎么样都无法挣脱。"尽管目标对象已经脱离了催眠状态，但仍然保留着非常容易对暗示做出反应的特性，所以这一暗示仍然会生效。让他在原地努力尝试一段时间，同时让另外一两个人恢复自由，然后走到舞台前面，找出刚才较早从台上下去的一个人，让他转身面对着你，同时用食指指着他的额头暗示："你的视线聚焦在了我的指尖上。我的手指怎么移动，你的身体就会怎么移动。你的眼睛渐渐合上了。你正在向下陷，越陷越深。你的膝盖开始弯曲。你瘫倒在地面上。"目标对象会立刻对暗示做出反应，直至瘫倒在地面上。这样的表演非常具有戏剧性，可以起到让观众难以忘怀的效果。要结束表演，只要大声击掌，同时告诉他"好了，现在一切都结束了，你又恢复了自由，并且感觉十分良好"就可以了。

让手掌"黏"在墙上的那位参与者恢复自由，然后再让其他人也依次下台，只留下最后一个人，假装你在刚才的表演中太过投入，所以忘记了这个人。现在舞台上空空荡荡，只剩下你和最后一个脚仍然黏在地板上的参与者。故意对他视而不见，走到舞台前面，对观众们致以终场辞。

"女士们，先生们，你们已经目睹了催眠术的科学带来的种种奇迹。非常感谢你们的关注，祝大家晚安。"

这时，观众中通常会有人试图提醒你，台上还有一个人无法自由行动，而你则故意装作没听见，漫不经心地转身准备退场。这时你忽然"发现"了那人，于是一边道歉，一边冲到他面前，击掌让他恢复自由。陪他走到舞台边缘，握手感谢他的参与，然后再对所有观众鞠躬，退场。

这最后一步表演可以进一步增加娱乐性，让观众们感到非常开心——如果能营造出这样的气氛，整场表演就算是成功了。

第54章　高潮

合适的项目可以把整场表演推向高潮，之后再戛然而止，就可以起到余音绕梁的效果。延迟暗示很适用于表演的高潮和结尾部分。一种常见的方式是让参与者中对暗示反应最强烈的人在台前站成一横排，迅速对他们进行催眠，对每个人发出不同的延迟暗示，让他们在接到某种“信号”（例如催眠师用手指指向他们）的时候做某些特定的事情。

感谢其他参与者，让他们回到观众席上去，然后唤醒前排的参与者，让他们也下台归位。当你指向他们时，他们就会按之前延迟暗示的内容去做，让全场的欢乐气氛达到顶点。

特克斯·莫顿式高潮

澳大利亚催眠师特克斯·莫顿因为在加拿大的巡回演出而闻名，他常用的一种高潮项目是对一位参与者进行延迟暗示，让他回到观众席上之后，一接到“信号”就会回到舞台上问催眠师要一支烟抽，但是当他拿到烟时，却会因双手颤抖而无法点燃，直到催眠师移除暗示效果。

另一位参与者会被暗示，接到“信号”时，他会到处寻找自己的大衣，甚至会质问旁边的人是否拿走了他的大衣。终于找到想象中的大衣时，他会把它披在身上，当催眠师移除暗示效果时，他会非常惊讶自己原来没穿大衣。

一位女性参与者会被暗示，接到“信号”时，她会在观众席上亲吻三个谢顶男人的头顶，然后回到座位上，立刻进入梦乡。等到这一切都发生之后，催眠师再走到她身旁，移除暗示效果。

另一位参与者会被暗示，接到信号时，他会发现舞台上起火了，立刻找一杯水来灭火。

特克斯·莫顿还有一招，暗示目标对象在离开舞台的时候，鞋子会变得非常挤脚，他只能脱下鞋子拿在手里，穿着袜子回到观众席。

由于特克斯·莫顿给自己树立的是那种“西部牛仔”式的形象，所以他的这些项目也都透着浓厚的乡土气息。

迈克尔·迪恩式高潮

著名催眠师迈克尔·迪恩博士主要在各大夜总会进行表演，所以表演的高潮部分通常比较复杂。他会暗示一位女性参与者，在接到“信号”时回到台上开始跳脱衣舞，然后再“及时”移除暗示效果。他也会暗示参与者在接到“信号”时回到台上，说自己是一个非常伟大的歌手，要求为大家献上一首歌，这一要求会得到准许。

迈克尔·迪恩有时会暗示参与者中的男士在回到观众席后热烈亲吻自己的妻子或女朋友，女士则亲吻自己的丈夫或男朋友。这样的项目通常会把表演现场的气氛推向高潮。

在演出结束时，迈克尔·迪恩会暗示所有的参与者到吧台集合，由他来为他们移除所有的暗示影响。这一步骤非常人性化，因为他会仔细检查参与者们的情况，确保没有任何暗示效果残留下来。这样不仅可以增强旁观的人们对催眠术表演的兴趣，也可以为俱乐部带来更多生意。

帕特·柯林斯式高潮

帕特·柯林斯在表演即将结束时，经常会对所有参与者发出延迟暗示，让他们用各种不同的夸张方式离开舞台，然后回到座位上重新进入梦乡。

例如，她可能会让一位男性参与者摆出约翰·韦恩式的西部明星派头，另一位则摆出健美先生式的姿势，第三位像喝醉酒一样东倒西歪；让一位女性参与者扮成时装模特，另一位摆出贵妇人式的做派，第三位则像小孩子一样蹒跚不前，找不到自己的座位究竟在哪里。

这样的收场方式非常具有娱乐性，因为处于催眠状态的人表演起来相当投入，很容易达到良好的表演效果。回到座位上之后，所有的参与者都会陷入梦乡，这时帕特再走到他们身边，依次把他们唤醒。这样也可以增进催眠师与观众之间的互动程度。

“跳舞竞赛”式高潮

催眠术表演的高潮部分可以采用“跳舞竞赛”的形式。暗示参与者们，他们都是跳舞的专家，将要举行一场竞赛，争夺丰厚的奖金。等到一切准备就绪，他们就会开始。告诉台下观众，他们将负责评选比赛冠军。这样可以让观众参与到表演中来。让参与者们各自选好位置，暗示他们音乐一响起，他们就要开始跳舞，而当音乐停止时，他们会维持那一瞬的姿势。音乐再度响起时，他们又会继续开始跳舞，如此反复。

做好准备，开始播放音乐，参与者们开始跳舞，营造出一片兴奋的气氛。这时你突然大喊“停”！音乐立即停下来，台上的人们顿时“冻结”成最后一瞬的姿势。这一幕的视觉效果非常强烈。继续播放音乐，中途不时停下来再继续，直到你告诉台下观众，参与者们的舞都跳得很好，不妨把他们都评为并列冠军，用掌声欢迎他们下台归位。

> 注意：“跳舞竞赛”要选择合适的音乐，让参与者们能够跟上节奏。还有一点需要注意：由于舞台上声音嘈杂，你的助手在后台操作音响设施时，可能听不见你的喊声，所以可以用其他手段提醒助手掐断音乐，例如吹哨子等方式。

一个世纪之前的舞台催眠术表演

“没有什么东西是全新的”：在1901年的舞台催眠术表演中，催眠师就已经开始应用“跳舞竞赛”的方式作为表演的高潮，这一做法直到今天仍然相当常见

第八部分

催眠术表演的常规项目

第55章　奥蒙德·麦吉尔的表演项目

作为一名专业舞台催眠师，你会建立起自己的一套表演流程体系，但在某些情况下也可以做出一些变化，为表演增加新鲜感。这一章介绍的各种项目就是我用来偶尔改变自己表演流程的项目，所有的项目都经过实践检验，的确非常有效。你可以借鉴这些项目的形式来开创你自己的专属项目。某些项目的描述采用第一人称。

催眠与锻炼

在“催眠合奏”表演中，我通常会用这一项目作为下半场的开头，在参与者们回到台上之后进行。参与者们在台上熟睡，我则向观众致意，然后对参与者分别施以暗示，让他们进行不同的锻炼项目。

首先让第一个人从椅子上站起来，坐下，再站起来，再坐下，如此反复。然后让第二个人做扩胸运动，第三个人弯腰再直起，第四个人双腿上下移动，等等。

等到所有参与者都处于“锻炼”状态时，我会突然大喊：“停下来，坐下重新睡吧。”由于锻炼很容易让人疲劳，所以不宜太久。

这一测试通常很容易成功，并且也具有一定的观赏性，很适合作为下半场的开场，起到增强参与者对暗示的反应、吸引台下观众注意的双重作用。

拳击测试

这一测试内容可以作为“催眠与锻炼”项目的一部分，也可以独立出来。让一名参与者走到舞台前，让他想象自己是一名专业拳击运动员，正在进行搏击训练。目标对象会出拳，闪避，跳跃，做出各种拳击动作。

要结束测试时，我会暗示："好了，停下来吧，拳击练习结束了。放低双手，闭上眼睛睡吧。"然后我会领目标对象回到椅子上，让他重新进入催眠状态。

注意：在接近目标对象时要小心，不要被当成拳击练习的对象。我通常会小心地从后方接近目标对象，通过暗示让他结束练习。

划船测试

让一名参与者走到舞台前坐下，让他想象自己正在进行划船器的练习，他就会做出周而复始的划桨动作。

类似的项目还有很多种，几乎任何健身项目都可以作为测试内容。我设计过的最有趣的测试之一是让目标对象想象自己正在使用"震颤减肥器"，结果就是他不停地摇晃身体，仿佛真的受到了机器的带动一样。

我要再重复一遍，这样的练习很容易让目标对象疲劳，所以时间不宜太久。

"时光魔药"测试

这项测试一直是我最喜欢的项目之一，因为它的观赏性非常强，同时也可以发人深省。它证明，年龄在很大程度上是由人们头脑中的信念决定的。首先对目标对象暗示，有两种神奇的时光魔药被发明了出来，一种魔药可以让人喝下之后变得年轻，另一种魔药则会使人变老。

助手端着托盘登场，托盘上放着两瓶"药水"，一瓶是红色的，另一瓶则是蓝色的（我通常使用果汁制剂兑饮用水染色来达到效果）。对目标对象解释，红色药水可以让人变得年轻，蓝色药水则会让人变老。

解释清楚这两种"药水"的作用之后，首先让目标对象喝下红色的药水，同时暗示他身上即将发生哪些变化："当你喝下红色的药水时，它会浸透你的整个身体，让你越变越年轻，直至变回小孩子。"

观察目标对象的表现。需要继续的时候，暗示："药水还在进一步发挥作用，你变成了一个婴儿，还没学会走路，只会四肢着地爬行。"

事先最好在舞台上铺好地毯，这样可以避免目标对象爬行时弄脏衣服。

接下来是这一项目中最引人入胜的部分。暗示："药水还在继续发挥作用，让你一直回到了母亲子宫里的胎盘阶段。"目标对象会像胎儿一样蜷缩起身体，这样一幕场景具有非常强烈的视觉冲击力。

需要继续时，拿起蓝色的液体，暗示："现在我会把蓝色的药水拿给你喝，让你逐渐恢复原本的年龄，然后再变得更老。"弯下腰，把"药水"喂给目标对象喝，同时继续暗示他身上会发生什么。

"药水开始发挥作用……你的年龄开始增加……你又变成了婴儿，然后是小孩子，年轻人……你恢复了原先的年龄。"

随着你的暗示，目标对象会先在地上爬行，然后立起身来，恢复常态。继续暗示："但是药水还在发挥作用。你变得越来越老，成了一个十足的老人。"

目标对象会表现出老态龙钟的样子。让助手递上一根拐杖，目标对象就会拄着拐杖行走。

继续暗示目标对象会出现什么样的反应，他就会做出这些反应。暗示内容要尽量详尽，富有描述性，这样可以达到最好的效果。不同的目标对象对你的暗示内容可能有不同的理解，但你的描述越详细，他们就越不可能做出出格的表现。

需要结束测试时，暗示："现在我会把这两种药水混合起来，让它们彼此中和，消除之前的一切效果。"把瓶子里剩下的"药水"混合起来，让目标对象喝下去，同时暗示："混合药水消除了之前的效果，你又恢复了原本的年龄。"唤醒目标对象。

这一测试能够很好地表现出催眠术对人心理年龄的影响，并且不会对目标对象造成任何伤害。测试中对道具的应用（红色和蓝色的药水）同样值得借鉴，许多情况下，你都可以利用道具达到更好的表演效果。

暴风雨测试

这一测试通常与"冷与热"测试一起采用。当参与者们体验过冷热变化的感觉时，暗示一场暴风雨忽然袭来，豆大的雨点敲打着台面。

参与者们会到处寻找避雨的地方，让表演现场变得无比热闹。要结束测试时，暗示："暴风雨平息了，云散日出，天气非常清新，你们身上的水都已经干了，你们感到非常舒服。""冷与热"和"暴风雨"测试可以合并在一起，让参与者们想象自己身处户外，一开始阳光明媚，然后凉风习习，最后暴雨倾盆。

类似这样的戏剧化表演，具有很好的观赏效果。

在观众席上入睡

唤醒台上的参与者时，我经常会采用这一测试。等到大部分参与者都被唤醒，只剩一个人还处在催眠状态时，我会扶着他的头绕圈旋转，同时暗示："你的头开始自动旋转起来，越转越快，你无法让它停下来。"

从目标对象身边退开，让他的头旋转一段时间，然后暗示："你的头变得很沉，停止了旋转，重新垂到你胸前。你又一次陷入了深深的梦乡。"

接着暗示："很快我就会把你从睡梦中唤醒……当你醒过来的时候，会从椅子上跳起来，直接回到你在观众席上的座位那里，坐下重新陷入梦乡。"

唤醒目标对象，他会立刻从椅子上跳起来，回到下面的座位上，然后重新陷入催眠状态。如果他没有立刻睡着，我就会应用之前的延迟暗示效果，用食指指着他的额头，命令他"睡吧"！之后我会告诉观众："这位先生 / 女士睡得非常沉，没有任何东西能够打搅他。我需要他身旁的两位观众配合，帮助我把他扶到台上来。"

目标对象两侧的观众会按你说的去做。"就是这样，从两边架住他，扶到台上来，放在这把椅子上。"目标对象被放在台上的椅子上之后，感谢两位观众的帮助，让他们回到座位上去，然后继续暗示："你刚才经历了很多事情，但当你清醒过来的时候，完全记不住自己曾经离开过这把椅子。你会以为自己只不过是在椅子上打了个盹而已，根本没有离开过这里。"

唤醒目标对象，结束测试。这一测试可以对观众展示深度催眠的程度之深，被催眠者即使被人架上台也不会因此而惊醒。

弗兰肯斯坦怪物

催眠术表演项目如果能让观众有机会参与进来，就可以达到更好的互动效果，"弗兰肯斯坦怪物"测试就是这样的例子。当目标对象在台上处于催眠状态的时候，邀请他的朋友或熟人上台，站在舞台一侧，然后对目标对象暗示："当你睁开眼睛的时候，你会看见传说中的弗兰肯斯坦怪物就在舞台侧面，当它走过来的时候，你会本能地躲开，找地方藏起来。"

让目标对象睁开眼睛，看向舞台侧面的"怪物"。目标对象的反应会让其他

观众觉得非常可笑，因为他们知道他所躲避的“怪物”其实是他的朋友。让那位朋友慢慢地走向目标对象，让他到处找地方躲藏。注意控制气氛，一定要充满欢乐，不要营造恐怖气氛。最后告诉目标对象不要害怕，“怪物”只不过是他的朋友扮演的。让目标对象走到“怪物”面前，伸手去摸想象中“怪物”脸上的“面具”。暗示：“当我打响指的时候，你就会瞬间清醒过来，惊讶地发现面前原来是你的朋友。”

在目标对象耳边打出响指，测试结束。这一测试是失忆测试的变体，后者在前面的章节中有过介绍。

隐形催眠师

这一测试利用了消极幻象的原理，让目标对象对催眠师视而不见。对目标对象暗示，当他睁开眼睛的时候，尽管能听到催眠师讲话，却看不到催眠师的身形，无论怎么努力都没有用。在他眼里，催眠师会保持彻底隐形的状态。让目标对象睁开眼睛，测试开始。

催眠师站在目标对象侧面，对他说话，在他耳边击掌，努力吸引他的注意。目标对象会听到催眠师的声音，转头却看不见人。催眠师绕到目标对象的另一侧，重复同样的过程。目标对象会表现得非常困惑。

伸手抚摸目标对象的头发，这会让他更加困惑。把一块手帕丢在目标对象面前，把它捡起来再丢下去，在目标对象看来，手帕似乎是在空中跳舞一样。催眠师用手在目标对象眼前晃来晃去，却完全无法引起后者的注意。总之，在目标对象眼里，催眠师是完全隐形的。

要结束测试时，暗示：“当我在你耳边打出响指时，你就可以重新看到我。”打响指，让目标对象重新看到你，他会表现得无比吃惊。

这一项目非常有吸引力，同时也可以向观众证明催眠术的力量。

晕船测试

我在塔希提岛和法属波利尼西亚巡回表演的时候，当地翻译路易·埃塔密建议我在测试中让参与者们想象自己乘船进行跨海航行，表现出晕船的症状。这个点子收到了非常好的效果，参与者们在“船”上左摇右晃，仿佛真的在经历风浪一般。然后我再暗示说船马上就要沉了，他们必须要游到最近的岛屿。

参与者们会在旱地上试图游泳，逗得台下观众开怀大笑。当然，舞台上必须铺设地毯，避免参与者受伤。进行此类项目时，催眠师要保持轻松幽默的情绪，用这种情绪感染参与者，让他们也表现得轻松自然。不要营造恐惧和混乱的气氛，否则会对参与者的身心造成伤害。

游泳测试

对参与者们暗示，你会击掌三次，第一次击掌会让他们看到面前是一片碧蓝的湖面，第二次击掌会让他们产生跳进湖里游泳的冲动，第三次击掌则会让他们开始脱衣服，准备下湖游泳。

击掌，参与者们会做出你所暗示的反应。在恰当的时机让他们停下。

四重唱

让四名参与者站成一横排，想想自己是一支流行乐队的四大主唱，音乐响起来的时候，他们会做出唱歌的口型，但是不会真的唱出声音来。奏起音乐，参与者们会开始“默唱”。

捡钱测试

我有时会把这一项目作为“跳舞竞赛”的收尾。暗示参与者们，他们的舞跳得非常好，所以每个人都赢得了奖金，而你已经在地上铺满了百元大钞，只要你数到3时，他们睁眼就会看到地上的钱，这时男士可以随便捡，女士则需要留在座位上，不过不必担心，男士们捡到的钱会和她们平分。

发出信号，参与者中的男士们立刻开始拼命捡想象中的钞票，这样一幕当然非常具有娱乐性。之所以让女士们留在座位上，是因为如果她们也参与“抢钱”的话就很容易受伤。

等到男士们“捡”到了足够的钱，就可以暗示：“回到座位上，把一半的钱分给坐在你右侧的女士。”之后让所有人重新恢复催眠状态。

像这样把不同的项目整合到一起进行，可以大大增强舞台表演的趣味性和连贯性，舞台催眠师一定要掌握这一技巧。

乘飞机旅行

让参与者们想象自己坐在机舱里，系上安全带，体验飞机起飞时的超重感，透过舷窗观赏外面的景色。有时飞机会遇到气流发生颠簸，“机舱”里顿时惊叫声此起彼伏。飞机着陆之后，所有人走出机舱，展开下一段冒险旅程。催眠师可以凭借自己的想象，开发出各种各样的情节。

飞碟与火星之旅

太空旅行的概念对很多人都富有吸引力，让参与者们在想象中坐上飞碟，到火星展开一场冒险旅程，是我在“催眠合奏”表演中经常用到的项目。

告诉参与者们保持警醒，因为飞碟很快就会飞过来，在舞台上着陆。让对暗示反应最强烈的一个人作为“探险队”的队长，指着舞台后部发出暗示（暗示的主要对象是担任队长的人，但选择措辞时要注意将其他参与者也包括进去）：“看那边，空中悬浮着一个银亮的物体，正在迅速变大。看哪，原来是一架飞碟。飞碟从外太空飞来，正在迅速接近这里。飞碟飞过来了，要着陆了。退开。退开。让出地方来给飞碟着陆。”一边暗示，一边自己跳到一旁，给想象中的飞碟让出地方。参与者们会模仿你的行为，这样的动作配合可以让暗示效果得到强化。

“看哪，飞碟已经在台上降落了。侧面的舱门打开了，里面出来了什么？原来是传说中的小绿人！他们是不是很可爱？看，他们朝你们走过来了（不仅包括担任队长的人，也包括其他参与者）。他们想让你们把他们捧起来（参与者们会把‘小绿人’们捧在手掌上）。看，我也捧起了一个小绿人（假装弯腰捧起什么东西）。他嘴里在说些什么。把小绿人们托到你们耳旁，仔细听他们想说什么。他们邀请我们乘飞碟跟他们一道去火星，那里是他们的家乡。真是太棒了！我们都迫不及待地想看看火星是什么样子。小绿人说：‘闭上眼睛，当你们睁开眼睛时，就会发现自己身处飞碟内部。’（参与者们会闭上眼睛然后再睁开，带着惊讶的表情打量想象中的飞碟内部。）

“准备好了吧，飞碟要起飞了……离开地球，一路上升，穿过大气层进入外太空。加速度造成的超重力把你们紧紧压在椅子上（参与者们会做出超重下的表现）。我们已经离开了地球的引力圈，加速带来的超重力也消失了，我们都处于失重状态，要不是安全带的固定，就要在座舱里飞起来了。

“飞碟的速度非常快，你们已经透过舷窗看见了火星。看，火星的轮廓越来越大，我们很快就要在地表着陆了。系紧安全带（参与者们会检查想象中的安全带）。我们在太空港降落了。我们到达了火星。舱门打开，解开安全带走出去吧。感受一下火星的重力，这里的重力加速度比地球上低很多，你们仿佛在云上漫步一般（参与者们会根据自己的想象做出各种不同的表现，通常他们会放慢动作的节奏，仿佛慢镜头一般）。那么，刚才陪伴你们的小绿人在哪里？原来还在你们手掌上。小绿人说：‘看哪！’当我打响指的时候，所有的小绿人都会消失，你们无论如何都找不到他们。尽管你们非常喜爱他们，却找不到他们的踪迹。不要紧，他们已经告诉过我们，回到飞碟上坐好，系好安全带，因为我们又要返回地球了。坐下，闭上眼睛，我们会穿越四维空间直接到达地球。睁开眼睛，看，我们已经回到地球了。我们的火星之旅取得了完全的成功。”

这样的体验无论对参与者还是台下观众都很有吸引力。只要你有足够的想象力，就可以构建各种各样的类似场景，例如下面的另一个例子。

印度绳技

暗示参与者们：“我们将会前往印度，伟大的印度魔术师拉恩·拉希德会向你们展示著名的印度绳技。你们一直都渴望着欣赏这样的表演，现在终于有机会了。闭上眼睛，当我告诉你们睁眼的时候，你们就会发现自己已经到了印度。”

“睁开眼睛吧，我们已经到了印度，即将观看到伟大魔术师所表演的印度绳技。仔细看。魔术师登场了，他对我们鞠躬。他手里是一卷绳子，他把绳子抛向空中，绳子就自动展开，向上延伸，飘浮在空中。真是一幅奇景（一边暗示，一边模仿抛绳的动作，参与者们会把你当成魔术师，在幻觉中看到你表演你所描述的绳技）。”

“现在，魔术师邀请一个印度男孩子上前，孩子开始沿着绳子往上爬，越爬越快，很快就到了绳子顶端。看哪！太神奇了！男孩子忽然消失了！”

“魔术师叫孩子回来，但是孩子已经消失了，哪儿都找不到。魔术师恼火起来，拔出了他的弯刀。他开始沿绳子向上爬，要去把孩子揪下来。看哪，魔术师爬到绳子顶端，然后也消失了。空中传来打斗的声音。男孩子的身体被砍成了碎块，纷纷掉落下来。那是他的胳膊，那是他的腿，那是他的头。如果觉得

这一幕太过惨不忍睹，就把眼睛挡住。”

邀请参与者中的一位女士上前来。“那儿，男孩子的头就在地上，上前去把它踢开（目标对象的反应可想而知）。你最好还是回到座位上去。魔术师又沿绳子滑了下来，看哪，他把男孩子的身体重新拼到了一处，用一块彩布盖上，然后再把布拿开，男孩子顿时又活蹦乱跳了。”

“真是了不起的魔术，让我们全都惊讶万分。让我们鼓掌欢送魔术师退场！（参与者们会热烈鼓掌。）”

我自己在表演中经常会用到“印度绳技”这一项目，因为观众对该项目的反响非常热烈。

小学课堂

这一项目并不是由我独创的，不过我经常在世界各地的表演中采用。项目的原理与之前的“魔药”测试类似，都是催眠术造成的心理年龄变化。这一项目也是催眠师亲自参与暗示内容的很好例子。

对参与者们暗示：“当你们睁开眼睛时，会发现时光发生了倒转，你们又回到了小学时代，大约是八九岁的时光。你们的老师非常严厉，你们很不喜欢他。每当他转过身去的时候，你们就拼命做鬼脸，但当他转过头的时候，你们就立刻装出一本正经的样子，不然就要有麻烦了。好了，睁开眼睛吧……这里是课堂。”

参与者们会睁开眼睛，你则假装成严厉的老师：“全班学生注意，打开教科书，翻到53页，开始今天的课程。”

参与者们会按你所说的去做，翻开想象中的教科书，就像课堂上的小学生那样。

“很好。同学们要集中注意力，用心听讲。我会把作业内容写在黑板上。”

背对参与者们，假装在“黑板”上书写，同时他们则会做出各种各样的鬼脸，营造出非常滑稽的气氛。当他们闹腾得比较激烈的时候，就转过身用严厉的语气问：“你们在干什么？”参与者们会立刻装出一本正经的样子。假装不知道刚才发生了什么，继续转身在“黑板”上书写，你身后的喧闹和混乱又会开始。

台下观众到此时应该已经是笑声一片了。需要继续表演的时候，可以迅速转过身，让“学生”们措手不及，表现出非常生气的样子，然后让“学生”们回复催眠状态，暗示他们又恢复了原本的年龄，然后再唤醒他们。

设计属于你自己的表演项目

上面介绍的都是我自己设计和完善的表演项目，你可以参考这些例子设计你自己的表演项目。创造力是精彩表演不可或缺的元素，最好让你的表演项目尽量与众不同。

X 光眼镜

准备一副眼镜作为道具，暗示目标对象，这是一副 X 光眼镜，具有透视功能。让目标对象戴上眼镜，他会把自己看到的景象描述出来。只要你能营造出轻松幽默的气氛，这样的表演就非常具有娱乐性。著名催眠师弗朗兹 · 波尔加也惯于在他的表演中采用这一项目。

奥蒙德·麦吉尔在表演“X光眼镜”实验

第56章　好莱坞试镜

在引导参与者们的想象时，应该尽量利用大多数人都熟悉的意象，这样更有利于激发合适的反应。“好莱坞试镜”实验就是利用了好莱坞在电影业中的知名度，来达到这一目的。

告诉台上的参与者们，他们正在好莱坞接受表演能力的测试，如果他们通过测试，就可以在即将开拍的大片中担任重要角色。绝大多数人都有成为影星的梦想，所以他们会努力表现，尽可能让表演惟妙惟肖。

模仿著名影视明星

让参与者们各自模仿自己最喜欢的影视明星。用命令的口吻宣布：“各就各位……灯光……摄像……现在开演！”参与者们会分别开始表演，许多人都会模仿得非常成功。夸奖所有的参与者，告诉他们表演非常精彩。处于催眠状态下的人总是很愿意受到夸奖。要结束表演时，大喊“睡吧”！参与者们会立刻停止表演，重新进入催眠状态。

模仿银幕上的恋人

这一测试非常受观众欢迎。让参与者们扮演影视作品中的恋人，演绎最浪漫的恋爱情节。你喊“开演”！他们就会开始。你喊“睡吧”！他们就会重新进入催眠状态。

要结束表演时，暗示现在是休息时间，当你把麦克风递到每个人面前时，他们会说出自己对“爱”这个字的看法。让每个人依次说出自己的看法，不同人的说法可能相差很远。这样一幕对台下观众非常有感染力。

模仿自己在工作时的情况

测试继续。让参与者们假装自己正在工作，无论工作内容是什么，都要在台上表演出来，让人们能猜到他们干的究竟是什么工作…各就各位……灯光……布景……开始……参与者们会开始表演，而观众们则会享受到猜测哪个人究竟干什么工作的乐趣。要结束表演时，让参与者们分别说出自己的工作内容是什么，看观众猜得是否正确。这样的项目非常利于互动。

让参与者们重新进入催眠状态。

模仿各种机器设备

让参与者们模仿洗衣机、打字机、打蛋器、电脑等机器设备的运行，每个人分别扮演一种设备。这样的表演总能让台下观众捧腹大笑。这一项目最初是由澳大利亚著名舞台催眠师马丁・圣・詹姆斯发明的，非常具有观赏性和娱乐性。要结束表演时，告诉参与者们他们表演得非常不错，然后让他们忘记刚才的表演经历，重新进入催眠状态。

第57章　杰瑞·瓦利的表演项目

注意：这一章和后面两章将会介绍著名舞台催眠师杰瑞·瓦利、帕特·柯林斯和马丁·圣·詹姆斯常用的一些表演项目。这三个人都是非常成功的舞台催眠术表演大师，但三个人的风格完全不同，这一点可以证明舞台催眠术表演的多样性。他们成功的关键在于，他们的表演项目都是自己独创的，这一点非常重要。不妨类比一下：一幅由凡·高独创的名画可以卖到几百万美元，而一幅由其他画家临摹的凡·高作品，即使临摹得惟妙惟肖，也很难卖到哪怕五十美元。所以说，任何艺术创作都需要独创性。

杰瑞·瓦利被称为“美国最扣人心弦的催眠师”，他除了在美国本土和豪华邮轮上表演之外，还在他位于马萨诸塞州梅休恩市的办公套房里开办了一家催眠诊所。

作为一名舞台催眠师，杰瑞·瓦利有三套完全不同的表演流程。舞台催眠师在表演项目安排方面的自由度非常大，因为任何领域都可以作为催眠术表演的主题。

杰瑞·瓦利通常在正式的舞台上表演，每次邀请上台的参与者在 12 ~ 20 人不等。他会首先致开场辞，简单介绍催眠术的概念，然后邀请参与者上台，立刻引导他们进入催眠状态。

呼吸节奏催眠法

让参与者们坐成一横排，放松下来，放慢节奏深呼吸。催眠师站在参与者们对面，双臂前展，掌心向上，双臂上扬时让他们吸气，双臂下沉时则让他们吐气。控制参与者们进行有节奏地深呼吸，节奏可以与背景音乐相对应，达到更好的暗示效果。

让参与者们深呼吸十几次，可以达到让他们的大脑轻微供氧过度的效果，从而制造一定的眩晕感。让他们闭上眼睛，继续按同样的节奏呼吸（可以通过背景音乐来控制节奏）。

暗示参与者们即将进入深度催眠状态，然后进一步增进催眠效果，例如继续暗示："当我触碰你们的头顶时，你们就会彻底放松下来，进入深深的梦乡。"依次触碰每个人的头顶，直至所有参与者进入催眠状态，如果有人对暗示没有反应，就小声请他们退场。继续用"睡吧，熟睡吧，沉睡吧"这样的暗示加深催眠程度。

杰瑞·瓦利的部分表演项目

搞笑电视节目

杰瑞·瓦利在表演时总是努力营造幽默搞笑的轻松气氛，因为这样最容易达到娱乐效果。对台上的参与者们暗示，当催眠师轻敲他们的肩膀时，他们就会睁开眼睛，看见全世界最搞笑的电视节目正在面前上演。"你同意吗？如果同意的话就点点头。"参与者们会点头表示同意，然后就可以开始测试了。

逐一轻敲参与者们的肩膀，让他们睁开眼睛，开始观看想象中的搞笑节目。参与者们会笑得前仰后合，这样的笑声非常具有感染力。要结束测试时，暗示参与者们闭上眼睛，重新回到催眠状态。

> 注意：这一项目很适合放在表演的开始阶段，因为它不仅具有很强的娱乐性，而且也可以让参与者们练习如何自由发挥想象力，创建出属于自己的幻觉意象。笑声具有很好的交叉感染作用，参与者们的大笑会逗得台下观众们也笑起来，而台下观众的笑声又会让参与者们笑得更厉害。处于催眠状态下的人总是具有取悦他人的倾向，包括取悦台下观众。

“掐屁股”测试

这一项目尽管非常滑稽，但必须控制好气氛，不要让参与者们的自尊受到伤害。对参与者们发出延迟暗示，告诉他们在听到催眠师说“广播”这个词时，就会感觉到坐在旁边的人在他们屁股上掐了一把，尽管他们不会生气，却会感到很不自在。

把参与者们从催眠状态中唤醒，然后转向观众席，告诉他们你昨晚从广播里听到一条有趣的消息，注意强调“广播”这两个字。台上的参与者们会立刻表现得如坐针毡，仿佛屁股真的被掐了一把一样。故意装作毫不知情，再次提起“广播”这个字眼，让他们再次表现出被掐了屁股的样子。逗台下观众开怀大笑，但要注意别太过火。要结束测试时，只需要让参与者们重新进入催眠状态就可以了。

“没有屁股”测试

这一测试非常滑稽，可以对单一的目标对象进行，也可以对所有参与者同时进行。告诉参与者们，当他们试图坐下的时候，会发现自己没有屁股，所以无法坐下。这会使他们感到十分困惑，每个人会分别尝试用不同的方法解决问题，逗得台下观众哈哈大笑。注意保持幽默轻松的气氛。要结束测试时，让参与者们重新进入催眠状态，暗示他们的屁股其实很正常，随便怎么坐都可以。

如果有人对测试内容的反应特别强烈，可以暗示他在想要坐下的时候会发现自己的膝盖无法弯曲，无论怎么努力都无法坐下去。要结束测试时，移除暗示效果，让目标对象重新落座。

“测谎仪”测试

这一项目完全由杰瑞·瓦利开创，它揭示了利用心理学测谎的原理：人在说实话和说谎的时候，潜意识的表现完全不同，所以只要能获得潜意识信号，就可以判定他们是否说谎。这一测试最适合同时对几名参与者进行。

让参与者们进入催眠状态，告诉他们，你会触碰他们每个人的头顶，被触碰头顶的人需要回答一系列问题，可以说真话也可以故意说谎。如果他们说了真话，就会感觉非常良好，但如果他们说了谎，就会感到右耳非常痒，必须要伸手去挠。

依次问参与者们各种他们知道答案的问题，例如他们车子的颜色，家里的电话号码，出生的城市，年龄，等等。如果他们说了真话，就会继续安静地坐在椅子上，而如果他们说了谎话，就会不由自主地去挠右耳。通过每个人的反应可以判断他们究竟是说了真话还是谎话。

“测谎”的具体方式可以有所变化，例如可以让女士们在说谎之后翘起食指，男士们则在椅子上扭动身体。这样的测试不仅具有娱乐性，而且发人深省。

杰瑞·瓦利表演卡片

(Finished files are the result of years of scientific study combined with the experience of many years.)

在上面这句话中，字母“f”一共出现了多少次?

今晚你将体验到催眠术的神奇与奥秘。主演：

杰瑞·瓦利

花一分钟时间集中注意力凝视卡片上人像鼻子旁边的三个小白点，中间不要眨眼，然后迅速把目光转移到空白的墙面或天花板上，你会看到美国最扣人心弦的催眠师究竟是什么样子？

在每场表演开场之前，就由助手在观众席的每个座位上散发这样的卡片。

观众们入场之后，卡片会起到“破冰”的作用，让观众们产生对暗示与催眠作用的第一印象。对于第一张卡片，试着数清究竟有多少个字母 f。对于第二张卡片，如果观众像卡片上所描述的那样去做，就会在墙上或天花板上看到左右反转的杰瑞·瓦利头像。在这样的卡片背面印上催眠师的姓名、住址和演出计划，可以收到很好的广告宣传效果。

第58章　帕特·柯林斯的表演项目

帕特·柯林斯是美国最著名的舞台催眠师之一，她的表演吸引过数以千计的观众到现场参加，通过电视收看表演的观众更是数以百万计。她的表演风格一方面具有很强烈的专业色彩；另一方面又非常大胆与开放，因为她主要在夜总会上进行表演，号称“嬉皮催眠师”。

帕特·柯林斯是一位语速非常快的女士，性格十分强势，一出场就可以彻底控制观众的注意力和情绪，这需要极高的表演天赋。因为她的表演空间通常比较狭小，所以参与者人数一般限制在6～8人。她本人曾做过歌手，所以十分善于利用配乐和音响效果。

表演开场时，帕特·柯林斯会快速走到舞台中央，向观众致开场辞，简要解释催眠术的原理，参与者们将会得到的体验，以及台下观众将会欣赏到的内容。她的开场辞总是非常直接，非常开诚布公，具体内容在前文中有介绍。

开场辞结束之后，帕特·柯林斯会邀请参与者们上台来接受催眠，她惯用的一句经典台词是“你会和我一起睡”。台上的椅子坐满之后，她会立刻对参与者们进行催眠，方式通常是快节奏的多重暗示，具体方法见下文介绍。

多重暗示催眠法

面对参与者们：“好了，让我们一起来尝试进入催眠状态。你们上台来就是为了接受催眠，现在我就来实现你们的愿望。你们会发现被催眠的感觉非常美好，所以请集中全部注意力，我保证你们能够成功进入催眠状态。”

“准备好了吧。全身放松，双脚平放在地板上，双手放在腿上，凝视我的眼睛，目光不要游移，尽量不要眨眼。你们的眼睛会很快变得非常疲劳，眼皮越来越发沉。我会慢慢从 1 数到 10，等我数到 10 的时候，你们的眼睛就会合上，你们都会陷入深深的梦乡，但仍然能听清我说的每一句话，按我说的意思去做。”

一边暗示，一边做出辅助性的手势，这样不仅可以吸引参与者们的注意力，也可以让观众觉得高深莫测。双臂展开，做出包容一切的姿势，重复若干次。

“现在你们会发现，你们全身上下的感觉都无比舒服，务必放松。你们会感到十分温暖，眼皮越来越沉。好，我现在就开始数，每数一个数字，你们的疲劳就会加深一分，等我数到十的时候，你们就会紧紧闭上眼睛，进入梦乡。准备好了吧。1……2……3……4……闭上眼睛吧……5……6……7。闭上你们疲劳的眼睛，让它们休息吧。8……9……10。所有人都紧紧闭上眼睛，把光线挡在外面，闭紧眼睛！”

观察参与者们的反应，所有人都应该已经闭上了眼睛。继续暗示：“闭上眼睛休息的感觉非常好。你们的眼睛都闭得非常紧，上下眼皮已经紧紧黏在了一起，无论你们怎么努力，都没法睁开眼睛。”

由于这是群体催眠，所以不要让他们尝试睁开眼睛，而是继续暗示：“忘了眼睛的事情吧，现在你们可以睡了，陷进深深的梦乡。睡吧。熟睡吧。睡吧。你们的呼吸越来越深，越来越慢。深呼吸。自由呼吸。每一次呼吸都让你们陷进更深的梦乡。你们已经彻底放松下来，头垂在胸前，陷进了深深的梦乡（参与者们的头会垂到胸前，如果有人没有反应，就小声请他们下台归位，如果观众席上有人有反应，可以邀请他们上台来填补空位）。现在你们已经进入了催眠状态，会按我说的每一句话去做。”

> 注意：这一催眠过程应用了一系列循序渐进的暗示，首先是闭眼入睡，接着是深呼吸，全身放松，头垂在胸前，最后是“你们会按我说的去做”这样的暗示。帕特·柯林斯在表演时总是保持非常快的节奏，毫不拖泥带水。

走到每一位参与者身边，依次拉起他们的手臂，暗示他们的手臂变得无比僵硬，他们无法把手臂放下，无论怎么努力都没有用。如果有人放下了手臂，就立刻让他下台归位，空位由其他自愿参与者填补。等到所有人的手臂都处于“锁定”状态时，继续暗示：“所有无法放下手臂的人都处于催眠状态，当我数到 3 时，你们的手臂就会自动垂落下来，而你们则会陷入熟睡。你们会忘记

之前的所有限制，感到非常轻松愉快。放开一切，让自己享受一段快活的经历吧！你们会听从我的一切指令。”从 1 数到 3，所有人的手臂都会垂落下来，现在可以开始进行各种表演项目了。

> 注意：帕特·柯林斯的催眠方式简单直接，效率很高，并且能够直接让参与者们进入深度催眠状态，无须清醒催眠作为过渡。她通常很重视参与者的个性，经常会对参与者直呼其名，在参与者人数不多的情况下，这样可以达到非常好的效果。

“发烫的椅子”测试

帕特·柯林斯经常采取对不同的参与者分别直呼其名的方式，由于她的表演通常规模较小，参与者人数较少，所以这一做法能够达到非常好的效果。当参与者们进入催眠状态时，她会一边触碰某位参与者的头顶，一边喊他的名字：“弗雷德，你正坐在一张发烫的椅子上！”弗雷德会从椅子上跳起来。“苏珊，椅子在发烫！”苏珊也会跳起来。每当她喊到一位参与者时，那人就会从椅子上跳起来。需要结束测试时，让所有人都恢复催眠状态。

> 注意：在表演中，“睡眠”和“梦乡”这样的词具有与“催眠”相同的含义。

帕特会在完成这一项目之后随机唤醒一名参与者，问他是否感觉到自己刚才被催眠了。答案可能千奇百怪，因为大多数人在被催眠时并不会意识到自己究竟是不是真的被催眠了。她会告诉他们，他们的确是被催眠了，然后突然大喊“睡吧”！目标对象会立刻放松下来，重新进入催眠状态。帕特立刻说：“睁开眼睛，邓恩，看着我。天哪，邓恩，你什么衣服都没穿！”目标对象会难为情地试图掩盖私密部位，或是找地方躲起来。帕特接着说：“其实没穿衣服的不是你，邓恩，而是我！”目标对象会朝她挤眉弄眼。“回到椅子上睡吧，邓恩。”测试结束。帕特·柯林斯的表演就是如此个性化。

与性相关的反应

帕特·柯林斯经常在表演中安排与性相关的内容，这与她通常表演的夜总会环境很有关系。例如，她会告诉一名处于催眠状态的女孩：“坐在椅子上不要动，妹妹，看你的乳房越长越大。”有时她会让一位美丽女子回到观众席上，热切地亲吻她的男朋友，或是让一对情侣共同上台，使观众能更好地看到他们的举动。她还会通过暗示让两人的嘴唇难以分开，这样过了一段时间之后，再继续暗示：“现在你们可以分开了。你们的嘴唇自由了，但是天哪，那位男士嘴里的味道是多么糟糕啊！现在再试试亲吻他，你会发现自己根本受不了他嘴里的气味。”女孩通常会做出恶心的表情。需要结束时，移除所有的暗示效果，然后让目标对象回到催眠状态。

“消失的手指”测试

这是帕特·柯林斯最常用的表演项目之一。让目标对象站在舞台中央，告诉他，观众席上有人把他的一根手指偷走了，当他清点自己的手指时，会发现第六根手指不见了。目标对象会开始数自己的手指，果然找不到第六根在哪里。帕特这时会指着观众席上的随便什么人说：“就是那个人拿走了你的手指。去问他要回来吧，哪怕是求他把手指还给你。”

目标对象会去问那位观众讨还手指，这一过程会让所有人都非常开心。最后，帕特会告诉那位观众把手指还给目标对象，而观众则会假装照做。目标对象会非常开心。帕特让他把手指重新装回去，然后再数一遍。目标对象会发现自己的手指一根不少。最后，帕特会让目标对象重新进入催眠状态。

严肃话题

帕特·柯林斯偶尔也会一改轻松娱乐的风格，开始探讨与催眠术机理有关的严肃话题。例如，她会向观众们展示，催眠术可以让人感觉不到疼痛。为了证明这一点，她会让参与者们各自伸出一只手，暗示他们的手现在对疼痛免疫，然后点燃一根火柴，用火苗短暂烧灼每个人的手掌。之后她会让一位参与者进入肌肉僵硬的状态，把他的身体架在两张桌子或两把椅子之间，形成一道“人桥”。测试结束之后，表演又会恢复轻松的风格。

高潮与结局

需要把表演推向高潮的时候，帕特·柯林斯会让后台播放各种不同风格的音乐，例如夏威夷舞曲、经典芭蕾舞曲、摇滚乐曲等，让参与者们随着音乐的节拍跳舞。这样可以让表演现场的气氛达到喧闹而欢乐的顶点。作为一名杰出的表演艺术家，帕特·柯林斯在音乐风格的采用上总是与时俱进。

公元1560年的一幅图画，图中描绘的是所谓的“跳舞癫狂症”，在当时的欧洲，经常有数千人一同表现出这样的癫狂情态

催眠术的历史非常久远，尽管具体表现形式经常有所变化

第59章　马丁·圣·詹姆斯的表演项目

马丁·圣·詹姆斯是澳大利亚最受欢迎的舞台催眠师，在澳大利亚所有主要城市都举办过表演，在漫长的职业生涯中，他至少在舞台和电视直播表演上对25万人次进行过催眠。他的票房纪录超越了许多所谓的“超级巨星”。马丁·圣·詹姆斯精力充沛，从着装到表演都带有典型的摇滚风格，可谓是舞台

催眠师中的“猫王”。

马丁·圣·詹姆斯通常会在舞台上布置超过20把椅子，只要是有兴趣的观众，都可以上台参与表演。因为他在澳大利亚娱乐界非常出名，所以总能吸引足够的参与者把椅子坐满。他会快速引导参与者们进入催眠状态，如果有人没有反应，他会让这些人下台归位，换由其他人接受催眠。下面是他通常采用的催眠方法。

“三重反应”催眠法

首先对全体参与者表演“锁手术”，然后依次走到每位参与者身边，用力把他们的双手向下推，同时命令：“紧紧闭上眼睛，当你的双手触及双腿时就会自然分开，但你的眼皮会黏在一起，无法睁开眼睛。”这样可以直接把锁手术的效果转化为锁眼术的效果。马丁·圣·詹姆斯会让参与者们尝试睁开眼睛，当他们发现无论怎么努力都无法睁开眼睛时，就意味着转变取得了成功。然后马丁会说：“当我用手拂过你们的眼睛时，你们就会重新睁开眼睛，这时你们会立刻陷入深度催眠状态，尽管眼睛仍然睁着，却什么都看不见。”之后他会再度走到每位参与者身边，拂过他们的眼睛，让他们的“锁眼”状态转化为深度催眠状态。等到所有人都处于睁着眼睛的深度催眠状态时，暗示：“现在你们会闭上眼睛，陷入更深一层的梦乡。”

这是一种非常快速的群体催眠方法，通过锁手－锁眼－深度催眠这三重反应之间的彼此转化达到快速催眠的目的。这是强力催眠术在舞台表演中的典型应用方式之一。

马丁·圣·詹姆斯常用表演项目

马丁·圣·詹姆斯惯于让所有参与者一同经历各种各样的想象场景，仿佛一场别开生面的电影一般。

野餐测试

暗示参与者们，他们将会在澳大利亚风景优美的户外环境下野餐。“跟我来，享受周围美丽的风光吧。我们开着一辆破旧的老爷车，在颠簸的乡间小路上行驶，你们在座位上被颠得起起落落。”

参与者们会在椅子上晃动身体，模拟道路颠簸时的情况。继续暗示："车子停了下来，打开车门出来吧。让我们席地而坐，准备开始野餐。你们都很饿了，简直等不及要大快朵颐。"

参与者们会做出心痒难耐的样子。等他们"吃饱喝足"，继续暗示："好了，你们现在感到没那么饿了。但是天上忽然飘来了一片乌云，还刮起了冷风。真冷！最好把食物收起来，找个地方避避风，不然实在太冷了。"

参与者们会做出"冷得受不了"的反应。继续暗示："太好了，云散开了，风也停了下来，天气重新变得暖洋洋的，再合适不过了。我现在就把食物放在地上，开始吃吧，想吃什么就拿什么。"

参与者们会离开椅子，坐在地上，开始在想象中大吃大喝。马丁·圣·詹姆斯会走到每个人身边，问他们究竟在吃什么，不同的人会做出不同的回答。等到所有人都回答完毕之后，忽然大喊："怎么了？忽然有好多蚂蚁爬到了食物上。快把它们弹开，捏死它们。把讨厌的蚂蚁赶走！"

参与者们会做出"赶蚂蚁"的动作，台上一片混乱。这时暗示："很好，蚂蚁被赶走了。你们都饱餐了一顿，现在可以回去了。重新上车坐好，回到梦乡中去吧。"

参与者们会坐回椅子上，重新进入催眠状态，测试结束。

马丁·圣·詹姆斯经常采用类似这样的表演项目，给参与者们发挥想象的空间，让他们各自做出不同的表现。这样的表演对观众非常有吸引力。

"赛马大会"测试

问处于催眠状态的参与者们："你们想赚一大笔钱吗？如果想的话就点头（所有参与者都会点头）。很好，这里马上要举办一场赛马大会，你们可以下注赌钱。当我碰触你们的肩膀时，会告诉你们一个号码，这个号码就是你们打算下注的赛马编号。我说出号码的时候，你们会陷入更深一层的梦乡。你们会牢牢记住自己的赛马编号，在比赛开始之后给你们下注的马儿加油助威。"

依次碰触每一位参与者的肩膀，给每个人安排一个不同的号码，例如 1 号、2 号、3 号、4 号、5 号、6 号等。

暗示所有的参与者，当他们听到"出发"二字时就会清醒过来，发现自己置身于赛马大会的观众席上，每个人都会大喊着给自己下注的赛马加油，声音越大，马儿就跑得越快。

播放喧闹的背景音乐，同时大声宣布"出发"，参与者们会拼命为想象中的赛马加油，而催眠师则扮演解说员的角色，解说赛况如何，哪匹赛马目前领先，等等。最终宣布比赛以平局收场，所以没有冠军，组委会决定把奖金平分给所有下注者，每人 500 美元。依次走到每一位参与者身边，做出数钱的动作，把想象中的钱递给他们。

所有人都拿到“奖金”之后，暗示人群中混有小偷，他们最好把刚刚拿到的奖金仔细藏好。不同的人会按照习惯把“钱”藏在不同的地方，这一幕非常滑稽。要结束测试的时候，让所有人回到催眠状态。

催眠乐队

“催眠乐队”是马丁·圣·詹姆斯常用的另一个表演项目。让参与者们想象自己是一支著名乐队的成员，当接到信号时，每个人都会开始演奏自己最喜爱的乐器。

发出信号让“演出”开始，台下观众可以猜测每个人选择的分别是什么乐器，从中得到乐趣。催眠师依次走到每一位参与者身边，问他演奏的究竟是什么乐器。只要节奏足够快，这一幕就可以达到非常好的娱乐效果。

要结束测试时，可以先让“乐队成员”们一边演奏自己的乐器，一边绕场一周，然后再回到座位上，重新进入催眠状态。用合适的背景音乐配合表演内容，可以收到更好的效果。

> 注意：马丁·圣·詹姆斯的表演最重要的特点在于，他总是给参与者以相当程度的自由发挥空间，让他们各自用自己的方式诠释暗示内容，这样可以让表演更加复杂多变，并且经常能收到出乎意料的效果。

让参与者们想象自己是一支著名乐队的成员，分别演奏自己最喜爱的乐器

第60章　现代版的“弗林特博士”

今天，舞台催眠术表演已经成为一项广受欢迎的艺术形式，这不能不归功于弗林特博士等先驱在将催眠术推向舞台方面做出的努力。

赫伯特·L·弗林特博士是美国历史上最伟大的舞台催眠师之一，早在18世纪末期，他就已经开始在全美各地进行巡回表演。

尤金·F·鲍德温和莫里斯·艾森伯格为了研究催眠术，曾跟弗林特博士一道巡回演出，并把演出过程中的见闻整理成《催眠师笔记摘抄》一书，该书是现存最详尽的18世纪催眠术表演资料。由于《催眠师笔记摘抄》早已停止印刷，所以在今天极为罕见。

弗林特博士的催眠术表演项目毕竟是200多年前的东西，在许多方面都已经过时，但只要对这些项目加以翻新，就可以用于今天的舞台催眠术表演。在这里，我会想象弗林特博士进行表演时的情景，而你则可以从他的表演内容中寻找到值得借鉴之处。

表演开始，弗林特博士快步走到舞台中央，简单介绍催眠术的概念，邀请有兴趣的观众上台参与表演。20 名参与者在台上坐成一个半圆。

弗林特博士依次从每位参与者面前走过，触碰每个人的额头，同时反复暗示："闭上眼睛，心中不要有任何念头，把所有注意力集中在"睡"这个字上。你们非常疲劳，已经很难保持清醒了，你们感到很困了。"

博士绕完一圈之后，会观察哪些人进入了催眠状态，哪些人没有反应，让没有反应的人回到观众席上去。

等到台上剩下的所有人都处于催眠状态时，博士会暗示他们将会完全按自己说的去做，然后依次唤醒每一个人。

现在台上的参与者们处于清醒状态。弗林特博士会对每个人进行一项清醒催眠测试，例如"锁眼术"、"锁手术"、"向前倒"、"向后倒"等练习，每个人接受的测试内容都不一样。这样不仅可以吸引台下观众的注意，也可以让博士借机了解参与者们的性格。结束测试时，博士会对所有参与者施以"群体锁手术"："你们的双手彼此相锁，锁得非常之紧，你们无论怎么努力也无法把双手分开。尽管努力尝试，但你们无论如何都不会成功的。"参与者们会努力尝试分开双手，却无法成功。

博士会对台下观众们解释，"锁手术"运用了法国心理学家鲍杜音所谓的"适得其反定律"：参与者们为了分开双手而做出的努力，实际上起到的是让双手锁得更紧的作用（今天的心理学家们通常并不承认这一定律，但在催眠术中，定律内容仍然常常用来说明这样的情况）。之后博士转向参与者们，在空中打一个响亮的响指，所有人的双手就会重新分开。然后，博士会让一位参与者走到台前来接受催眠。

假设这位参与者平时吸烟，博士会暗示，他在未来 24 小时之内无论如何都无法忍受烟味。唤醒目标对象，把一支点燃的香烟递给他。目标对象会做出非常恶心的表情，把香烟扔掉。

对几名参与者同时进行"前臂旋转测试"，让他们的前臂互相绕着旋转，越转越快，他们自己无论怎么努力都无法停下。最后打响指让他们停下。这一测试同样属于清醒暗示的范畴。

博士会走到一位参与者身边，用手指着某个方向。参与者会紧紧盯着那个方向，目光逐渐发直，瞳孔扩张，眼珠看起来仿佛玻璃一样。在博士的暗示下，他会走到舞台边缘，眼睛仍然直直盯着同样的方向。博士划着一根火柴，让火焰在他眼前舞动，但丝毫无法引起他的注意，甚至无法让他眨眼。这样一幕可以给观众留下深刻印象。之后博士会让目标对象重新进入深度催眠状态，再对其他参与者重复这一实验。

让参与者们在舞台上排成不规则的横排，对每个人施以不同的暗示，例如让一个人扮演卖报纸的报童；给另一个人一把扫帚，假装那是一支枪，他要拿着枪在林子里狩猎；给第三个人一个洋娃娃，假装那是一个婴儿，她必须找到婴儿的父亲，他的眼睛颜色与婴儿（娃娃）的一模一样；告诉第四个人，他正在参加大学里的毕业舞会，准备邀请某一位姑娘共舞；告诉第五个人，她变回了小孩子，会在观众席中间哭着寻找妈妈；让第六个人扮演卖棒棒糖、热狗和苏打水的小贩，在观众席上兜售。

博士一声令下，参与者们就会开始扮演各自的角色："报童"大声叫卖，"猎人"则小心地在林间潜行。"报童"会试图说服人们买下"今天剩下的最后几份报纸"，如果有人递给他一个铜板，而"报纸"的定价是10美分，他就会讥讽那人"不如白拿算了"。

与此同时，"猎人"则毫不理睬座位上的观众，一心一意追捕想象中的猎物。当他找到"猎物"的踪迹时，会小心地绕到它侧后方，然后举着扫帚瞄准，开火，同时做出被"枪"的后坐力带得往后倒的样子。他会冲过去捡起想象中的猎物，把它装进背囊，然后再继续寻找新的猎物。

在这段时间里，抱着"婴儿"的参与者一直在寻找"婴儿"的父亲，她会在观众席上到处寻找眼睛颜色与洋娃娃一样的男士，如果找到了，就会把娃娃交给他，同时自己脸上现出满足的表情。

另外三位参与者也会用同样真诚的态度进行表演："毕业生"会邀请每一位他觉得漂亮的姑娘，"小孩子"会哭着寻找妈妈，"小贩"则会大声叫卖："棒棒糖、热狗、苏打水哟！好吃的棒棒糖和热狗，好喝的苏打水！"这样的表演会让全场笼罩在欢乐的气氛中。

需要结束表演时，弗林特博士会从舞台中央发出指令，让参与者们回到台上，重新排成一排，然后把他们从催眠状态中唤醒。参与者们的反应就如同被从熟睡中唤醒的人一样。

所有参与者再度坐成一个半圆，博士依次引导他们进入催眠状态，然后告诉他们，他手里的一根木棍其实是通红的烙铁。他会用"烙铁"触碰参与者们的皮肤，被碰到的人会尖叫着跳起来，仿佛真的被烙铁烫到了一样（尽管这样的表演内容能够给观众留下深刻印象，但我不建议采用任何强调让参与者感受疼痛或恐惧的表演项目。在催眠术表演已经饱受争议的今天，这样的项目无疑

会是火上浇油。此外，参与者们都是自愿上台参加表演的，所以催眠师不应该让他们产生任何负面的体验，即使只是幻想中的负面体验。我自己在表演中通常只会采用轻松愉快的项目）。

让三位参与者假装玩掷骰子的游戏，两个人是大块头，另一个是个小个子。三个人开始游戏的时候都遵守规则，但玩了一段时间之后，小个子会偷走大块头的骰子，当他们想把骰子要回来时，就威胁把他们的骰子扔掉。

让几位参与者想象自己正在观看棒球比赛，比赛非常紧张刺激，他们不时大呼小叫，甚至还会彼此争论哪些球员更加出色。当争论得不出结果的时候，他们就决定打赌，一边蹲在椅子上，一边给自己下注的“球员”加油，等到场上出现“本垒打”的时候，他们全都会兴高采烈。然后弗林特博士会让他们重新清醒过来，准备接受下一项测试。

博士会暗示参与者们，一群蜜蜂飞了过来，在空中盘旋，然后落在他们身上。参与者们会拼命驱赶身上的“蜜蜂”，有的手舞足蹈，有的脱下帽子左右开弓，甚至追得“蜜蜂”满场乱飞（需要注意的是，这也属于现代舞台催眠师应该极力避免的“消极体验”项目。过去的舞台催眠师经常会利用这些引人注目项目的特点，但在今天，这样的项目则并不符合主流价值观）。

让一位参与者扮演卖蔬菜的人，站在堆满各种蔬菜的卡车车厢旁边，用可以媲美车喇叭的声音大吼“卷心菜、莴笋、生菜和土豆便宜卖了！”另一位参与者则扮演杂耍艺人，假装同时把一大堆小球抛在空中，让它们交替起落（研究弗林特博士的表演内容时应当注意，有些模仿内容尽管在今天已经过时，但在当时的社会上却非常流行。今天的舞台催眠师也要做到尽可能让表演贴近生活）。

博士会告诉所有参与者，他们的鼻子全都变成了橡胶做的，可以被拉长再弹回来，也可以压扁之后再恢复原状。参与者们会拉伸和压扁自己想象中的橡胶鼻子。

让两名参与者跨坐在椅子上假扮骑马，大喊“驾！驾！”催马儿快跑，两人都想超过对方冲在前面。

在一名参与者面前摆一桶水，告诉他这是一片池塘，再递给他一根扫帚柄当作钓鱼竿。目标对象会在“池塘”里垂钓，非常有耐心地等待着鱼儿咬钩，偶尔扬竿收“鱼”，重新给钓钩装上钓饵，然后再继续垂钓。可以让一个人从始至终在舞台一角“垂钓”，起到调节气氛的作用，同时博士也不必在他身上花费注意力。

让一名年轻男士扮演马戏团的宣传员，他会跳到桌子上，大声吹嘘马戏团里的种种“奇观”，例如超级巨胖子、要蛇表演、吞剑表演、来自婆罗洲的野人等。他偶尔会卷起袖子，摘掉领带，擦一把汗，抱怨“天气为什么这么热”，然后再继续大声宣称身后的“帐篷”里有哪些奇观值得一看。

找一位高个子的年轻男士，塞给他一把扫帚，告诉他这就是他一直心爱的人。他一开始会很害羞，然后会逐渐变得大胆起来，开始追求“爱人”。情绪到达高潮的时候，他会挽住“爱人”的腰，亲吻“爱人”的脸颊——实际上是扫帚的多毛部分，对台下观众的哈哈大笑置若罔闻。

弗林特博士会把所有参与者召集在一起，让他们想象自己身处马戏团里，每个人分别表演不同的魔术，有人滚铁环，有人要杂技，有人表演马术，有人扮小丑，有人搞模仿秀，等等。表演马术的人跨上想象中的马背（其实是一张桌子）之后，会在上面做出倒立、单脚平衡等各种杂技动作，还会催“马”钻过悬空的“火圈”。小丑一边做出各种滑稽表情，一边讲笑话。搞模仿秀的人会扮成罗丹的雕塑“思想者”，惹得观众哄堂大笑。每个人都会按照自己理解的方式进行表演，但是彼此之间又能和谐一致。

博士会依次把“马戏团演员”们唤醒，让他们回到观众席上入座，最后只剩下“马术演员”还留在台上。等到“马术演员”一个利落的翻身，从马背上跳下来，博士就会把他也唤醒，同时示意观众鼓掌。

在表演的高潮阶段，博士会让他的女儿玛琳娜·弗林特出场，对她进行“肌肉僵硬”催眠，然后把她僵直的身体当作桥梁架在两把椅子中间，在她身上铺一层床单和一层柔软的毯子。博士首先邀请一位观众上台，跟他一起站在玛琳娜的身体形成的“桥”上，然后再在她身上放一块大石头，让当地的石匠举起大锤把石头击碎。

最后，博士会把女儿抱起来，让她从催眠状态中清醒过来。玛琳娜会睁开眼睛，活动肢体以表明自己安然无恙，然后对观众露出微笑。石匠会带着难以置信的表情退场。幕布徐徐拉上，弗林特博士的表演宣告结束。

注意：之所以弗林特博士能让如此盛大的表演取得成功，关键在于他所树立起来的名誉。因为观众在来观看表演之前已经听说过他的名声，心中期待着他做出各种“神奇”的事情来，所以才会很容易地接受他的暗示。这一原理对所有舞台催眠师都同样适用。你的名气越大，受观众承认的程度越高，就可以用越快的节奏进行复杂的表演。如果你没有什么名气，或是观众对催眠

术表演缺乏概念，就需要循序渐进，并且最好不要采用太复杂的项目。只有按照每场表演的客观情况来安排表演内容，才能每次都取得成功，这就是舞台催眠术表演项目安排的秘诀。

玛琳娜·弗林特表演“肌肉僵硬”实验

第61章　世界各地的催眠术表演项目

这一章汇集了世界各地的七十多种催眠术表演项目，供你在设计自己表演项目的时候作为参考。

在舞台催眠术表演中，表演项目就是剧本，而参与者则是演员。催眠师的任务是在合适的时机发出合适的暗示，引导“演员”们把“剧本”的内容生动地表现出来。

催眠术表演与一般的舞台演出在形式上非常相似，但有一点截然不同：推动演员（参与者）们进行表演的不是意识层面的动机，而是潜意识的自动反应。参与者们在表演时，往往并不会意识到自己正在做什么，因为潜意识会把暗示内容直接转化成行动，中间不会经过意识这一环节。

催眠师在发出暗示时必须选择合适的词句，内容要明确，不能含混其词。在催眠术表演中，当催眠师发出暗示时，观众就知道参与者们“理论上”将做出什么样的行为，最大的悬念就在于，他们是否真的会这样去做？当参与者们真的按照暗示内容去做时，观众的好奇心就会得到满足，从而使表演获得成功。

参与者对表演项目的反应

舞台催眠术表演既是面对台上的参与者，也是面对台下的观众。催眠师在对参与者们进行暗示的时候，语言一定要表达明确，不要有任何歧义，但不一定要非常详尽。有些人具有丰富的创造力，只要得到基本的暗示就可以自己通过想象补充完其余的部分，做出活灵活现的表演。另一些人则缺乏创造力，需要非常详细的暗示才能采取行动。在催眠术表演中，参与者很可能同时包括这两类人。

一些表演项目适合单一的目标对象，另外一些项目则适合多名参与者们同

时参加。也有一些项目既适用于单一对象，也适用于群体对象。在具体形式的选择方面，经验的作用是不可替代的。

对参与者（们）发出暗示时，一定要明确在你发出什么样的提示时，暗示才会发挥效力。例如，你可以说“当我击掌时你们就会做出某种举动”，或是“当我击掌时你们就会停止某种举动”。像击掌、打响指这样明确的提示，可以让你有效控制表演节奏，真正做到收发自如。

> 注意：目标对象在对提示做出反应的时候，催眠程度也会得到一定程度的加深。尽管这一现象很少引人注意，却是有事实依据的。

表演流程的安排

催眠术表演的流程安排应该兼顾节奏感和娱乐性，张弛有度，尽可能让不同的项目彼此关联，以获得最好的效果。

无论选择哪些表演项目，都要尽可能追求完美。在正式的舞台表演中应用某一项目之前，要进行足够的练习，确保你能够掌控全局，应付可能出现的各种变化。整场表演要尽可能连贯，项目之间环环相扣。控制局势、把握节奏的能力是成功的舞台催眠师必须具备的。

催眠术表演项目集锦

> 注意：舞台催眠术表演可以起到非常好的娱乐效果，让观众开怀大笑。许多事情在意识清醒的人们做来可能显得很愚蠢，但在处于催眠状态下的人们做来却非常滑稽幽默。

告诉目标对象，当他醒来时会点燃一支香烟，而当你打响指时，他就无法抽烟，只能把烟往外吹。

告诉目标对象，无论他怎么努力，都无法喝到杯子里的水，只会把水洒得遍地都是。

告诉目标对象，他无法点燃香烟，不管怎么努力尝试都不行。

告诉目标对象，他无法把香烟叼在嘴里，无论怎么努力尝试都不行，直到你在他耳边打个响指为止。

让目标对象用拇指按住鼻子，告诉他无论如何努力都无法把拇指移开。进行类似这样的项目时，一定要注意维持轻松幽默的气氛。

作为延迟暗示，告诉一位女士她的名字叫约翰·史密斯（男名），告诉一位男士他的名字叫玛丽·布朗（女名）。唤醒这两位参与者，让他们彼此自我介绍，包括介绍自己的名字。

告诉一位坐在女士旁边的男士，坐在他旁边的其实是一位男士，当他清醒过来时会朝那位男士要一支雪茄。

告诉一位女士，她是一个正在上小学的小女孩，要把她最喜欢的一首小诗念给同学们听。

递给目标对象一段绳子，告诉他说这是一条套马索，让目标对象去套想象中的骏马。

告诉一位坐在台下的女士，每隔五分钟她就会上台来提醒你，你的脸非常脏，并且试图用手帕把你脸上的灰尘擦掉。

递给目标对象一支蜡烛，告诉他这其实是一支非常好吃的棒棒糖，或是一支雪茄，他就会把蜡烛当成棒棒糖来舔，或是当成雪茄来抽。当他清醒过来时，发现自己手里其实是一支蜡烛，会感到非常惊讶。

把你的钱包丢在地板上，告诉目标对象里面装满了钱，他只要捡起钱包就可以把里面的钱据为己有，但他无论怎样都无法弯腰去捡，因为他的腰和膝盖都是僵硬的。

告诉台上的参与者们，他们都是音乐家，在接到信号时会开始演奏自己最拿手的乐器。让一名参与者拿着指挥棒担任乐队指挥，然后发出信号让其他人开始“演奏”。

把一个洋娃娃交给一位女士，告诉她那其实是个婴儿，她需要哄婴儿入睡。

把半个柠檬递给目标对象，告诉他那其实是半个苹果，他会很享受地把“苹果”吃掉。

告诉目标对象，他是一位歌剧明星 / 流行歌星，将会为观众们献上一曲。

让目标对象先是因为高兴而开怀大笑，然后又因为悲伤而痛哭流涕，如此反复，甚至可以让目标对象左半边脸在笑，右半边脸则在哭。

告诉目标对象，他清醒过来时会立刻冲回观众席，在自己原来的座位上重新进入梦乡。跟着他来到座位上，暗示当你打响指时，他会冲回台上再度进入梦乡。

在地板上扔一张 20 美元纸币，告诉目标对象他可以去捡，但每次都捡不

到，因为他的手在靠近纸币时会自动绕开。

告诉参与者们，他们正在深深的积雪中艰难跋涉。

告诉参与者们，他们睁开眼睛时会看到一场网球比赛。

告诉目标对象，舞台中央有一扇窗户，由于台上的空气不太好，所以他会走过去打开窗户。当目标对象走过去时，暗示窗户被卡住了，很难打开。类似这样的“哑剧表演”非常具有观赏性，但要注意并不是所有人都擅长哑剧表演。最好选择之前进行过类似表演的人作为目标对象。

告诉一位女士，当她醒来时会发现自己的男朋友不见了，怎么找都找不到，几分钟之后，他又会忽然出现在她身边的椅子上。

告诉参与者们，他们正在夏威夷学习草裙舞，音乐响起时他们就会起舞。

递给一位男士一把扫帚，告诉他那是一位美丽的女士，他会跟她一起翩翩起舞，之后会与她挥手道别。

“单双数”实验

这类实验相对较为专业，可以发挥很好的娱乐作用。首先对参与者进行编号，然后让单号和双号的人分别表演不同的内容。例如：

单号的人感到热，双号的人感到冷。

单号的人笑，双号的人哭。

单号的人扮演共和党人，双号的人扮演民主党人。

著名催眠师乔治·辛格尔惯于在表演开始阶段对参与者们进行编号，然后再引导他们进入催眠状态。他会让所有参与者排成一横排，依次报数，把自己所报的数字作为自己的编号，整场表演都牢牢记住。之后再对参与者们进行催眠，继续进行表演，这样就可以随时让单号和双号的人做出不同的表现。

这样的操作方式可以让参与者们从一开始就习惯接受催眠师的命令，并且因为他们必须时刻牢记自己的编号，所以就有了集中注意力的目标。辛格尔教授有时会用其他方式利用编号，例如“某某号至某某号做这件事，某某号至某某号做那件事”。因为每个人的编号都是独一无二的，所以利用编号可以达到与直呼参与者们的名字相似的效果。

递给目标对象一个洋娃娃和一张纸巾，让他扮演婴儿的父亲，需要给孩子换尿布。

作为延迟暗示，告诉一位女性参与者，她对自己的丈夫很不满意，因为他在领带选择方面的品位很差，当她清醒过来时，会对他进行关于领带选择的长篇大论说教，但是当你打响指时，她就再也说不出来一个字，直到你说她“又可以说话了”。

告诉目标对象，她的鞋子非常挤脚，因为左右脚穿反了，必须把左右脚的鞋子互换才能让自己舒服。唤醒她之后，她会把脚上原本穿得好好的鞋子互换过来。

让目标对象醒来之后找不到自己的钱包，在舞台上到处寻觅。

告诉目标对象，观众席上混进了强盗，他身上带着一大捆100美元钞票（可以用纸片充当），为了免遭抢劫，他需要把钱藏在鞋子里。唤醒他之后，问他鞋子里藏了什么东西。

告诉目标对象，当他抽烟时，只要你打个响指，烟味就会变得像烧焦的橡胶一样。

告诉目标对象，当你打响指时，他的椅子会忽然变得非常烫。

引导参与者们进入催眠状态之后，告诉他们你将会把他们唤醒，然后离开房间，通过“远程心灵感应”的方式再度对他们进行催眠。唤醒参与者们，然后离开房间，他们会逐渐重新陷入催眠状态，之后你回来再度唤醒他们。事实上，他们之所以会自动进入催眠状态，是因为延迟暗示的作用，但在台下观众看来，仿佛是你真的具有远程心灵感应的能力。

让参与者们每人手拿一块圆形的硬纸板，假装正在开车，手里的硬纸板就是方向盘。因为他们是在高速公路上驾驶，所以要小心旁边的超速车辆。

告诉参与者们，你会请他们吃蛋卷冰激凌。递给每人一个空的蛋卷，暗示他们开始舔里面的冰激凌。

与“吃”有关的表演项目非常多样，例如想象中的野餐。要让表演达到高潮，可以暗示蚂蚁爬进了食物里面，让参与者们把它们赶跑。

递给目标对象一根扫帚柄，告诉他这是一根鱼竿，他正在小溪里钓鱼。要结束测试的时候，可以暗示鱼竿变得非常沉重，他再也拿不动，只能把它丢在舞台上，并且一丢下就拾不起来。

递给目标对象一瓶水，告诉她这是一瓶非常名贵的香水，她很享受香水的气味。然后忽然说你不小心搞错了，这其实是一瓶气味刺鼻的氨水。目标对象的反应会瞬间发生变化。也可以用香水做实验，让目标对象把香水当成氨水，但不要用对呼吸系统有刺激性的氨水来做实验。

告诉参与者们，他们会接二连三地打哈欠，不管怎样都没法停下。这样会

导致台下观众也跟着打起哈欠，因为打哈欠的动作具有很强的暗示效果。

告诉参与者们地板上到处都是老鼠在窜来窜去，这会让女士和一部分男士做出非常紧张的反应。

告诉参与者们，他们正在拥挤的迪厅里蹦迪。

递给目标对象一段绳子，暗示他无法在这段绳子上打结。

作为延迟暗示，告诉目标对象他右脚上的鞋子会在一分钟之后变得非常烫，他必须把鞋子脱掉，而在他脱掉右脚鞋子时，左脚鞋子又会变得非常烫，所以也必须脱掉。要增进这一项目的趣味性，可以告诉目标对象在脱鞋时尽量不要让别人注意到。

让参与者们想象自己在一座美丽的花园里，正在采摘花朵组成花束。让女士们下台走到观众席里，把手中的花朵递给每一位秃顶的男士，同时亲吻他们的头顶。

递给目标对象一杯水，让他喝一口，然后暗示当你打响指时，水会变得臭气熏天，他会情不自禁地把喝下去的水吐出来。

让一男一女两位参与者面对面站在台上，让他们彼此催眠，你则站在他们身后发出暗示。当两人的目光相交时，就会一起进入催眠状态。

上述实验可以与“沉重的椅子”实验结合进行，后者是催眠师大卫·崔西经常采用的表演项目：

对刚刚“互相催眠”的两人中的女士暗示，当你唤醒她时，她会站起来，试图举起身下的椅子，但是椅子重达500千克，她无论如何也没法挪动分毫。唤醒目标对象，她会徒劳无功地尝试挪动椅子。

对两人中的男士暗示，当你唤醒他时，他会看到对面的女士正在试图挪动一把椅子，他会过去帮忙，但是椅子重达500千克，所以合两人之力仍然无法挪动分毫。

当两人发现自己无论如何也无法搬动椅子时，你可以走过去，单手把椅子拎起来。让两人扶住你手中的椅子，然后松开手，椅子会立刻掉落到台面上，仿佛他们根本没有力气承担。

递给目标对象一张纸，告诉他无论怎么努力，他也没办法把纸撕开。

让目标对象握住一支铅笔，然后告诉他铅笔已经黏在了他手上，他无论怎样也无法把铅笔丢掉。

告诉目标对象，他已经被黏在了椅子上，无论怎么努力也无法站起身来。

在地板上放一枚硬币，告诉目标对象他无论怎么努力也无法把硬币捡起来。

作为延迟暗示，告诉目标对象当他吃糖的时候，会发现糖的味道像汽油一样。唤醒目标对象，递给他一块糖，同时给旁边的女士另一块相同的糖。让女士尝尝糖的滋味，她会说“味道很好”。再让男士尝尝糖的滋味。

递给目标对象一顶帽子，告诉他那实际上是一条狗，他会抚摸狗的鬃毛，喂它食物。

作为延迟暗示，告诉目标对象，他会发现自己的鼻子是用橡胶做成的，可以随意拉伸或是压扁。让目标对象坐在舞台边缘，他会不停地拉伸和压扁想象中的“橡胶鼻子”，再等待它恢复原状。

递给目标对象一只空瓶子，告诉他瓶子黏在了他手上，他无论如何都没法把瓶子扔掉。

让两名参与者玩小孩子的“拍手游戏”，暗示他们无论怎样都没法停下来，直至你发出信号。

著名催眠师莫里斯·麦克斯韦（“佐罗博士”）在表演中经常采用这一项目。他会让一位男士想象自己变成了一名女影星，需要为即将开始的表演化妆。他会对着镜子为自己涂脂抹粉。等到台下观众笑够了之后，唤醒目标对象，他会为自己的样子而惊讶不已。递给他一条毛巾，让他把脸上的脂粉擦掉。

让参与者们分别扮演不同的名人，例如影视明星、政界要人等。告诉他们，当他们睁开眼睛时就会变成自己所扮演的名人，当你把他们介绍给观众时，观众会热烈鼓掌，而他们则需要向观众致意。

与影视明星有关的催眠表演项目总是具有很好的娱乐性。告诉一位男士，台上的某一位女士是一位著名影星，当他睁开眼睛之后，会走过去邀请她跳舞。

递给目标对象一副没有镜片的眼镜，告诉他这是一副“笑镜”，他透过镜片看到的任何东西都会变得非常滑稽，引得他大笑不止。

类似的还有所谓的“X 光眼镜”实验，告诉目标对象眼镜能带来 X 光透视的能力。

催眠师弗朗兹·波尔加经常应用这一项目。类似的实验还有递给参与者们每人一张中间有小孔的卡片，告诉他们只要从小孔中望过去，就能看穿所有人身上的衣服。

这样的“裸体场景”还可以采用延迟暗示的形式，告诉目标对象，当他清醒过来时，只要你做出某个手势，他身上的衣服就会突然消失，而在你打响指时又会重新出现。

也可以暗示当你打响指时，目标对象的裤子会突然掉到膝盖以下，他必须

快速提起裤子重新系好。

类似这样的实验非常滑稽，但必须采取合适的形式，避免伤害参与者的感情。在不同的表演环境下，观众对“出格”的定义不尽相同，例如在正式场合的表演可能需要庄重一些，而夜总会的表演则可以开放一些。有些人会因为“赤身裸体”而感到非常难堪。为了避免发生不愉快，可以运用暗示让参与者们的心态放松下来。

引导参与者们进入催眠状态之后，暗示：“我们现在正在一家夜总会里，准备好好开心一下。这里的每一个人，包括你们所有人，都处在轻松愉快的情绪中，无论你们做什么都不要紧，你们会享受每一段经历。今天晚上的所有表演项目都会让你们非常开心。”

> 注意：当你打算采用比较“刺激”的表演项目时，要注意措辞，营造欢乐轻松的气氛，避免让参与者产生任何难堪或不愉快的情绪。除此之外，这样的表演项目一定要注意场合。

让参与者们排成一横排，不停地拍手，然后告诉他们，无论如何都无法停止拍手，只会越拍越快、越拍越响。

催眠师克雷斯顿经常让两名参与者并排坐在一起，在两人中间摊开一本书，然后告诉左边的人书的内容是一出悲剧，会让他情不自禁地流下泪来，告诉右边的人书上讲的都是笑话，会让她大笑不止。他还会暗示，他们两人都会因为对方的“反常表现”而惊讶不已。这样的对比非常具有视觉冲击力。

告诉参与者们，他们看到彼此的样子就会哈哈大笑。

递给目标对象一个枕头，告诉他那实际上是一个正在啼哭的婴儿，他必须想尽办法哄婴儿停止啼哭。

告诉目标对象，他无法解开自己的衬衫纽扣。

让一名参与者扮演“母亲”，另一名参与者扮演“啼哭的婴儿”。可以用奶瓶等道具增加表演的幽默程度。

让目标对象扮演一只猫，四脚着地在台上爬行，寻找美味的牛奶。当你轻唤“猫咪，猫咪”时，扮演猫的人就会爬到你身边，用身体去蹭你的腿，并且开始“喵喵”叫。需要结束测试时，让目标对象恢复原来的身份。

当然，进行这样的测试时，舞台上必须事先铺好地毯，并且目标对象最好是年轻人，这样既可以达到更好的娱乐效果，又不至于伤了他的面子。舞台催眠师需要视情况灵活安排项目内容，如果没有合适的目标对象，就换用其他项目。

告诉目标对象，他变成了一位著名西部明星，正打算骑马外出兜风。让他反坐在椅子上假装骑马驰骋。

作为延迟暗示，告诉目标对象每当你触碰自己的额头时，他就会大声喊“咕！”然后立刻忘掉自己刚才曾经这样喊过。唤醒目标对象，然后触碰你自己的额头，这会逗得台下观众开怀大笑。

“马戏团”测试

对3名参与者进行催眠，让他们清醒过来之后分别做不同的事情：一个人反复解开领带再系上，一个人不停地梳头发，另一个人反复解开上衣纽扣再系上。尽管这些事情非常简单，却可以收到很好的娱乐效果，这正是催眠术表演的娱乐价值之一。

“赛马测试”可以营造喧闹而欢乐的气氛。让参与者们想象自己身处赛马场上，分别对不同的马儿下注。“比赛”开始之后，他们会拼命为自己下注的赛马加油。你可以扮演解说员的角色，描述马儿们交替领先的景象。最后告诉参与者们，所有的赛马全都输掉了比赛，他们全都赔了钱。

告诉参与者们，鸟儿钻进了他们的头发里，他们必须把头发里的鸟儿赶出来。这一测试对长发的人特别有娱乐性。

在过去，舞台催眠师经常采用“一群蜜蜂绕着目标对象的头飞舞”这样的暗示，但因为被蜜蜂蜇过的人可能会产生痛苦的感觉，所以最好用“鸟儿”的意象代替。

让参与者们坐成一横排，告诉他们，每个人都看不见坐在自己右边的人，他们知道右边的人的确存在，但就是看不见。这一测试可以用延迟暗示的方式进行。参与者们清醒过来之后，让他们寻找刚才坐在自己右边的人。要结束测试时，暗示：“好了，当我击掌时，你们就可以重新看见坐在自己右边的人。”

告诉参与者们，他们无法看见催眠师，却能看到他的行动带来的效果。例如，当你抱起一名小男孩，带着他穿过舞台时，参与者们看到的就是男孩在空中飘浮的景象。

大卫·崔西博士进行过一系列的“味道转变”测试，可以作为系列表演项目的参照。

催眠一位女士，问她是否喜欢桃子、李子和橘子的味道，最喜欢哪一种。

如果她说最喜欢桃子，暗示：“我会给你半个非常新鲜的桃子，你可以尽情享用。”递给她半个柠檬，同时暗示：“天哪，桃子的滋味是多么鲜美啊。”

当她吃完柠檬时，暗示：“现在你已经享受过了桃子的滋味，让我给你半个橘子来尝尝吧。”递给她半个橘子，就在她咬下第一口的时候忽然暗示：“我不小心弄错了，给你的其实是非常酸的柠檬。”她会立刻表现出难以忍受的样子。

现在告诉她：“我只不过是在开玩笑。你手里的确实是橘子，并且味道非常甜，一点都不酸，不信你尝尝就知道。”目标对象会重新享受橘子的味道。

在实验的高潮部分，可以递给目标对象半个去了皮的生土豆，告诉她这是半个苹果。在目标对象吃到一半的时候，把她从催眠状态中唤醒，当她意识到自己正在吃生土豆的时候会表现得非常惊讶。

像这样的表演项目可以说是无穷无尽，催眠师完全可以发挥自己的创造力，开创属于自己的特色项目。上面列出的都是在世界各地取得过成功的表演项目。

> 注意：尽管表演成功与否在很大程度上取决于催眠师的个人魅力和行事风格，但表演项目的选择和安排也十分重要。

过去的催眠术表演通常以“让目标对象出尽洋相”为主要的搞笑手段，这一章介绍的项目中也有一些属于这样的类型，但在今天，舞台催眠术表演的侧重点是寓教于乐，在娱乐观众的同时揭示催眠术这门科学的奥秘。无论在什么样的情境下进行表演，都不要让参与者们觉得上台参与表演是一件值得后悔的事。之所以他们会主动上台参与，是因为对你的信任，不要辜负这种信任。

第62章　令人印象深刻的特殊项目

这一章介绍的都是能够令观众印象深刻的特殊项目。表演这些项目时，让你的助手担任目标对象，志愿参与的观众则可以在一旁帮忙。

“血液催眠”测试

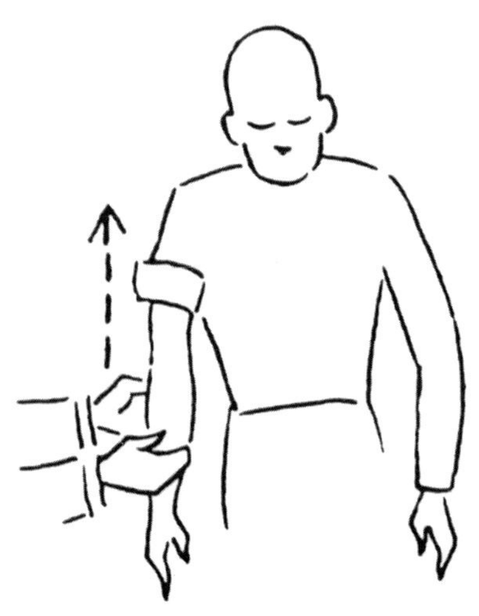

这一测试最好对肤色红润的助手进行。对他进行催眠，然后挽起他右侧的衣袖，让他采取直立姿势，双手自然垂落。告诉他握紧右拳，然后从下向上抚摸他的右臂，同时暗示：“你的血液会沿着右臂向上移动，留下完全没有血色的皮肤。你的血液会从右臂中离开。”拉起助手的右臂，让它水平向前伸出，同时暗示：“你的胳膊和肩膀会变得无比僵硬，无法活动分毫，而血液也无法回流。”这样的暗示可以让他的右臂和右肩肌肉绷紧，使血液无法回流。

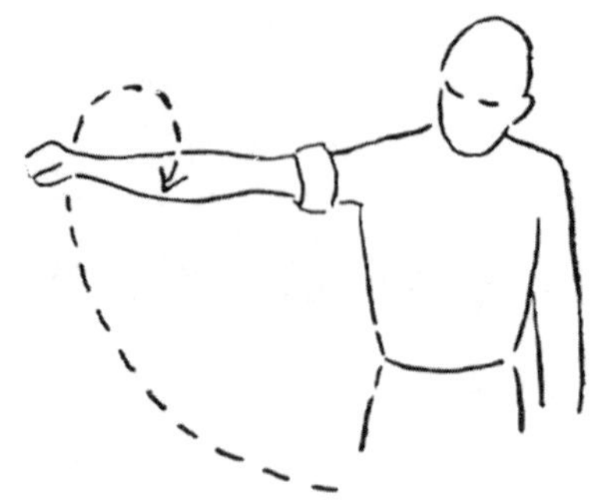

让助手摊开右手，现在他的右手和右臂完全没有血色，与其他部位的皮肤形成鲜明对照。这一对比在肤色红润、身形偏胖的人身上最为明显。

测试结束之后，让助手重新把右手握紧成拳，然后让他的右臂和肩膀放松下来，使血液回流到右臂里，让皮肤重新呈现出红润的血色。

"人体 X 光"测试

在这一测试中，你可以让助手的手臂呈现出半透明的样子，内部的血管肌肉清晰可见，如同 X 光机拍摄出来的图片一般。尽管这其实是一项与催眠术无关的把戏，但在用于催眠术表演时也可以跟催眠过程配合使用。

事实上，只要把一种化学药剂抹在助手的手臂表面，就可以达到这样的效果。这种药剂是水杨酸甲酯与苯甲酸苄酯 3:1 的混合，可以在摄影器材店买到。

首先对助手进行催眠，挽起他的衣袖，告诉台下观众你会让他的手臂表现出 X 光透视效果，同时把药剂抹上。药剂生效时，助手的手臂会呈现出半透明的样子，这一幕会给观众留下深刻印象。要结束这一项目时，先擦掉药剂，然后再让助手的手臂重新放松下来，把他从催眠状态中唤醒。

"心跳与脉搏"测试

把你的助手介绍给观众。告诉他们，你将对助手进行催眠，让他的心跳和脉搏全听从你的控制，可以随你的意思停止和继续。让一名观众作为志愿者来测量助手的脉搏，以确定你说的是实话。

这一测试与"人体 X 光"测试一样带有取巧的成分：事先在助手的上臂顶

部系一块手帕，系出来的结位于腋下，按压时会压迫动脉，起到让这一侧手腕摸不出脉搏的作用。如果助手在按压手帕的时候屏住呼吸，就可以达到更引人注目的效果。

事先让助手有所准备，在你发出暗号的同时压迫或放松手帕上的结，从而控制这一侧手腕上的脉搏。也可以对助手进行真正的催眠，然后通过暗示控制他的表现。让作为志愿者的观众通过摸手腕来衡量助手的脉搏，而你则暗示："你的心脏很快会暂时停止跳动。你的脉搏已经开始放慢了。"

处于催眠状态下的助手会受到暗示的影响，心跳会自动放慢。这时你再暗示他按压手帕上的结，就可以表现出"脉搏暂时停止"的效果。

"穿过肌肉的针"测试

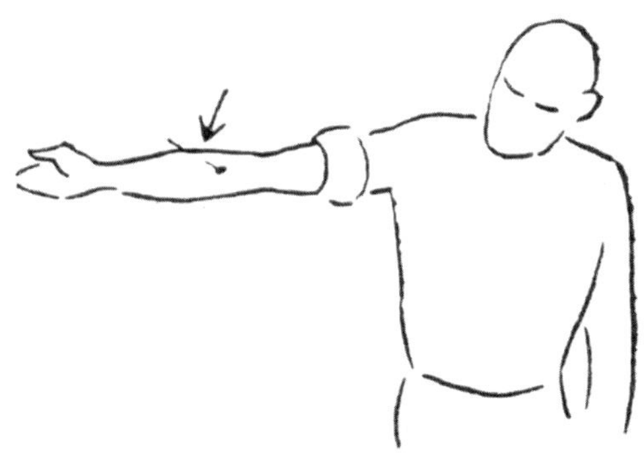

催眠术可以让人的皮肤和肌肉丧失感觉，这一测试就是很好的证明。对你的助手进行催眠，挽起他的衣袖，抚摸前臂侧面的肌肉，同时暗示："你的胳膊完全失去了知觉，一点感觉都没有。你完全感觉不到这条胳膊上发生的任何事情。"重复几次之后，用一根锋利的尖针刺穿他的前臂肌肉，而他则毫无反应。

测试一定要选择锋利而有韧性的针，并且一定要对针进行消毒。拔出针之后，用创可贴贴在助手前臂的创口上。这一实验非常容易，并且可以给观众留下深刻印象，向他们证明你表演内容的真实性。

> 注意：为了预防艾滋病等通过体液传染的疾病，必须对针进行严格的消毒。如果相关条件不足，就不要进行这一项目。

“抗火”测试

这一测试同样可以证明催眠术能够造成感觉的丧失。对助手进行催眠，让他伸出手掌，掌心向下。暗示：“你的手掌完全失去了知觉，一点感觉都没有。无论是灼热还是疼痛，你都感觉不到。即使我用火焰烧灼你的掌心，你也不会有任何不适，只会感到有点暖和。”

用打火机或蜡烛的火焰在助手的手掌下方来回移动，他会对此毫无反应。需要结束测试时，将他从催眠状态中唤醒即可。

测试时一定要让火焰不停移动，切不可长时间灼烧同一部位，否则必然会导致烧伤。

“全身肌肉僵硬”测试

这是一种非常著名的催眠术表演项目。通过催眠让助手的全身肌肉进入僵硬状态，然后把他的身体作为“人桥”架在两把椅子之间，而你则站到上面，这样一幕可以让观众惊叹不已。

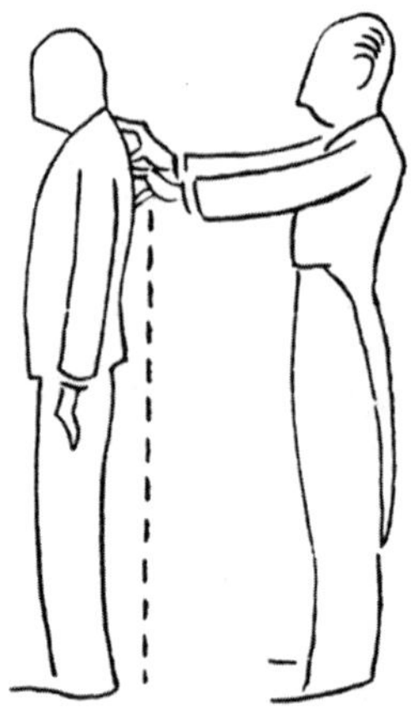

对助手进行催眠，让他双脚并拢站立，暗示：“你全身的每一块肌肉都在绷紧，当我的双手拂过你的背部时，你全身的肌肉都会进入彻底的僵硬状态，让你的身体变得非常坚硬，难以弯曲分毫。”双手从他的头顶开始，向下拂过他的背部，直至脚跟，同时感受他的肌肉逐渐绷紧的过程。

绕到助手面前，双手扶住他的双肩，大声命令“全身僵硬！”紧接着快速暗示：

“你全身的每一块肌肉都已经彻底僵硬了！没有任何力量能让你的身体发生弯曲。你整个人就如同一根钢柱一般！绝对不可弯曲！你的身体像钢柱一样不可弯曲！”

让几名观众上台来帮你把助手的身体架在两把彼此相对的椅子中间，注意在椅背和他的脚踝 / 肩膀之间垫一层枕头，以免让他受伤。一定要让助手的肩胛骨而不是后脑部位承重，否则很容易发生危险。

踩着另一把椅子站到助手身上，双脚要均匀分担体重，不要随意挪动。一只脚踩在助手胸部，另一只脚踩在大腿根部。你可以在他身上站一段时间，要下来的时候可以让参与观众帮忙，扶着观众的手跳到地板上。

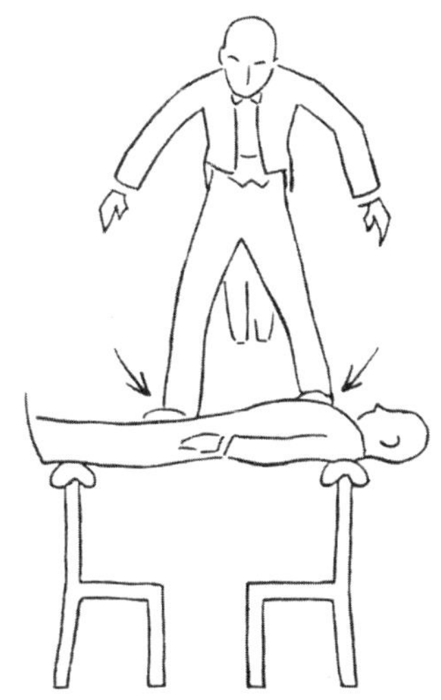

要结束测试的时候，先暗示助手放松下来，然后再把他从催眠状态中唤醒。肌肉从僵硬状态过渡到放松状态需要一定的时间，不要操之过急。可以暗示：“好了，现在你全身的每一块肌肉都已重新放松下来，刚才的紧张和僵硬一扫而空。当你醒过来的时候，会感到全身舒服。”

重复几次，直到助手的全身肌肉充分放松下来，再把他唤醒。

催眠师琼安·布兰登与助手进行“全身肌肉僵硬”测试

碎石测试

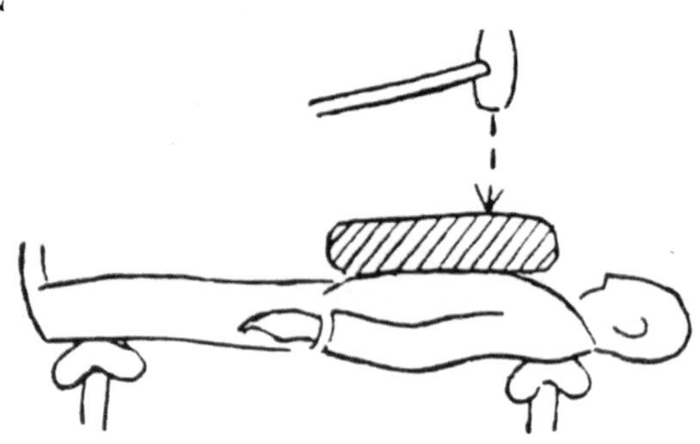

这是“全身肌肉僵硬”测试的一种变体：对助手进行催眠，让他进入全身肌肉僵硬的状态之后，把他的身体架在两把椅子之间作为“人桥”，然后在他胸口垫一层垫子，上面放一大块砂岩或其他容易破碎的岩石，大小约60厘米，厚15厘米左右。用大锤一击敲在岩石正中，把岩石敲碎，助手则安然无恙。

由于岩石本身的破坏过程会吸收绝大部分冲击力，所以助手的身体承受的冲击其实并不大，在肌肉僵硬状态下，这样的冲击甚至不会被他感觉到。

第九部分

表演实用技巧

第63章 舞台布置

要让舞台催眠术表演取得成功，除了娴熟的催眠技巧，以及把握舞台气氛与表演节奏的能力之外，舞台布置的细节也很重要。成功的舞台布置可以让催眠术表演收到与正式的戏剧演出相似的效果。

演出时间

在观众的期待中播放序曲，逐渐调暗照明灯光，打开舞台的落地灯光。拉开帷幕，催眠师在聚光灯的照映下出场。

椅子的摆放

帷幕拉开时，台下观众首先看到的是台上的椅子，这是给自愿上台参与表演的观众坐的。通常情况下，场地提供方可以同时提供表演用的椅子，但如果要追求系列表演的统一风格，也可以自备椅子。样式新颖独特的椅子可以让观众更愿意上台参与表演。

> 注意：舞台可以布置得非常典雅尊贵，使用美观舒适的椅子，让参与者们仿佛坐在皇宫宝座上一样。这时只要施以合适的暗示，就可以让他们想象自己变成了国王和女王。或许有一天，真的会有舞台催眠师采用这样的布置方案。

事先把椅子摆成半圆形，彼此间距在 20 厘米左右，让参与者们坐得较近，但又不至于互相碰触。椅子的数量取决于舞台大小和观众人数以及表演项目。通常情况下，较大的舞台需要 20 把左右的椅子，而较小的舞台只需要 6 把椅子。

如果有条件，不妨在台上多摆几把椅子，因为上台参与的观众越多，就越有可能从中找到特别适合接受催眠的对象。除此之外，这样也可以营造一种“大场面”的氛围。

台上的参与者人数越多，每个人就越容易从其他人的存在中汲取自信。“人多力量大”是人的天然心理倾向，并且大规模的表演也更容易给台下观众留下深刻印象。

幕布

通常情况下，舞台都会有自配的幕布，但你也可以自己准备幕布，这种情况下，作为背景的幕布最好选择紫黑色或深酒红色，这两种颜色可以起到很好的衬托作用，让参与者们的表演更加显眼。

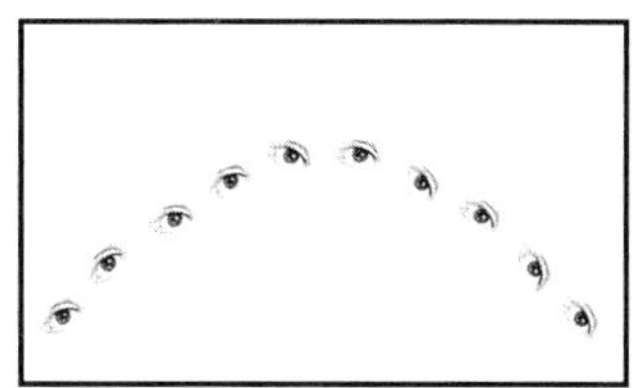

如果你的表演有专门的图标，可以印在幕布上，但不要太过高调，以免喧宾夺主，分散观众的注意力。可以把你的艺名和表演的标题印在幕布上，也可以采用眼睛的意象。幕布的风格要适合表演风格，例如在以“想象之旅”为主题的表演中，幕布图案可以作为想象中旅程的背景。

灯光

落地灯应采用红光和蓝光的搭配，舞台边缘灯采用蓝光。白色的聚光灯跟随催眠师移动。在台上表演时熄灭照明灯光，如果表演在观众席上进行，则打开照明灯光。

邀请参与者们上台时，要把台上灯光和照明灯光同时调到最亮，等到参与者们在台上坐好，再关掉照明灯光，进行第一项群体测试。当照明灯光关掉，台上灯光和聚光灯调到最亮时，参与者们几乎完全看不见台下观众，这会使他们产生一种孤立感，从而让他们更容易受到催眠。

通常情况下，对单一目标对象进行的项目应采用红色与蓝色的落地灯光，群体项目则打开所有灯光。从始至终，白色的聚光灯都要跟随催眠师移动。

灯光可以用来烘托气氛，例如：

在舞台中央布置一盏微型聚光灯，在上面蒙一层琥珀色镜片，让灯光透过镜片聚焦在单一目标对象所坐的位置。

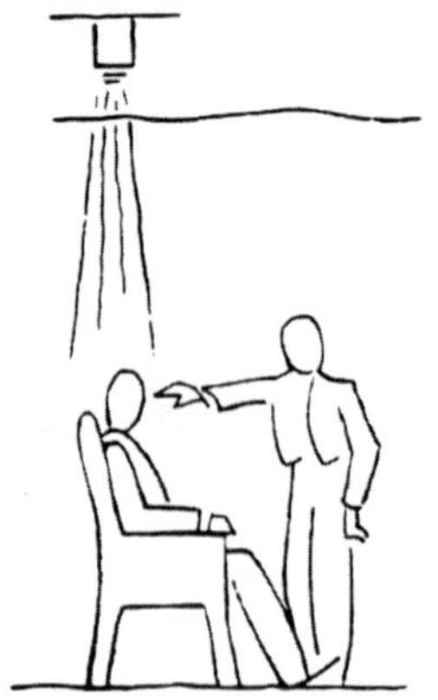

在舞台侧面布置若干微型聚光灯，在上面蒙一层绿色镜片，在催眠过程中让灯光聚焦在目标对象脸上。

在幕布背后布置一盏聚光灯，前面放一面会旋转的双面镜，这样可以营造出迷乱的视觉效果。对单一对象进行催眠时，这样的效果能加深催眠程度。

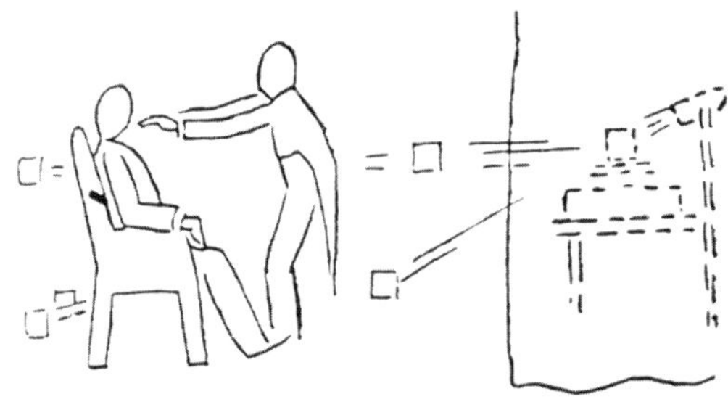

在舞台上方布置可以旋转的多面反光球，让聚光灯照在上面，这样可以在整个舞台上制造移动的光点，产生绚丽夺目的视觉效果。这一效果最适合群体催眠，并且可以进一步烘托表演气氛。

不同颜色的灯光具有不同的暗示效应。黄光能加深暗示效果，紫光、蓝光和绿光则能起到诱导人入睡的作用。所以，在开场阶段，最好使用黄光，而在对参与者们进行深度催眠时则可以切换成蓝光。

麦克风

麦克风是现代催眠术表演的必备设施，是催眠师与观众和参与者交流的媒介。催眠师可以通过麦克风和音响设备放大自己的声音，让声音从各个角度包围参与者，起到更好的催眠效果。

麦克风一定要便于使用，信号良好，工作稳定。架设在舞台中央的固定麦克风适用于直接向观众讲话，拿在手上的便携式麦克风则适用于表演过程。使用无线麦克风时应确保在场上的任何位置都能保证信号通畅。

背景音乐

背景音乐是舞台气氛的重要组成部分，如果你的助手精于音响操作，就能发挥非常大的作用。

催眠术表演最好选择知名度不高、具有安抚性质的音乐。风琴和交响乐都很合适，曲目则应以睡眠、梦境、安宁和休憩的情绪为主。

在你发出催眠暗示时，柔和的背景音乐可以烘托气氛，增强暗示效果和表演的感染力。

音响效果

特定的音响效果可以对一些表演项目起到相当大的推动作用。例如，在“弗兰肯斯坦怪物”的测试中，如果能给“怪物”的行动辅以铁链拖拽声和沉重的脚步声，就可以大大增强暗示效果。在“飞碟”测试中，则可以使用以外太空为主题的音效。在“乘飞机旅行”测试中，播放飞机引擎运转的声音可以让参与者们更加感到身临其境。

策划催眠术表演时必须时刻记住，任何有助于提升表演效果的手段都可以考虑。音效、灯光等手段并不会降低表演的科学性，只会增加其娱乐性。

舞台特效

既然舞台催眠术属于舞台表演的范畴，就可以运用各种舞台特效，例如人造烟雾、频闪灯光等。

如果你没有舞台表演背景，不妨到专业的舞台器材工作室去看一看，通常可以收获许多灵感。另一方面，安排特效时也要从实际情况出发，不要让特效成为负担，或是干扰表演过程。

第64章　表演道具

注意：道具尽管不是必要的，却可以为表演增加新意。需要注意的是，任何道具不能分散参与者对催眠师的注意力。换句话说，催眠师本人永远都是场上的主角。

催眠杖

催眠杖是一种在舞台催眠术表演中非常方便易用的道具，并且相当有效，可以给表演带来一层魔术色彩。催眠杖的制作过程非常简单，只要截取一段长约 60 厘米，直径约 1.2 厘米的透明塑料棒就可以了。在舞台上，透明的材料能自动折射周围的灯光，制造绚烂的视觉效果。在表演过程中，用催眠杖指着目标对象，可以发挥比食指更强的暗示作用，并且也可以吸引台下观众的注意。挥动催眠杖的动作可以成为促使目标对象重新陷入催眠状态的“信号”。

用催眠杖对单一目标对象进行催眠的过程如下。让目标对象站在你对面，告诉他，你将用催眠杖对他进行催眠。

让目标对象双臂自然垂于体侧，身体略微放松一些，把注意力集中在杖尖上，随着杖尖的移动而转移视线，如图所示。

右手持杖，杖尖距目标对象的眼睛约 20 厘米远，左手则托住他的后脑，让

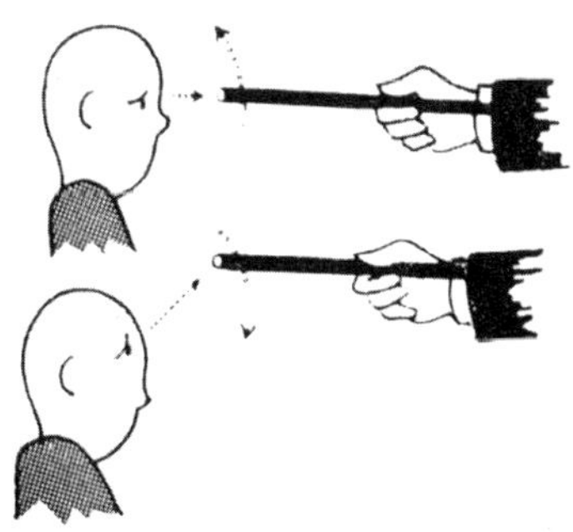

他的脖子无法活动，只能靠转动眼珠来让视线跟随杖尖移动。

杖尖缓缓上扬，目标对象的眼睛会跟着上翻，等到他的眼珠几乎被上眼皮挡住时，就会突然闭上眼睛。这时立刻让杖尖回归原位，目标对象会再度睁眼，然后再重复这一过程。一共重复 10 次。

第 10 次重复时，当目标对象开始眨眼，就命令他把眼睛紧紧闭上。

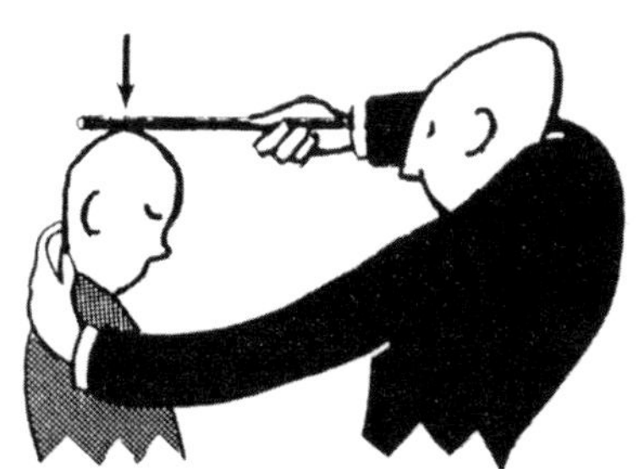

用杖尖轻触目标对象的头顶，让他在闭着眼睛的情况下继续转动眼珠，仿佛能透过自己的头盖骨看到杖尖一样。暗示他的眼睛闭得如此之紧，上下眼皮已经黏在了一起，无论如何都无法睁开眼睛。一再重复暗示过程，不时提示说这一切都是催眠杖的作用。左手按压目标对象的后颈凹陷部位，这样可以让他产生困倦的感觉。

当目标对象陷入催眠状态时，可以把左手从他后颈上移开，抚摸他右耳后面的颅骨部位，这一动作具有强烈的安慰效果。暗示："现在催眠杖让你变得非常困倦，它的能量正在渗入你的身体，让你陷入沉沉的梦乡。睡吧，现在就睡吧！"目标对象会迅速进入深度催眠状态。

手电筒

小号的手电筒也可以用作催眠道具，因为眼睛在受到一段时间的光照之后会形成“残留影像”。这一催眠方法最初是由催眠师查尔斯·库克发明的。

让目标对象采取坐姿，你用左手挡住他的右眼，右手持手电筒直接照射他的左眼，电筒距离眼珠约 3 厘米，如图所示。

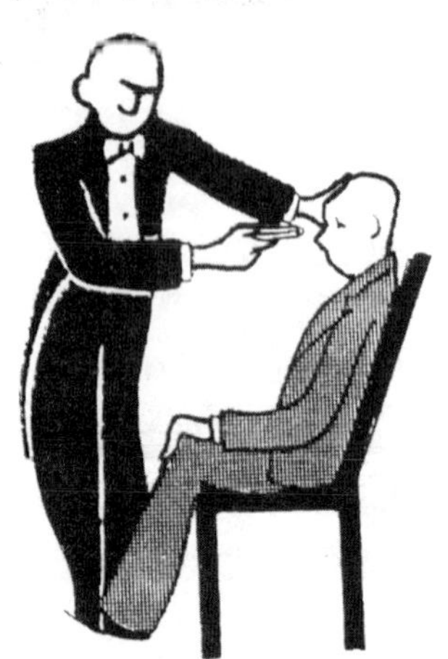

由于小号电筒的功率很低，所以不会让目标对象产生不适感。让他全身放松，凝视电筒的光芒，直至你告诉他合上眼睛。

大约 30 秒后，命令目标对象紧紧闭上眼睛，同时关闭电筒。由于光照的作用，他会感到眼前仍然存留着电筒光芒的“残像”。你则利用这一效应发出暗示：“你会‘看见’自己眼前有一个非常明亮的光团，随着时间的流逝，光团会逐渐黯淡下去，直至彻底消失，然后又会再度重现。把你的注意力集中在光团上，当你观察它的时候，就会感到越来越困倦，直至陷入梦乡。”

之后就可以进行正常的催眠暗示了。这一催眠手段非常有效，因为电筒光芒形成的残像成了目标对象集中注意力的对象。

催眠硬币

准备一些圆形硬纸片（尺寸相等于大号硬币），在上面印上图中的图案。给每位参与者发一枚这样的“催眠硬币”，让他们把“硬币”举在面前，注意力集中在“硬币”底部的小白点上。

暗示当他们凝视小白点时，“硬币”上的图案会逐渐模糊，他们的眼睛会渐渐闭上，举起“硬币”的手会垂落下去，当手落到腿上时，他们就会陷入深深的梦乡。这是一种非常有效的催眠方法。

催眠螺旋

黑白交替的螺旋形图案具有强烈的催眠效果。可以把这样的螺旋形图案打印在可以旋转的圆形硬纸板上，正面对着观众。发动马达，让螺旋图案旋转起来，就可以对全体观众起到催眠作用。

“催眠螺旋”也可用于单体催眠。首先把道具展示给全体观众，然后再搬到目标对象面前约 15 厘米的地方，让他坐在椅子上盯着螺旋的中心。目标对象把注意力集中在螺旋上的时候，你就可以乘机发出催眠暗示了，螺旋图案的旋转效果会大大加强暗示的作用，让目标对象快速进入催眠状态。

闪烁节拍器

在节拍器的摆针上装一盏能够按一定的节奏闪烁的小灯，就构成了一台闪烁节拍器。由于节拍器的摆动节律可以调节，所以可以随心所欲地用于不同节奏的催眠过程。让目标对象把注意力集中在一边闪烁一边摆动的灯光上，同时发出暗示，可以迅速达到催眠效果。

电弧天梯

这一催眠手段需要用到两支彼此成一定角度的棒状电极。电极底部间距较小，顶部间距较大，在两侧电极之间施以高电压，就会形成阶梯状上升的明亮电弧。这种装置又称为“雅各布天梯”，是展示电流击穿空气现象的常用道具。

在舞台催眠术表演中使用此道具时，让目标对象把注意力集中在阶梯状上

升的电弧上，每当一道电弧从下向上迅速移动，然后在“天梯”顶部消失时，目标对象就需要对自己重复“睡吧”这两个字，这会让他很快进入梦乡。当目标对象合上眼睛时，就可以开始进行催眠暗示了。这一催眠手段非常特别，很容易吸引观众的注意。

> 注意：由于实验所需的电压很高，通常超过5万伏，所以应让目标对象跟“天梯”保持足够的距离，以免发生触电事故。

音频振荡器

音频振荡器是催眠师可以利用的“秘密武器”之一。把音频振荡器调到超声波频段，通过高频扬声器播放超声波，可以增加参与者对暗示做出反应的程度。尽管超声波无法对人的意识造成影响，却可以直接影响潜意识。

脑电波同步装置

脑电波同步装置几乎是舞台催眠术表演所能利用的最完美的道具了。我所使用的脑电波同步装置由伊利诺伊州斯科基市的施奈德仪器公司生产，我发表在这里的相关资料均已得到施奈德公司授权。

脑电波同步装置可以在潜意识层面上影响人的脑电波，从而达到不同程度的催眠效果。这一装置由一名临床医师和一名工程师共同发明，他们构思出了一套激励人脑 α 波的方法。他们的装置经过 2500 多人的临床试验，已经被证明确实能增加受试者受到暗示影响的程度。在试验中，这一装置让 90% 以上的受试者都产生了从轻度到深度的催眠反应，并且被证明可以提高受试者对催眠的接受性，让他们在更短的时间内被常规手段催眠，包括那些原本不适合接受催眠的人。

这一装置的主要优势在于，它可以让本来不适合接受催眠的人进入催眠状态。这一特性显然对舞台催眠术表演很有好处。除此之外，这样一台装置也可以大大增加表演的科学色彩，提高观众的兴趣。

之所以脑电波同步装置如此有效，是因为它发出的声光信号频率与目标对象的脑电波频率完全同步，所以可以增强目标对象的脑电波信号，形成放大暗示作用的效果。因为这一装置能提高目标对象的注意力集中程度，所以可以让

催眠时间大大缩短，甚至直接让目标对象进入催眠状态。

在日常生活中并不乏光线效果引发催眠反应的例子，例如公路两旁的行道树之间映过的阳光，透过发动机螺旋桨照射的灯光等。然而，这样的光线效果只能偶尔让人产生类似催眠的感觉，而脑电波同步装置提供的声光信号因为能准确模拟目标对象的脑电波频率，并且对 δ 、α 和 β 波段都有效果，所以才能达到 90% 以上的催眠成功率。

将脑电波同步装置用于舞台催眠术表演

奥蒙德·麦吉尔表演流程

让参与者们在台上坐成一个半圆，催眠师站在圆心处。助手把放在架子上的脑电波同步装置推到舞台中间，架子的高度稍高于参与者们的头部。催眠师首先对台下观众讲话。

“女士们，先生们，现代电子仪器的进步一直在推动心理科学的发展，这其中也包括了催眠术的发展。你们面前的这台仪器叫作脑电波同步装置，是一种专门用于催眠的电子设备。今天晚上，我们就会用这台装置对台上诸位进行催眠。”

（转身面对参与者们）“首先感谢诸位的自愿参与。这台装置将给你们带来一段不同寻常的催眠体验，你们会发现，被它催眠是一件很有意思的事情。我会把装置的使用方法解释给你们听。”（半转过身，同时对台上参与者和台下观众讲话）

“现在，我就邀请你们参与接下来的科学实验。采取舒适的姿势坐在椅子上，双脚平放在地板上，双手放在腿上。尽可能放松下来，把注意力集中在你们面前的脑电波同步装置上。当我打开开关的时候，你们需要把注意力集中在闪烁的灯光上，而我则会把灯光的闪烁频率调整到与你们的脑电波频率相匹配。你们可以不必直视灯光，而是透过灯光注视后面的反光板，你们可以一边放松身体，一边把目光投在反光板上。你们会很快感觉到装置的效力。现在就彻底放松下来，把注意力集中在装置上。我会打开开关。”

这样的解释方式可以让参与者们对脑电波同步装置的效力充满期待，这是舞台催眠师常用的语言技巧。将暗示内容与装置产生的生理影响结合起来，可以达到非常良好的效果。

调暗舞台灯光，以便参与者们把注意力集中在装置的闪光上。把装置前部的盖板摘掉，拿到舞台一侧，同时对参与者们解释：“我会站在这里，以免妨碍你们。你们要把所有注意力都集中在脑电波同步装置的灯光上，不要走神或是分心。”

把灯光频率调整到与 α 脑电波相匹配，然后打开开关，让参与者们把注意力集中在闪烁的灯光上。一边注意参与者们的反应，一边调整频率旋钮，直至大部分人表现出比较强烈的反应。这样的反应包括视线的“凝固”，以及面部和全身肌肉的轻度僵硬化。经验表明，最理想的频率通常在 4 档至 8 档之间。

暗示：“注意观察装置上闪烁的灯光。我会逐渐调整灯光的闪烁频率，当这一频率与你的脑电波频率相匹配时，你就会感到一种强大的力量，仿佛装置彻底吸引了你的注意力一般。灯光的频率正在逐渐上升，影响力也在逐渐加强。你已经受到了影响，你的注意力已经集中在灯光上了。灯光的闪烁频率现在与你的脑电波频率完全一致。你感到自己彻底放松下来。集中注意力。对，就是这样。深吸一口气，屏住呼吸。对，屏住呼吸。吐气，继续放松。再次吸气……屏住呼吸……吐气，放松。你开始感到一丝困意。你的眼睛感到非常疲劳，眼皮越来越沉。但是现在还不要闭上眼睛，因为你还要注视装置上闪烁的灯光。深呼吸，保持平稳的呼吸节奏。你现在可以合上眼睛进入梦乡了。我会从 1 数到 5，每数一个数字，你的眼睛就会合上一分，等到我数到 5 时，你就会紧紧闭上眼睛。1，2，3……闭眼……所有人闭眼……闭上眼睛，进入梦乡。4，5！所有人紧紧闭上眼睛，但是你们仍然可以透过眼皮看见闪烁的灯光，因为这灯光的闪烁频率与你们的脑电波完全一致，正在把你们送进深深的梦乡。”

到这一步就可以表演“锁眼术”了。暗示：“你们的眼睛闭得非常紧，无论你们怎么努力，也无法把眼睛睁开。尽管努力尝试吧，你们会发现眼睛无论如何都没法睁开。”参与者们会发现自己无法睁开眼睛。现在可以引导他们进入深度催眠状态了，但要注意：观察参与者们在这一阶段的表现，如果有人睁眼，待会可以悄声让他们回到观众席上，但暂时不要这样做，否则会影响其他人。你会发现，绝大多数人都紧闭着眼睛。继续暗示：“忘了眼睛的事情吧，放松下来，陷入深深的梦乡。深呼吸，睡吧。你们的每一次呼吸都会把你们送进更深一层的梦乡。”

事先准备好一包硬币，在这一阶段，拉起每一位参与者的右臂，右手掌心朝上，把硬币放在他们掌心上，同时暗示：“我会在你们右手心里放一枚硬币，握住这枚硬币，保持固定不动的姿势。你们的右手和右臂完全不会有任何感觉，只要继续深呼吸，你们就会陷入越来越深的梦乡。”

等到所有人手里都有硬币时，继续暗示：“把注意力集中在伸出来的右手上。手心里的硬币正变得越来越沉，其重量让你们难以承受。硬币实在太沉了，压得你们的右手也在缓缓向下沉，同时手掌翻转，直到硬币掉到地板上。你们的手掌正在翻转，缓缓地翻转。硬币马上就要落到地板上了。当你们听到硬币落地的声音时，就会陷入更深一层的梦乡。”

观察参与者们的反应。那些很快开始翻转手掌的人，通常会是比较好的催眠对象。当硬币开始掉落到地板上时，继续暗示：

“硬币掉到了地板上。你们听到了硬币落下的声音，于是睡着了。你们睡得很沉，睡得很熟，这是催眠状态下才有的睡眠。我会向你们展示催眠状态的力量。你们的右臂会突然变得非常僵硬，无论怎样都无法弯曲。你们现在已经感觉到了这种变化。你们的右臂变得像钢铁一样坚硬，无论你们怎么努力，都没法让它弯曲。尽管努力尝试，你们无论如何都无法弯曲右臂。”

参与者们会试图弯曲右臂，却无法成功。你可以像之前一样根据他们的表现确定哪些人适合留在台上。继续暗示：“好了……忘了右臂的事情吧……你们的右臂已经再度放松下来，当我数到 3 时，它就会自然垂落下去。当右臂垂落到腿上的时候，你们就会陷入更深一层的催眠状态。准备好了吧，1，2，3。你们的右臂已经垂落下去了，你们彻底睡着了。”

观察参与者们的反应，这又是判断哪些人更适合接受催眠的绝好机会。在这样的催眠过程中，催眠师有很多机会来观察参与者们的反应，确定哪些人适合接受催眠，哪些人应该回到观众席上。继续暗示：“你们全都陷入了深深的梦乡。没有任何东西能打扰你们。深呼吸，继续熟睡吧。”

这时你就可以把不适合接受催眠的人悄声请下台去了。继续对留在台上的参与者们暗示：“你们都已经陷入了深度催眠状态。我很快就会唤醒你们，但首先记住我说的话：下一次，你们不需要脑电波同步装置就可以进入催眠状态。你们只需要看着我的眼睛。当我触碰你们的头顶时，你们就会立刻恢复深度催眠状态，闭上眼睛进入梦乡。”

这是一项非常强烈的延迟暗示，这样你在之后的表演过程中就可以随时让任意参与者进入深度催眠状态。现在可以将参与者们唤醒了。

“都准备好了吧，我马上就会唤醒你们。你们会休息片刻，然后再度进入更深一层的催眠状态，让你们获得一段前所未有的全新体验。”

“我会从 1 数到 5，每数一个数字，你们就会清醒一分。等我数到 5 的时候，你们会彻底清醒过来，并且感觉非常良好。1，2，3，4，5。清醒过来吧。现在你们已经彻底清醒过来了，并且感觉非常良好。”

把脑电波同步装置的频率重新归零，关掉开关。现在参与者们已经接受了最初的催眠，可以继续进行表演了。

> 注意：让参与者们休息一小段时间，然后快速激活刚才的延迟暗示，让他们重新进入深度催眠状态。这样的“瞬间催眠”会让台下观众惊奇不已。之后就可以继续按之前设计的流程进行各种表演项目了。

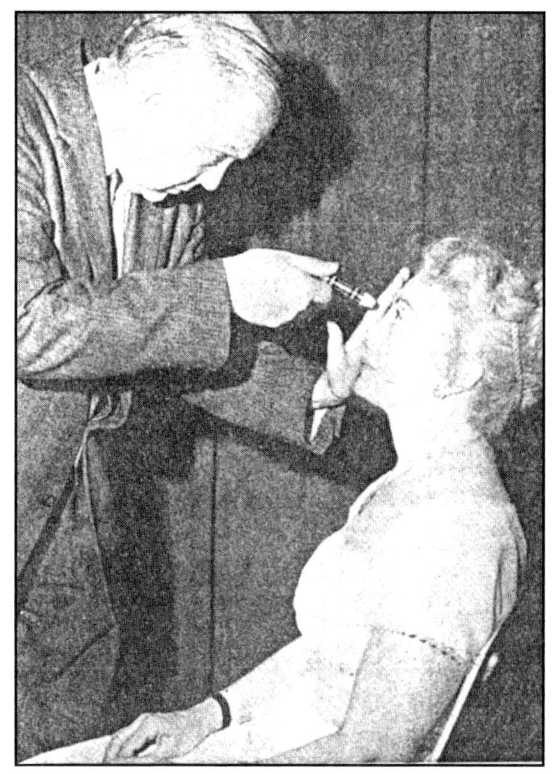

利用小号手电筒进行催眠

第65章 其他辅助手段

这一章列出了舞台催眠术表演常用的一些辅助手段。

舞台常备道具

不同的催眠师对“常备道具”的定义不尽相同，但一般来说，常备道具应包括桌子、柠檬、玻璃杯、烧杯等常见表演项目需要的道具。事先把所有道具准备好，放在方便取用的地方，需要时可以随时取用，以保证表演节奏的流畅。如果一时找不到需要的道具，在这方面浪费时间，就会显得很不专业。

助手

尽管催眠师可以单独完成表演，但如果有助手的帮助，就可以让事情变得轻松不少，并且提高表演的娱乐价值。如果男性助手的声音很有磁性，可以让他负责把你介绍给观众，或是安排上台参与表演的观众就座。某些情况下，催眠师在这时可以离场，让助手给参与者们分发名牌，让他们把自己的名字写在上面，别在胸前。名牌可以让你直呼每一个人的名字，这样通常可以增加暗示效果。当助手处理完这些事情时，你就可以重新回到台上了。

美貌的女性助手可以增加表演的吸引力和品位。因为催眠术表演具有一定的严肃性，所以助手的着装要合适，例如晚礼服。女性助手可以引导参与者们就座，或是帮助你准备道具。

催眠师的助手人数不宜过多，通常情况下男女各一名即可，不要让助手过多吸引观众和参与者们的注意力。训练有素的助手懂得如何把人们的注意力转移到催眠师身上，而不是自己试图去吸引他们的注意力。

服装

催眠师的着装选择很大程度上取决于表演的内容和情境。着装要与场合相符，在正式的表演上应穿正装，而为青少年进行表演时则可以穿得随便一些。如果采用东方风格的表演方式，可以穿印度或阿拉伯风格的服装。着装可以在很大程度上决定你的暗示影响力。

表演之前的热身

在开始表演之前，可以进行一些热身练习，增加你自己的信心和影响力。登台前可以深呼吸一次，想象你的双手充满了“催眠能量”。绷紧手指，摇晃双手，掌心相对，彼此相距约 5 厘米，在脑海中想象能量在双掌之间传输。如果你的想象足够到位，就可以感觉到手掌上的麻刺感。当这样的感觉达到顶点时，就可以登台表演了。

视线控制

舞台表演经常需要催眠师与目标对象进行视线接触，这时可以采用所谓的“催眠视线”：把视线的聚焦点定在目标对象眼睛后面约 15 厘米处，也就是目标对象头部的正中。这样会让目标对象感觉到你视线的“穿透力”，很有利于吸引他的注意。

神秘的水盆

在舞台一侧放一盆水，最好采用东方制式的精美水盆，每进行完一个项目，就在盆里洗洗手，然后再用力把手甩干，这样可以在观众和参与者心中营造神秘感。不必解释水盆的功用，让他们猜测即可。

味道暗示的秘密

这是进行“味道暗示”测试时常用的辅助手段。在腋下藏一个小型洗耳球，

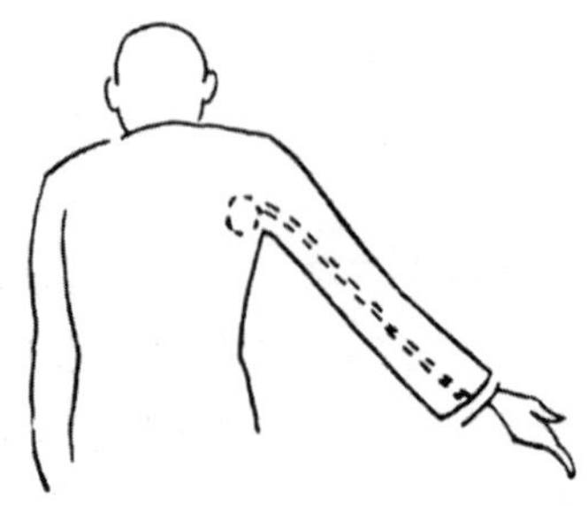

里面装一小撮非常细的糖粉，气嘴处连接一根长塑料管，管口通到袖口。只要你夹紧腋下的洗耳球，管子里就会喷出极少量的糖粉，如图所示。

做好这样的准备之后，就可以进行味道暗示测试了。拿起一根棒棒糖，让参与者们想象它的味道，告诉他们只要注意力足够集中，就可以在嘴里尝到糖的甜味。一边发出暗示，一边迅速从参与者们面前走过，经过每个人时按一下洗耳球，朝他们嘴里喷出微量的糖粉，参与者们会尝到真正的甜味，从而对催眠术的效果深信不疑。这样的辅助手段非常适用于表演开始阶段，因为这时参与者们接受的催眠程度还不够深。

香水和香炉

某些香气也可以增加催眠效果，例如让你的女性助手喷一些香水，或是你自己喷少量含有外激素的香水，都可以加深你们的吸引力。

在舞台角落布置一两个香炉，在里面焚上几炷香，可以为表演营造东方式的情调，提高观众和参与者的期望值。

挑战式催眠

“挑战式催眠”是指催眠师向观众发出挑战，声称自己可以对他们中任何一人进行催眠。要实现这一点，辅助手段是必不可少的。

常见的辅助手段如图所示，主要部件仍然是洗耳球和塑料管，不过洗耳球和塑料管中间要连接一个小瓶，瓶里装的是氯仿或其他能令人短暂昏迷的物质。按压洗耳球时，产生的气压会使瓶中的氯仿蒸汽片喷出一部分。把这套装置藏在身上的方式与“味道暗示”相似。

用这种装置进行“催眠”时，首先在参与者身边布置一个香炉，因为焚香

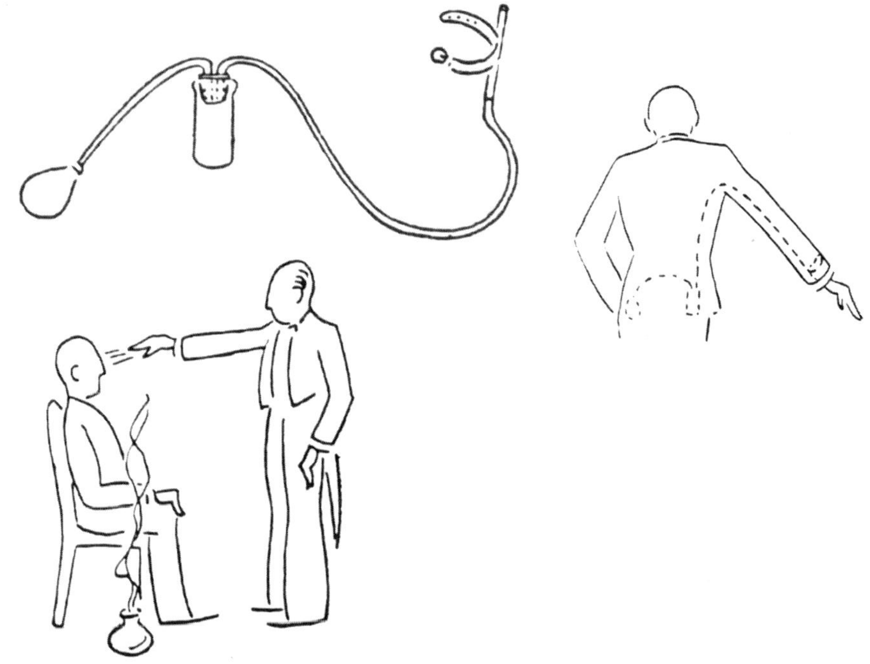

产生的烟会袅袅上升，所以可以让目标对象吸入更多的氯仿蒸汽，如图所示。

开始表演之前，首先解释你将采用东方式的催眠手段，所以才在目标对象身旁焚香。开始催眠时，左手捂住目标对象的眼睛，同时暗示，目标对象闻到的香气将会发生微妙的变化，这变化将把他带入梦乡。让目标对象保持闭着眼睛的姿势，同时右手装作无意间伸到他面前，按压腋下的洗耳球，释放出小瓶里的氯仿蒸汽，目标对象在吸入蒸汽后会昏昏睡去。

> 注意：要确保与小瓶连接的塑料管端头不会接触到液态的氯仿，当你按压洗耳球时，喷出的只有氯仿蒸汽，不会有液体。

将“挑战式催眠”应用于舞台表演

“挑战式催眠”可以用于正式舞台表演开始之前的娱乐阶段。催眠师事先佩戴好辅助装置。在舞台中央放一把华贵的椅子，两侧分别摆上香炉。催眠师走到舞台前端，向观众发出挑战：“如果你们当中有谁觉得自己意志非常坚定，可以抗拒我的催眠术，那就请他上台来！上来在椅子上坐下。”

如果有人回应挑战，就让他坐在椅子上，催眠师则站在他对面。对目标对象重复“你已经很困了”这样的暗示，同时一只手捂住他的眼睛，另一只手释放氯仿蒸汽。目标对象会很快进入梦乡。在催眠师如此展示过催眠术的“力量”之后，其他人自然会对此深信不疑，从而让之后的真正催眠过程变得容易许多。

需要注意的是，让催眠过程能够成功的不仅仅是氯仿的生理作用，还包括回应挑战者的心理作用。当目标对象回应挑战时，其实心里并没有底，不知道自己究竟能不能抗拒催眠师的暗示。等他走上舞台的时候，由于环境的突然变化，他对自己的怀疑会进一步加深。正是这样的怀疑会使他更容易受到暗示的影响。不要忘记，意志力是意识层面的东西，而催眠术是直接作用于潜意识的。

之所以使用辅助手段“作弊”，是为了确保获得成功，否则万一上来回应挑战的人不适合接受催眠，就有可能把整场表演搞砸。从香炉里散发的袅袅香烟可以掩盖氯仿的气味，同时也可以起到营造气氛的作用。

对花瓶里的花朵进行催眠

利用同样的“作弊”方式，催眠师可以宣称自己连插在花瓶里的花朵都能够催眠。对花朵重复暗示内容，同时释放氯仿蒸汽，因为氯仿对植物组织会产生影响，所以花瓶里的花朵很快就都会垂下头去。这样的“测试”尽管本质上属于作弊，但能极大地增加催眠术在观众心中的魔力。

第十部分

杂项内容

第66章　动物催眠术

所谓的“动物催眠”其实主要是一种与肌肉僵直相似的生理过程，而不是心理过程，只不过外表看来与催眠术有些相似而已。动物催眠术可以作为正式表演开始之前的娱乐环节，也可以用来引发对人类催眠术原理的讨论。

对青蛙进行催眠

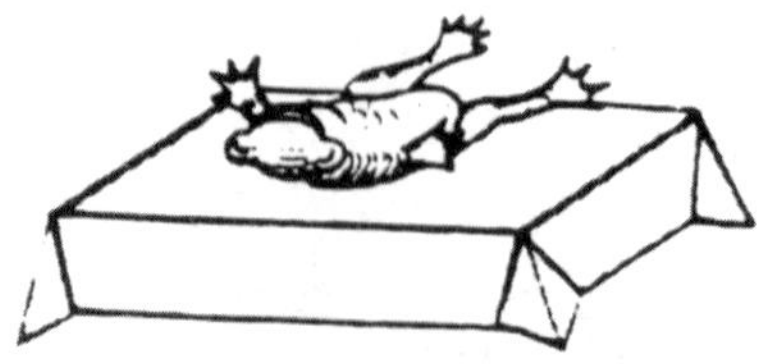

把青蛙肚皮朝上放在桌面上，按住几秒钟，使它无法移动，然后再小心地挪开手，青蛙会保持刚才的姿势。要结束“催眠”时，在青蛙旁边打个响指，同时快速把它翻转成正常姿势，它就会重新跳来跳去。

对龙虾进行催眠

对龙虾的催眠非常容易吸引观众的注意。尽管龙虾的大钳子看起来凶凶的，但这种动物实际上非常容易被“催眠”。只要把它放置成大头朝下的姿势，让它的头和两只钳子支撑体重，保持几秒钟，它就会一直保持这样的姿势。要结束“催眠”时，只要把它重新平放在桌面上就可以了。

对鸡进行催眠

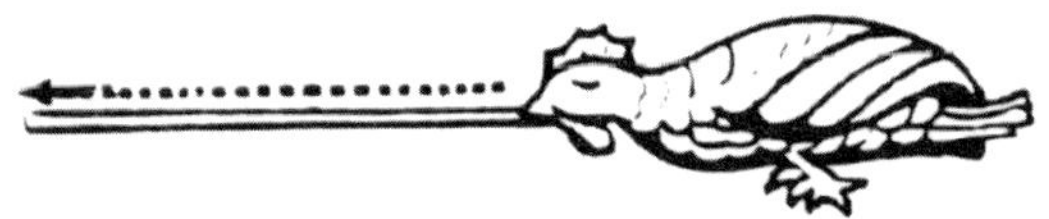

对鸡进行催眠的过程很有意思，前后的反差很容易勾起观众的兴趣。

实验最好选用母鸡。抓住鸡脖子，把它平按在桌面上，用粉笔在它的喙前面画一条笔直向前的线，长约60厘米。保持几秒钟，鸡就会进入“催眠状态”。

小心挪开手，鸡会保持刚才的姿势一动不动。要结束“催眠”时，在鸡头旁边大声击掌，同时把它从粉笔线旁边推开，它会很快醒过来，重新开始咕咕乱叫。

对兔子进行催眠

可爱的兔子是非常好的催眠对象。把兔子肚皮朝上放在桌面上，两耳分开，保持30秒左右，然后小心地挪开手，兔子会像睡着了一样躺在那里。要结束“催眠”时，朝它的鼻子猛吹一口气，同时把它的身体侧翻过来，兔子会立刻醒过来跳走。

将动物催眠术作为表演项目

进行“动物催眠”表演时应注意，许多所谓的“动物保护主义者”会根据你对待动物的态度对你做出评断，所以不要表现出强迫或欺负动物的样子，动作要温和，幅度不要太大。

最好不要让表演过程显得太过容易，而是故意做出吃力的样子，仿佛动物很难催眠一般。可以做出一些在人类催眠中常用的手势，让观众以为是这些手势起到了催眠作用。当动物“睡着”时，示意观众保持安静，同时自己也做出蹑手蹑脚的样子。动物醒来之后，把它举起来给观众看，示意观众鼓掌。只要表现方法得当，动物催眠术可以成为非常富有娱乐性的表演项目。

第67章　催眠魔术

所谓的“催眠魔术”是指用似是而非的方法模拟真正的催眠术，让观众以为这是货真价实的催眠效果。

在舞台表演中，表演本身的娱乐性是最重要的。某些情况下，催眠魔术可以满足观众的期待，让表演更加成功。

作为一名舞台催眠师，你可能永远也不需要用到下面这些花样与技巧，但如果你决定用它们，就要用严肃的态度来对待它们，就跟真正的催眠术一样。

用墨镜营造神秘气氛

许多人都认为催眠术是催眠师通过视线发出的一种“念波”。你可以在平时戴一副墨镜，只有在进行催眠时把墨镜摘下，让人们形成“你的视线的确有魔力”这样的认识。

与目标对象协调一致的巧妙方法

催眠师与目标对象之间的协调一致是催眠成功的重要因素。只有当目标对象对你非常信任，愿意接受你的催眠时，才能建立这种协调一致的关系。对陌生人进行催眠时，可以进行这样的测试，来取得他的信任：双手分别握住目标对象的双手，让他在心中默念某一只手，而你则猜测他想的究竟是哪一只手。

面对目标对象，左手握他的右手，右手握他的左手。当你提出测试内容时，手指碰触目标对象的手腕内侧，仔细感受他的脉搏。

让目标对象闭上眼睛，同时你也闭上眼睛。只要目标对象心中想着某

一只手，那只手腕上的脉搏就会暂时变慢，甚至停搏一个节拍，这就足够你知道他究竟在想哪只手了。这时只要说出答案，就可以给目标对象造成深刻印象。

让目标对象无法从椅子上起身

让目标对象坐在椅子上，闭上眼睛，你则一再重复“你无法从椅子上站起来”的暗示，然后用右手食指用力按压目标对象的眉心部位，直至他的头开始向后仰。这会让目标对象失去平衡感，所以无论怎么努力都站不起来。要结束测试时，只需要把手指拿开，就可以告诉目标对象“好了，你现在可以从椅子上站起来了”。

让目标对象无法从地板上起身

让目标对象仰面躺在地板上，闭上眼睛，用食指指着他的眉心部位，暗示他无论怎么努力都无法起身。目标对象会努力尝试，却起不来。这会让台下观众感到非常惊奇，因为尽管你的手指并没有触碰到目标对象的身体，却能对他发挥影响。

事实上，你只需要把一根长长的马尾毛或其他硬毛黏在你的右手食指尖上，当你用食指指向目标对象眉心时，马尾毛的另一端就会刺激他的皮肤，让他无法站立起来。由于马尾毛很细，所以即使从比较近的距离上看也很难看清。要结束测试时，只需要挪开手指，目标对象就可以重新站立起来。

让目标对象感觉耳朵里有虫子在爬

这样的效果同样可以通过黏在食指上的马尾毛来实现。一边暗示“你的耳朵里有一只虫子在爬，你能感觉到它的存在，它正在到处乱爬，赶快把它赶走”，一边用马尾毛碰触目标对象的耳孔内部。目标对象会感觉到痒，于是伸手去挠。在台下观众看来，这就像是你的暗示发挥的作用一样。

在表演开始之前预先把马尾毛黏好，而在不再需要马尾毛的时候，可以找机会把它扔掉，然后心无旁骛地继续表演。

让目标对象丧失方向感

准备一副木板或其他能发出尖锐声音的道具。让目标对象坐在椅子上，告诉他，你会通过催眠术让他丧失方向感。在距离目标对象一只耳朵约 30 厘米处弄出声响，让他指向声响传来的方向。目标对象会做出正确的判断。再在距离他另一只耳朵约 30 厘米处弄出声响，他仍然会做出正确的判断。

让目标对象弄清楚应该怎么做，然后蒙上他的眼睛，暗示他将失去方向感，无法再判断声音传来的方向。

现在在目标对象体侧、头部后方、下巴之下、鼻子附近、头顶等位置弄出声响。他几乎完全无法做出正确的判断。要结束测试时，取下蒙住目标对象眼睛的布条，轻拍他的肩膀，做出“移除暗示效果”的样子，然后感谢他的参与。

让目标对象发生观察失误

手里拿一把刷子，告诉目标对象，你会让他无法数清你用刷子刷他身上衣服的次数。蒙住目标对象的眼睛，让他背对着你，开始用刷子刷他肩膀后部的衣服。让目标对象在心中默数你究竟刷了多少次。目标对象每次数出的次数都是错误的。

为什么？因为你其实并没有刷目标对象的衣服，只不过是在用手指划过他的肩胛，造成“刷子划过衣服”的感觉。与此同时，你的另一只手则在背后用另一把刷子刷你自己的衣服，制造刷子划过衣服的声音。目标对象会以为你是在用刷子刷他的衣服，但事实完全不是这样。

让目标对象丧失味觉

让目标对象坐在椅子上。拿出一个红苹果和一个青苹果，告诉目标对象，当你蒙住他的眼睛之后，他就无法根据味道分辨两个苹果。首先把苹果放在袋子里，然后蒙上目标对象的眼睛。

从袋子里拿出一个土豆，同时示意台下观众不要笑。把土豆的上部切掉，同时按住目标对象的鼻子，从而避免他闻到土豆的气味。让目标对象咬一口土豆，问他这究竟是哪个苹果？当然，目标对象无论怎么回答都不可能猜对。当

你按住他的鼻子时，就会影响他的味觉。

让目标对象无法弯曲膝盖

让目标对象站在你面前，跟他对视，同时用一只手把他的头压向一侧。保持这样的姿势。与此同时，用另一只手按压目标对象偏头方向对侧的大腿外侧，例如，如果目标对象的头被压向左侧，就按压他的右侧大腿外侧，反之亦然。双手都要用力。告诉目标对象，他没有被抚摸的一侧膝盖已经彻底僵硬了，无论怎样都无法弯曲。

目标对象会尝试弯曲膝盖，却做不到，这其实是你手上的压力造成的。需要结束测试时，放松双手，同时告诉目标对象："好了，你现在可以正常行走了。"

让目标对象无法起立

让目标对象坐在椅子上，双手扶臀，身体前倾，头部几乎与臀部等高。双手轻轻扶住他的耳后部位，告诉他双脚不要移动。把目标对象的头稍向前拉，动作幅度要小，避免被台下观众发现。只要目标对象的重心变为前倾，就可以告诉他无论怎么努力，都无法从椅子上站起来。事实上，这是因为目标对象在这样的姿势下无法控制身体平衡的缘故。要结束测试时，扶起目标对象的头，同时告诉他："好了，现在你可以站起来了。"

"催眠生热"测试

让目标对象手里握着的锡纸团在催眠师的暗示下变热，是一种非常流行的表演项目，可用于瞬间催眠，但这一项目其实也属于催眠魔术的范畴。事实上，之所以锡纸团会变热，是因为上面事先添加了氯化汞的缘故。

> 注意：氯化汞是一种剧毒物质，操作时要非常小心。

巴瑞·布里安特对"氯化汞催眠术"的评价

巴瑞·布里安特自从高中时期就开始研究催眠术，之后成为旧金山州立大学的第一届催眠专业硕士毕业生。下面就是他从实际经验出发，对使用氯化汞作为催眠魔术辅助手段的做法进行的评价。

“我利用氯化汞进行催眠已经有 20 多年了，我认为这是最强有力的催眠手段之一。事实上，这种催眠手段的效力非常之强，必须谨慎对待。氯化汞本身的毒性是一方面，同时也必须考虑催眠过程中的心理欺骗性。为了赢得目标对象的信任，就采用化学反应制造魔术一般的效果，这样的做法究竟是否合适，是需要每一位催眠师认真思考的。换句话说，为达到目的就可以不择手段吗？在我看来，我们可以采取任何可行的手段，前提是这些手段必须要符合所有参与者的利益。”

“这种催眠方法的效力之所以能给我留下深刻印象，还要缘于一次机缘巧合。我受邀为一位妄想症患者进行治疗，他觉得自己中了撒旦的邪。心理治疗没有产生什么效果，所以我受邀为他进行催眠治疗。”

“患者相信自己受到了撒旦的感染，所以变得邪恶了。他似乎认为撒旦以某种方式进入了他的内心世界，攫取了他的灵魂。或许可以这样说，在他的内心世界里，他自己是上帝与魔鬼争夺的对象。为了解决这一内心矛盾，我告诉他，我有能力把撒旦的存在从他的意识里焚烧干净。我说我会通过一种特殊的仪式实现这一目的。他相信了我的话。”

“他平时抽烟，所以我问他借了个烟盒，从上面撕下了一片锡纸。我告诉他，我会首先对他进行催眠，然后把能量灌输进这片锡纸里，他只要把锡纸攥在手里，就会体验到其中的热度，这种热度将把撒旦留在他体内的邪恶灼烧干净，不留任何痕迹。”

“我用循序渐进的放松催眠法对他进行了催眠。他进入了半深度催眠状态。就在他处于容易受到暗示影响的放松状态时，我告诉他我将把从烟盒上撕下来的锡纸揉成一团，而他需要把这一团锡纸攥在手里。之后我会把能量灌输到锡纸团里，随着锡纸团逐渐变热，他会感觉到撒旦逐渐离开他的身体，锡纸团的热量就是撒旦被焚烧的证明。最终，当锡纸团的热度让他无法忍受时，他会把它扔掉，同时也让撒旦的所有影响都离开他的身体和精神。”

“结果，当抹上了氯化汞的锡纸越变越热时，他拼命扭动身体，发出痛苦的嚎叫，最终还是不得不把锡纸团扔掉。就在那一瞬间，我大声命令：‘现在睡吧！’他立刻陷入了深深的梦乡。我继续暗示他现在已经彻底摆脱了邪恶的控制，大天使米迦勒就站在他身边守护着他。”

“他醒过来之后，给了我一个感激的微笑，告诉我他终于摆脱了多年以来的

困扰，又能重新掌控他自己的生活了。”

格兰特的耳机催眠术

著名催眠师U·F·格兰特开创了“耳机催眠术”，这其实也属于催眠魔术的范畴。需要的道具包括一副耳机，以无线方式跟后台的小型麦克风相匹配，同时通过电缆跟台上的立式麦克风相连，但并不受后者影响，电缆只是摆设。这样，戴上耳机的人会以为自己听到的是台上麦克风传来的声音，却不知道声音的真实来源是后台的小型麦克风。

台上的麦克风由你自己操控，而后台的麦克风则由你的助手操控。当你假装对着麦克风讲话时，目标对象听到的其实是你助手的声音。

开始表演时，对目标对象解释，你会对他进行一项与听力有关的心理实验，他需要戴上耳机，跟你进行非常近距离的交谈。不要透露实验的具体内容。

让目标对象坐在椅子上，把耳机递给他。一定要选用能够挡住耳朵的大号耳机，确保目标对象听不见耳机以外的声音，这一点十分重要。

走到台上的麦克风跟前，开始对着麦克风说话。目标对象其实什么都听不到，但台下观众会以为他可以听清你说的每一句话。事实上，对目标对象讲话的是躲在后台的助手。下面是两人不同的讲话内容。

催眠师：我现在会通过声音来对你进行催眠。如果我让你做某件事情，就努力不去做那件事情。努力用你的意志力抗拒我的影响。无论你怎么抗拒，最终都会按我说的去做。让我们通过实验来验证这一点。

助手：这一实验的主要目的在于娱乐，所以我需要你完全按我说的去做。实验马上就要开始了。

催眠师：你的眼皮开始发沉。努力抗拒眼睛的疲乏，不要闭上眼睛。

助手：眨几次眼。很好。现在慢慢闭上眼睛。

催眠师：你感到非常困。你的头很快会垂到胸前。无论你怎么努力，都没法抗拒这股倦意。

助手：现在做出非常困倦疲劳的样子，把头垂到胸前。很好。张大嘴巴。不要担心，这只不过是娱乐而已。

催眠师：现在我命令你醒过来，睁开眼睛，但你仍然处于我的控制之下。

助手：很好。现在迅速抬起头，睁开眼睛。

催眠师：就在刚才那一瞬间，你忘记了自己的名字。告诉我你叫什么名字。

助手：请重复我下面的话："我的名字叫玛丽·史密斯。"说的时候要非常严肃。（如果目标对象是一位女士，就使用"约翰·布朗"这样的男名）

催眠师：不要举起你的左臂。

助手：举起左臂，越高越好。

只要你跟助手做好配合，就可以通过这一方式达到任何"催眠"效果。例如，你可以随机摸出三张扑克牌给台下观众看，但是不让目标对象看见。因为助手事先知道三张牌的内容，所以会告诉目标对象究竟是哪三张牌，让观众以为是他自己猜中的。

采用这样的"作弊"手段时，一定要严守秘密，避免不小心让观众知道实情。

> 注意：催眠魔术可以作为表演的辅助手段，也可以作为实际催眠过程的一部分。"催眠生热"测试和下面要介绍的"Q博士催眠表演"都属于这一范畴。

第68章 Q博士催眠表演

“Q 博士催眠表演”是我前几年总结出来的一份表演提纲。其实，它并不是真正的催眠术，而是催眠魔术的集萃，但其原理与真正意义上的催眠术其实非常接近。人可以在意识层面的信号作用下采取行动，也可以在潜意识层面的信号作用下直接采取行动，两者之间只有轻微的区别。“Q 博士催眠表演”很好地展现了这一事实。

这种表演方式的主要原理在于，参与者们一开始相信自己只不过是在帮助你娱乐台下观众，然后再由此建立对你的信任，最终彻底被你催眠。从这个意义上来看，“Q 博士催眠表演”也可以被理解为“误导性催眠”，通过对参与者们的有意“误导”来达到催眠目的。首先，你需要介绍催眠术的相关背景。

开场辞

“朋友们，现在就让我们来认识一下人类心理科学的杰出成就——催眠术。人类对催眠术的研究已有几个世纪之久，但直到近年来才真正意识到催眠术的神奇之处。今天，许多最权威的医院和学院都开始把催眠术用于心理治疗和心理研究，并取得了惊人的成果。

“今晚，不久之后，我就会邀请若干志愿者上台，跟我一起展示催眠术的神奇之处。

“不过，首先我必须申明一点。过去许多人曾认为，只有意志薄弱的人才会被催眠，这其实是完全错误的。科学研究已经证明，事实绝非如此。那些最适合接受催眠的人，往往是智力极高，具有丰富想象力和创造力的人。所以，当你上台参与的时候，请不要担心，你们已经选择了与聪明人为伍。

“催眠术并不是一件神秘而无法解释的事物，而是现代心理科学的一个领域。所谓的催眠状态，其实只不过是人在暗示影响下表现出来的一种心理状态。

“现在，当你们上台来参与接下来的实验时，我会对你们保持尊敬与礼貌的态度，而作为交换，我也要求你们对我保持信任与合作的态度。

“好了，现在就请愿意参与表演的观众们上台。如果你感兴趣，就请走上台来。谢谢。”

这样的开场辞会让观众意识到你非常专业，并且催眠术的确是一件严肃的事情。同时，走上台来的参与者们不会感觉到压力，因为被催眠并不会证明他们的意志力薄弱，只会证明他们具有杰出的智力和想象力。只要能达到这一效果，开场辞的目的就达到了。

Q 博士直接提示法

有足够的参与者（通常 4 ~ 5 名即可）上台之后，让他们站成一横排，彼此间距约 60 厘米。从横排左侧开始，故意背对台下观众，面朝第一位参与者，左手放在他的后颈部位，持续压迫他颈椎之间的凹陷处。

直视目标对象的眼睛，挥舞右手做出舒畅的“催眠手势”，同时低声暗示（让目标对象能够听清，但不要让台下观众听到）：“我们会骗过台下的观众们，然后开心地大笑一场……所以当我让你做某些滑稽的事情时，就按我悄声告诉你的去做。明白了吗？不错！”（故意朝目标对象友好地眨眨眼睛）

这样的说话方式可以让目标对象对你产生认同感，从而更愿意按你说的去做。除此之外，你“对台下观众保密”的态度也会让他觉得自己将要扮演的角色非常重要，从而认真对待。

“明白了吗？不错！”这样充满自信的话语，会让目标对象自动产生“愿意按你说的去做”这样的心理倾向，而你眨眼的动作则可以赢得他的友好态度。就这样，目标对象已经快速变成了适合接受催眠的人选。Q 博士能发明出这样的诱导催眠方法，确实非常聪明。

对第二个人进行同样的过程。如果他刚才已经听到了你对第一个人所说的内容，就更容易认同你说的话。

对第三个人也进行同样的过程，但在离开他身边之前忽然悄声说：“我会跟你握手，然后再松开手……这时你的手掌会跟我的手掌黏在一起！”

伸出右手握住目标对象的右手，摇晃几下，然后松开手指，同时用你的手

掌紧贴他的手掌。掌心朝上，把目标对象的前臂向后推，这样可以让你说的内容发挥更大的作用。现在，当你试图把手抽开时，目标对象的手就会跟过来，仿佛两人的手掌黏在一起一般。

这样的场景非常滑稽，台下观众很快会爆发出一阵大笑，这样的笑声会让目标对象产生成就感，使他更愿意跟你配合。你甚至可以假装试图把他的手抖掉，而他则会紧贴住你的手掌，不让你抖掉。当台下观众的笑声达到高潮时，忽然用另一只手敲敲目标对象的肩膀，同时大声说“好了！”乘机把手抽开。

这一过程不仅是为了娱乐观众，更重要的作用是让其他参与者心中有所期待，让他们更愿意配合你进行表演。

对接下来的参与者们重复类似的过程，然后就可以继续让表演进行下去了。

在这里，让我们首先考虑一下观众刚才的反应。他们会以为参与者们的表现是催眠术的结果，这正好迎合了他们心中对你的期待。他们会把你悄声说出的内容当作催眠暗示，以为是催眠作用引发了参与者们的反应。

由于你说话的声音非常低，只有面前的参与者能够听清，所以观众完全不知道你说了什么，因此也就不会对你说话的内容产生丝毫怀疑。换句话说，他们不会猜到是你跟参与者们一道“耍”了他们一把。

对第一个人和第二个人进行的“催眠”过程非常短暂，所有人都来不及考虑清楚，这时第三个人已经做出了“手掌被黏住”的反应，这会让所有观众大笑起来，在他们反应过来之前，你已经对第四和第五个人完成了诱导过程。

现在，观众心中已经充满了期待，迫不及待地想看你表现出新的“催眠奇迹”。利用这样的方法赢得观众的信任和期待，也是Q博士催眠表演的过人之处。

Q博士催眠表演流程

接下来，快速回到第一位参与者身边，悄声说：“当我击掌时，你要倒在地上。”语速一定要快，在第一个人反应过来之前，就走到第二个人身边。

在第二个人面前停住，击掌，第一个人会故意倒在地上。就在观众忽然一愣，然后开始大笑的时候，催眠师会悄声告诉第二个人：“当我扶他起来的时候，你也倒在地上。”

冲过去扶第一个人起来，这时第二个人会故意倒在地上。悄声告诉第一个人：“当我扶他起来的时候，再次倒在地上。”如此反复，等观众笑够了之后，大声喊："好了，好了……效果消失了！"然后再把两个人都扶起来。

这样一幕在台下观众看来非常滑稽，他们会笑得前仰后合，不可开交。他们笑得越厉害，台上的参与者们就越愿意配合你进行表演。

趁笑声尚未平息的时候，快步走到第三个人面前，跟他握手，同时悄声说："我们的手掌又会黏在一起。"然后弯下腰，把目标对象的另一只手掌按在地板上，同时悄声说："你的这只手掌会黏在地板上。"

目标对象会假装无法把手掌从地板上拿开，直至你轻敲他的肩膀，同时大声说："好了，效果消失了！"立刻走到第四个人面前，让他张大嘴巴，假装无法把嘴合上。观众看到他这副样子，又会爆发出一阵大笑。

趁笑声尚未平息，让第四个人把嘴合上，把手掌"黏"在地板上，然后走到第五个人面前，悄声告诉他让右手拇指"黏"在鼻尖上。

快步走回第一个人面前，把他领到舞台侧面，让他假装手掌黏在了墙上。就这样快节奏地在五名参与者中间穿梭，引导他们做出各种滑稽的动作。

到这时，你其实已经不必再悄声发出指令了，甚至可以大声说出来，因为参与者们已经不需要"保守秘密"式的激励了。刚才的兴奋已经成了一种惯性，让他们非常愿意按你说的去做，也就是愿意接受你的暗示内容，这其实已经与催眠状态非常相似了。

让五个人都保持大张着嘴无法合上的姿势，然后迅速走过每个人身边，轻敲他们的肩膀，大声说："好了，都结束了！"然后立刻轻声暗示："当我击掌时，你们倒在地上。"

感谢参与者们的精彩表现，请他们回到座位上去。当他们走在过道上的时候，忽然大声击掌，所有的参与者都会立刻倒在地上。这会把整场表演的气氛推向高潮。

这就是Q博士的表演套路，里面颇有可以借鉴之处，但在借鉴时也要小心，不要做过了头。事实上，Q博士的"原版"表演流程已经非常接近完美了，只要催眠师足够专业，就可以为观众提供非常好的娱乐素材。

> 注意：Q博士在发出指令时总是选择观众来不及反应的时机，这样可以让观众保持高涨的情绪，并且让表演一直维持连贯流畅的节奏。这种"来不及反应"的心理机制，与正式催眠术中循序渐进、快节奏暗示的套路非常相似。

第69章　夜总会催眠术表演

今天，许多声名卓著的舞台催眠师都尝试着在夜总会表演，这样只需催眠师一人，就可以连续一个多小时吸引观众的注意力，提升夜总会的人气。不过，表演时也有一些需要注意的问题。

夜总会的表演环境

夜总会的空间通常比正规舞台要狭小得多，甚至根本没有舞台，只能在舞池中央进行表演，周围都是正在吃喝的观众。

换句话说，在夜总会里很难创造所谓的“审美距离”。台上台下的区别很小或根本没有，观众离催眠师和参与者都非常近，所有人的注意力都很容易分散。除此之外，还有周围的喧闹，端着盘子走来走去的服务员，嘈杂的谈话声，等等。这些都是舞台催眠师需要面对的问题。

在这样的环境下，催眠师需要限制参与者人数，最多不宜超过10人，否则很难摆开足够的椅子。除此之外，还必须营造尽可能正式的表演气氛。关掉周围的灯光，只照亮催眠师和参与者们所处的位置，是一种很好的方法。这样周围观众可以看清参与者们的表现，而参与者却看不清周围，更容易产生隔离感，从而受到暗示的影响。高品质的音频播讲系统可以削弱噪音的影响，柔和的背景音乐也可以达到同样的功效。如果夜总会配有常驻的乐队，可以由他们演奏背景音乐，催眠师也可以自己准备录制好的背景音乐。总之，夜总会的表演环境较为特殊，需要催眠师多动脑筋。

夜总会催眠术表演

在夜总会进行的催眠术表演，节奏通常比一般的舞台表演更加紧凑，因为观众和参与者的注意力更容易分散。表演一定要具有足够的娱乐性，要能逗得观众哄堂大笑。一切都要以娱乐性为前提。

表演长度不宜超过一个小时，并且要预先做好计划，尽量保持连贯通畅。所有的项目都要以娱乐性为重点。最好形成一套惯用的表演套路，让你在节奏方面能够收放自如。开场辞要尽可能简短，只需要能吸引足够数量的志愿者就可以了。

舞台催眠师在同一家夜总会表演的次数越多，名气越大，就越容易吸引观众自愿参与。如果担心参与者数目不够，可以直接向坐在旁边的人发出个人化的邀请，他们一般都会答应。尽量把参与者的男女比例控制在1:1，这样可以增加表演的观赏性。

有了足够数量的参与者之后，就可以立即开始对他们进行清醒催眠了。尽量采用快节奏的催眠手段，从始至终都要保持绝对主动。著名催眠师吉尔·波恩早年经常在夜总会进行表演，他通常采用这样的催眠方式：让参与者们坐成一横排，周围的灯光暗淡下来，让观众把注意力集中在催眠师和参与者身上。播放轻音乐作为背景，同时面朝参与者开始暗示："接受催眠需要注意力的高度集中。你们的注意力越集中，智力水平越高，就越容易被催眠。如果有人发现自己无法集中注意力，就请回到座位上去，由其他人取代。如果你们能够集中注意力，就可以享受非常大的乐趣。"

"现在请所有人采取舒适的坐姿，双脚平放在地板上，双手放在腿上，彼此不相接触。很好，放松下来，把注意力集中在我身上，放松全身的每一块肌肉。放松眼睛周围的肌肉。当你们一边放松一边注视我的眼睛时，你们的眼睛会开始感到疲劳，眼皮越来越沉。你们情不自禁想要闭上眼睛。我数到3的时候就闭紧眼睛。1，2，3。所有人闭紧眼睛……越紧越好。你们的眼睛闭得如此之紧，眼皮都黏在了一起，你们无论如何都没法睁开眼睛。即使努力尝试，也无法睁开眼睛。忘了眼睛的事情吧，安心睡吧。深呼吸，每一次的呼吸都会让你们陷入更深的梦乡。你们的颈部肌肉非常放松，头不由自主地垂到胸前。任由头垂到胸前，睡吧。现在就睡吧。熟睡吧。"

"我会拉起你的右手，放在你头顶上。用右手紧紧压住头顶。"依次把每个

人的右手平放在各自的头顶上，向下压紧，同时暗示："右手紧紧压住你自己的头顶。用力。"所有人都处于右手压住头顶的状态时，继续暗示："你们的右手紧紧压住头顶，越压越紧……紧到黏在了头顶上！你们的右手黏在了头顶上，无论你们怎么努力，都没法把手抽开。你们可以尽管努力尝试，却没法把右手从头顶上抽开。"

如果有人右手离开了头顶，立刻让他们回到原位上去。其他人会努力尝试把右手抽开，却无法做到。这时暗示："忘了你们的右手吧。当我数到 3 时，你们的右手就会自动垂落下来，当右手碰到大腿时，你们就会陷入深深的梦乡。1，2，3！"

观察参与者们的反应，找出其中哪些人最适合接受催眠。继续暗示："你们睡得很熟。你们都处于深度催眠状态，会按我说的每一句话去做。"

这样的催眠手段非常简单直接，毫不拖泥带水。催眠师直接对参与者们下达命令，而不是跟他们商量着来。在整个催眠过程中，催眠师完全处于主动地位，表现出绝对的自信，让参与者们不由自主地服从。这样的方式特别适合夜总会的表演环境。

现在可以继续进行表演了。最初可以采用"冷热交替"的项目，让参与者们进一步适应被催眠的感觉，同时因为不涉及大幅度的肢体动作，所以不会打断催眠状态。暗示："你们处于熟睡之中，对身体的控制能力增强了许多……事实上，你们甚至能控制身体周围的空气温度。想象周围的空气正在变热，越来越热，你们已经能感觉到这种区别。空气越来越热，让你们根本坐不住，只能不停地扭动身体。天哪，这里实在太热了。擦掉额头的汗珠，往你们自己脸上扇风。真热，简直太热了！"

一边发出快节奏的暗示，一边观察参与者们的反应。继续暗示："这里实在太热了，你们必须要脱掉外套才能凉快一些。脱掉外套吧，让自己凉快一些，躲避周围的炎热。"

参与者们会手忙脚乱地脱掉外套，这会让周围观众感到非常滑稽。然后忽然改变暗示内容："房间里的热气忽然消散了，你们感觉到非常冷。很冷，真的很冷！你们感到非常冷，全身都在颤抖。赶快穿上外套，让自己暖和一点。天哪，真冷，实在是冷！快穿上外套吧。"

参与者们会重新穿上外套。注意他们的反应，灵活掌握暗示的内容和节奏，让他们不停地改变"冷"与"热"的表现。人对温度的感觉本来就非常容易改变，只要参与者们处于催眠状态，要改变他们的感觉就是很容易的事。要结束实验时，只需要暗示："寒冷已经散去了。现在你们感到非常温暖舒适，既不热也不冷。这正好是最让你们感到舒服的温度。你们感到非常舒服，所以很快就睡着了，陷入了深深的梦乡。"

像这样的表演项目可以同时达到三方面的目的：娱乐周围观众、加深参与者们受到催眠的程度、训练参与者们对暗示做出反应的能力。

现在，参与者们的催眠状态已经得到了巩固，你可以继续进行其他表演项目了，间或穿插一些延迟暗示的内容，增加表演的多样性。没有必要在每一项开始之前都唤醒参与者们，再对他们进行重新催眠，因为这样会放慢表演节奏。表演项目的选择是你自己的自由，但通常情况下，夜总会表演应以娱乐性强的搞笑节目为主，并且可以适当掺杂一些与性有关的暗示内容，例如让目标对象"看到"周围的人们赤身裸体，让参与者中的夫妻或男女朋友热吻等。这样的项目尽管不太适合正式场合，却非常适合夜总会的环境。

酒精与催眠

在夜总会上，饮酒是一件十分常见的事情，参与者们往往都是喝了两三杯才上台的。通常情况下，你不必为这一点担心，因为饮酒能提高人对暗示做出反应的能力，并缓解一些人对暗示内容的抗拒，让表演更容易进行。另一方面，饮酒并不等于酗酒。酗酒会导致人的反应能力下降，注意力难以集中，所以喝醉酒的人不适合作为催眠对象。如果有这样的人主动参与，可以礼貌地把他们劝退——"留在座位上可以更好地欣赏表演"。

夜总会表演的特点

表演一定要从始至终保持连贯的节奏。不要太过严肃，尽量保持轻松愉快的态度。不要试图依你的想法改变气氛，而是要顺应夜总会本身的气氛。这是夜总会表演区别于一般舞台表演的主要特征之一。

表演时要做到轻松自然，富有幽默感，同时又要始终掌握绝对的主动权。只有做到这一点，才能成为一名成功的夜总会催眠师。

第70章　瑜伽舒眠术

正式的催眠术表演结束之后，如果条件允许，可以接着进行后续表演。一些观众会留下来继续参与表演，另一些人则会离开。我通常会选择瑜伽舒眠术作为表演内容。

瑜伽舒眠术是一种发源于印度的自我催眠术，可以帮助人们更加深入地认识自己的本性。由于瑜伽舒眠术是意识层次的提升，所以需要暗示参与者保持清醒，而不是进入睡眠状态。由于“反作用”的因素，这样的暗示不但不会影响催眠过程，而且会让催眠变得更加容易。无论参与者处于清醒状态还是睡眠状态，均可以从瑜伽舒眠术中受益。

瑜伽舒眠术：开场

让留下来的观众集中到前排，站在他们中间。告诉他们，瑜伽催眠术会让他们的身心受益，所有人都可以参与。

让所有人采取舒适的坐姿，双脚平放在地板上，双手放在腿上，掌心向上，略呈碗状。让他们闭上眼睛，深呼吸三次。关掉灯光。

在黑暗的房间里引导所有人共同进入瑜伽舒眠状态。你可以口头引导，也可以利用事先录好的磁带。

瑜伽舒眠术：流程

“所有人全身放松，不要有任何动作，聆听周围的声息。仔细聆听，除了房间里的声音，还包括更遥远的声音，让你们的听觉发散开去，然后再逐渐收拢回来……聆听身旁的声音……让你们的意识包容整个房间……也包容你们自己。”

“在瑜伽舒眠术中，你们并不会入睡，因为你们的目的是让自己变得比任何时候都要清醒。所以不要入睡！”

“把注意力集中在你们自己的呼吸上，体会每一次呼吸的感觉。让你们的意识包容自己的整个身体，以及每一次呼吸……记住，无论你们是否感到困倦，都不要入睡，因为你们的目的是提升意识，提升清醒程度。”

“对你们自己反复默念：我正在提升自己的意识和清醒程度。我正在提升自己的意识和清醒程度。我正在提升自己的意识和清醒程度。”

“现在，当你们的身体在黑暗的房间中处于放松状态时，让你们的意识在身体周围流转。按照我所说的顺序流转。”

> 注意：每次“流转”之间都要留出足够的时间，让参与者们能够充分体会身体各部位的感觉。

“把意识集中在右手，体验右手的感觉。右手拇指。食指。中指。无名指。小指。右手手掌。”

“把意识集中在右手腕上……右肘……右肩……右侧腰……右臀……右侧大腿……右膝……右侧小腿……右脚。体验右脚的感觉。右脚大脚趾……第二个脚趾……第三个脚趾……第四个脚趾……小脚趾。”

“把意识转移到身体左侧。集中在左手上，体验左手的感觉……左手拇指……食指……中指……无名指……小指。左手手掌。”

“把意识集中在左手腕上……左肘……左肩……左侧腰……左臀……左侧大腿……左膝……左侧小腿……左脚。体验左脚的感觉。左脚大脚趾……第二个脚趾……第三个脚趾……第四个脚趾……小脚趾。”

“把意识集中在头顶部位。体验头顶的感觉。额头……右眉……左眉……双眉之间……右眼……左眼……右耳……左耳……右颊……左颊……鼻子……上嘴唇……下嘴唇。下巴。喉咙……右胸……左胸……前胸。肚脐，腹部，生殖器。”

“把意识转移到身体后侧。体验右脚底的感觉……左脚底的感觉……右脚跟……右侧小腿后部……左膝后部……右侧大腿后部……左侧大腿后部……右臀后部……左臀后部。脊柱……右肩胛……左肩胛……后颈……后脑。回归到头顶。”

“现在体验整条右腿的感觉……整条左腿的感觉。双腿的感觉。身体前部的整体感觉。全身的感觉——把全身都包容到意识里。”

“体验身体与椅子接触的感觉，把你的坐姿包容到意识里。”

“有意识地体验你脚底皮肤的触感……从脚跟到脚尖。”

“把意识转移到双手，体验双手掌部皮肤以及手指的感觉。把手掌上的掌纹包容到意识里，把手指的指纹包容到意识里。”

“把意识转移到脸上，把你脸上皮肤的感觉包容到意识里。额头，双颊，下巴。闭着的眼睛。嘴唇接触的地方。把这些感觉都包容到意识里。”

“注意自己的呼吸。你的呼吸非常安静，非常缓慢。把呼吸的过程包容到意识里，集中注意力控制气息。深吸一口气，让气息直达丹田。感受气息沿着身体向下移动，从鼻孔进入，然后汇聚到一处，形成一个三角形。”

“想象你两侧鼻孔的气息原本彼此独立，然后逐渐接近，最后在眉心汇聚。这就是你的‘天眼’，双眼之外的第三只眼睛。”

“想象气息从右侧鼻孔流过。呼气。左侧鼻孔。呼气。两侧鼻孔交替呼吸。交替……交替……交替……交替。不要睡着，一定要随时保持清醒。”

“你闭着的眼睛会看到一片宽广的空间，这就是你的精神空间。从外向内观察这片空间。这片空间完全包容了你的‘天眼’。把这片空间包容进你的意识中，但不要直接与它建立联系……你只不过是在观察这片空间里发生的事情，就像看电影一样……观察，但不采取行动。”

“把你的意识，你的注意力全部集中在‘天眼’处。彻底安静下来，侧耳聆听……你会听到‘天眼’部位传来‘哦姆’的天籁之音。想象这声音从你的‘天眼’中投射出来，投射到整个宇宙中去。”

“停止投射，把全部注意力集中在‘天眼’部位，回过来观察你的精神空间。注意看这片空间里出现的颜色和形状。不要刻意去想象与观察。观察你自己的精神空间，但不要参与进去。继续观察，观察这片空间里出现的颜色和形状。”

“放松，放松，放松，彻底放松，对你自己重复 3 次：我正在扩张自己的意识。我正在扩张自己的意识。我正在扩张自己的意识。”

“再度把意识集中在‘天眼’部位……那里出现了一扇金色的门。质地非常坚实，非常宽阔。尝试推开这扇门。推……推……用你的全部精神力量，推……推开这扇门。门开了，你到达了另一面。想象你自己站在漆黑的山洞口，你看见洞深处有一簇明亮的火光。朝光的方向走去。让你的意识朝光的方向移动，看看那里究竟有什么。你会看见光的正中是一枚金色的蛋。蛋上的光芒非常明亮，让你眼花缭乱。用你的意识去感受金蛋的存在，那就是你灵魂的象征。”

“离开金蛋和它的光芒，重新回到金色的门外，把门关上。让意识重新回归到‘天眼’部位。”

“观察你自己的精神空间。想象它变成了浩瀚的海洋。海水是深蓝色的，泛着粼粼波光。这片海洋位于你的内心深处，浪花则是睡眠的表达，是你潜意识的表达。不要入睡，同时试图让你的潜意识具象化，仿佛海面上的浪花……你是这片海洋的主人，可以随心所欲地在浪花间驰骋。你可以让浪花平静下来，让海洋变得无比温柔。随着潜意识的平复，你的意识越来越清楚，越来越专注。”

“想象你的精神空间里有一口井，你正站在井边朝下望去。井非常深，非常黑，仿佛通往地心深处的路径。旁边是一个连着铁链的木桶，你把桶沿井放下去，让它消失在黑暗中……你仍然能感觉到它的重量。现在把桶拉上来，让它回到你身边。想象你自己坐进桶里，慢慢把自己放下去，进入井里的漆黑深处……越往下，周围就越黑，彻底的漆黑……掩盖一切的漆黑。彻底的漆黑和空虚环绕着你，如此之黑，你根本看不见你自己，只能凭感觉确认自己的存在。你发现，用不着看见自己的样子，你就可以发现自己。你意识到了这一点，意识到了你自己在内心深处究竟是谁。”

“沿着铁链把你自己拉上去，从井里出来，回到外面的光亮下。你感觉到自己发生了某种改变，因为在光亮下，你能够看清自己，而刚才你又从内心世界里感受到了另一面的自己。从桶里爬出来吧……离开井边。你感到无比安详。”

“让意识回归现在，不要入睡，因为我会说出许多事物的名称，你需要在想象中构建它们的意象，让你的‘天眼’把它们看得清清楚楚。用你的全部感觉、情感和想象力去体会这些意象。我提出意象的速度有多快，你体会它们的速度就有多快。现在开始——”

“佛陀正在微笑。基督站在你面前。摇曳的烛光。随风摇摆的柳枝。高大的棕榈树。沿公路行驶的汽车。彩色的云朵在天空中集结。黄色的云朵，蓝色的云朵，红色的云朵。夜晚的星空。明亮的月光。天上的满月。站着的狗。休憩的猫。在丛林中漫步的大象。飞驰的骏马。日出。日落。波光粼粼的海洋。清澈见底的湖泊。蓝莲花，白莲花，粉红色的莲花。金色的蜘蛛网。大河岸边的细沙。海面上的小船。你自己赤身裸体躺在海边的沙滩上，一条银线连接着你

的身体，另一端连接着天穹。你是不朽的。那就是你。”

“想象你自己浮在你的身躯之外。想象你坐在天花板上。想象你的身体从椅子上站立起来，踮着脚尖走到门口。静悄悄地开门出去，把身后的门带上。想象你的身体在门外行走。观察周围熟悉的事物。你的动作非常自由。你感到无比轻盈。这种感觉非常神奇。或许你会看到一些你认识的人。你能看到他们，但他们却看不到精神状态的你。”

“你忽然看见自己朝大海飘去。体验身体飘移的过程。观察下面暗蓝色的海水，泛着粼粼波光。你的身体像云朵一样浮动，风一吹，你就随风飘荡。云拂过你的面颊，你越飞越高。你看见了云层的顶端，在阳光照耀下闪着明亮的光芒。你的身体在大地上空飘荡，逐渐降低了高度，你看见房屋、田野、森林和河流，河面上映出太阳的明亮光芒。稍停片刻，观察你自己的样子。你处于彻底的放松状态，满脸宁静与安详。你的身体忽然大放异彩，因为你正穿越一道彩虹……七彩斑斓的颜色洗涤你的身体，让你变得无比纯净。黄，绿，蓝，紫，红，橙，金。你甚至能感觉到这些色彩渗入了你的身体深处，滋养你的身体，给予你无限的活力。”

瑜伽舒眠术：收尾

现在你可以回到舞台上，通过麦克风继续：“……缓缓回到你们的身体里。想象你们的身体走到你们所处的建筑里。想象你们回到了熟悉的房间门口。悄悄打开门，回到房间里，把门在身后带上。回到你刚才坐的椅子上，你会惊讶地发现，其实你现实中的身体一直都坐在上面。想象你自己的两个身体缓缓融在一起……彼此交融，重新结合成一个你。你坐在椅子上，正在静静地休息。”

“彻底放松你的身体，准备回到现实世界。放松，重新把精神集中在呼吸上。体会呼吸的过程，体会彻底放松的状态。你并没有睡着，也没有做梦。这一切都是真实发生过的。你刚刚体验了一段非常神奇的经历。现在，你已经从更高的高度重新认识了自己。”

“体会你自己的身体，正坐在观众席的椅子上。你感到非常舒服，精力无比旺盛，全身洋溢着生命力。让你的精神和身体重新融为一体，但现在还不要睁开眼睛。慢慢来，不要急。安静地坐一段时间，我会悄悄消失，只剩下你们留在这里。你们感觉非常良好，对自己已经有了全新的认识。”

退场

悄悄回到后台，在这里，你可以通过麦克风继续对观众们讲话。

“你们已经准备好从瑜伽舒眠术的效果中恢复过来，现在就可以开始伸展肢体了。享受身体的每一个动作，享受复苏的全过程。灯光会重新亮起，让你们彻底清醒过来，但不要睁开眼睛。再休息一会儿。”

“开灯。”

“灯亮了，你们已经完全返回现实世界了，愿意的话就睁开眼睛吧。你们感觉非常良好，因为你们刚刚体会到了真实的自己，这是一段完整充实的经历。站起来吧！后续表演已经结束了，平安回家吧。”

> 注意：“瑜伽舒眠术”是瑜伽术中对自我催眠的诠释，很适合作为后续表演的内容，可以给观众造成深刻印象。当他们恢复清醒时，会发现舞台空荡荡，你已经不知何时离开了。离开会场时，所有人的感觉都跟进来时完全不同。瑜伽舒眠术的体验令人难以忘怀。他们会永远记住你。

退场！退场！退场！

现在你已经拥有了足够的知识，只需要再积累足够的经验，就可以成为一名专业的舞台催眠师，在台上进行精彩的表演了。

永远记住，真正的艺术总是低调的。催眠术的内容五花八门，可能会激起你强烈的表现欲望，但是不要把表演拖得太长。一点点奇迹就足够让人们惊叹了。

那么我现在可以退场了。

退场方式 1

在这本书的末尾，我要再度强调，作为一名舞台催眠师，你必须要有自己的创新。你可以学习别人的做法，但是不要照搬。只有自己的独创才能成为经典。

记住……

一名技艺娴熟的画匠可以把凡·高的作品模仿得惟妙惟肖，但是这样一幅模仿作品能卖到 50 美元就算不错了。一幅凡·高原创的作品则可以卖到

100 万美元。

退场方式 2

当你结束催眠术表演时，应该如何退场？以下两种方式可供参考：

1. 到观众席上，跟观众打成一片。他们有很多问题想要问你，或是想寻求你的帮助。

2. 静悄悄地消失。这样可以进一步营造神秘感，让观众热切议论你的去向，而不是听你在那里喋喋不休。有些时候，这样的退场方式可以让你“超越生活”。

最后，祝你在舞台催眠术表演的事业里取得属于自己的成功！

美国广播公司对“催眠合奏”表演进行的电视播报（1945年）